地理科学类专业实验教学丛书

地图学与 GIS 集成实验教程

李仁杰　张军海　胡引翠 等　编著

科学出版社

北　京

内 容 简 介

本书充分考虑了地图学、空间数据管理与可视化和地理信息系统原理三门课程的内在联系，凝练共性教学目标，系统设计实验教学内容，整合实验教学案例，共享实验数据资源，为学生提供系统、高效的专业技术、技能训练，是综合多门课程进行集成实验教学设计的初步尝试。本书主要包括四个部分：地图学原理系列实验、空间数据管理与可视化系列实验、地理信息系统原理系列实验、地形图野外应用系列实习。

本书可作为地理信息科学、自然地理与资源环境、人文地理与城乡规划、地理科学等相关本科专业的实验教程，也可供地理学及相关专业的研究生、教师、科研工作者和工程技术人员参考。

审图号：GS（2018）4832 号

图书在版编目（CIP）数据

地图学与GIS集成实验教程/李仁杰等编著. —北京：科学出版社，2018.12
（地理科学类专业实验教学丛书）

ISBN 978-7-03-059718-2

Ⅰ. ①地… Ⅱ. ①李… Ⅲ. ①地图学-高等师范院校-教材②地理信息系统-高等师范院校-教材 Ⅳ. ①P28②P208.2

中国版本图书馆 CIP 数据核字（2018）第 261702 号

责任编辑：杨 红 程雷星/责任校对：何艳萍
责任印制：张 伟/封面设计：陈 敬

科学出版社 出版
北京东黄城根北街 16 号
邮政编码：100717
http://www.sciencep.com

北京九州迅驰传媒文化有限公司印刷
科学出版社发行 各地新华书店经销

*

2018 年 12 月第 一 版 开本：787×1092 1/16
2025 年 3 月第六次印刷 印张：19 3/4
字数：468 000

定价：69.00 元

丛 书 前 言

在移动互联网飞速发展的今天，学生可以获取的教学资源日益丰富，教学模式趋向多元化，慕课、微课、共享资源课、VR 教学等新型教学方式极大地方便了学生的课堂外自主学习。传统课堂教学面临前所未有的挑战，许多教师也在尝试引入这些新的教学资源和方法，以适应时代的发展。但无论如何，大学教育的一个核心教学思想不会改变，那就是通过教学过程帮助学生建构学科知识体系，培育专业学科素养和创新性思维。教学过程使用的各类教学资源中，教材是支撑这一核心教学思想的最重要资源。无论传统纸质教材与现在流行的电子书形式差别有多大，都必须达到支撑上述思想的标准。

地理学的特点是综合性和区域性，地球表层系统空间各个要素不仅具有自身的空间分布格局与特征，也同其他地理要素具有空间联系并相互影响。地理学科的专业教材不仅要专注于解析地理学某一分支学科的知识体系，更应帮助学生建构与其他分支学科的关系。例如，自然地理学与人文地理学两门课程，既有相对独立的学科思想、理论和方法，也有共同的研究对象，我们可以借助全球变化研究中关于人类活动的环境响应等主题，实现两个分支学科关系的知识体系建构，进而培养学生综合性学术思维。

大学地理科学相关专业的课程实验是从理论到实践的教学过程，通过实验教学帮助学生深入理解其所建构的学科知识体系，完成基于理论方法解决实际学科问题的训练过程，并能够独立解决新问题，这是实验教学资源（特别是实验教程）应该实现的基本功能。

河北师范大学资源与环境科学学院的地理科学相关专业已有 60 多年的办学历史，一批批地理学者以科学严谨的学术探索和言传身教的人才培育为己任，笔耕不辍，出版了不少经典学术著作和优秀的教材。如今，学院继续蓬勃发展，2011 年获得地理学一级学科博士学位授予权，2014 年获批地理学博士后科研流动站，新的一批年轻地理学者也已经成长起来，风华正茂，希望能够继承优良传统，成就新的辉煌。恰逢 2015 年学院获批河北省地理科学实验教学示范中心，如何将优秀教学理念与方法向社会传播，实现优质教学资源的共建与分享，成为年轻一代教师们思考的重要问题。从当代地理科学发展的现状来看，大家一致认为，应该着重构建学生实践创新能力培养的多元化实验教学环境，将地理信息科学专业的实验教学作为示范中心重点培育的纽带项目，充分发掘互联网服务资源与功能，整合地理信息科学、自然地理学、人文地理学和其他相关学科的实验教学内容，逐步构建"多专业实验协同创新与环境共享的实验教学体系"，推进"教师科研创新引领下的实验教学改革模式"，全面实现示范中心教学资源共享。

任重而道远，我们必须脚踏实地，砥砺前行。地理科学实验教学系列教材的编著工作正式启动了。系列中的每本实验教程都不是对单一课程的独立实验描述，而是按照学科体系将学科知识关系密切的相关课程集成在一起，统一设计实验项目和内容。每本教程的内容设计与系列教材的总体架构，就是引导学生建构课程知识体系和培养学科思维模式的双层脉络。例如，地图学、空间数据管理与可视化和地理信息系统原理三门课程的集成实验，遥感导论与遥感数字图像处理两门课程的集成实验，测量学、全球导航定位系统原理和数字摄影测量三门课程的集成实验，以及地理信息数据挖掘与软件开发相关的课程集成实验等。

特别需要说明的是，实验教材系列中还有一本有关典型实验数据集的教程，数据来源包括政府开放数据（如社会经济统计数据）、科学共享数据（如全球 30m 分辨率数字地形、地表覆盖数据）、志愿者地理信息数据（雅虎 YFCC 数据集）等，这些典型数据集不仅可以支撑众多相关课程的实验教学训练，还可以帮助学有余力的同学寻找科学问题，开展创新性地理研究探索。

这套系列教材的执笔者都对大学教育情有独钟，他们中既有已过知命之年阅历丰富的教授，他们不忘初心，继续编写教程令人敬佩；也有肩负行政管理、科学研究和本科教学多重任务的中青年骨干，他们在繁重的工作中不求名利，守望净土，让人欣喜；更有刚刚入职的青年才俊，他们初生牛犊、意气风发，使人振奋。整套系列教程完全编写完毕会超过 20 本的规模，以地理信息科学专业的 9 本实验教程为主，再加上前期积累较好的地理教育教学实践教程，作为引领启动的一期工程。二期工程将以地理学科相关本科专业的核心课程为基础，整合实验室基础实验和野外实习实验，并与一期工程的相关教程形成内容互补、体系呼应的整体成果。希望通过大家的努力，影响更多教师投入到系列教材编写中，为地理科学专业人才培养做出贡献。当然，我们不追求教程的形式，正如开篇所述，无论是纸质书还是电子书，还是直接发布到互联网进行共享和传播教程资源，最重要的是教程要有设计思想，要以合适的形式不断发展演进，主动适应快速变化的学科理论和方法，要能够支持慕课、微课和 VR 教学等各种新型教学模式，最终以培养学生的创新性思维和专业素养为最高价值目标。

李仁杰

2018 年 8 月

前　　言

在有关地理信息科学专业课程设置的教学研讨中，"课程之间关系"的话题始终是核心。GIS 专业教师都有共同的认识：每门课程的讲授都应着眼于整个 GIS 专业课程体系，考虑本课程与其他课程的相互关系，帮助学生逐步建构完整的专业知识体系，使其具备综合运用多门课程知识和方法解决地理问题的能力。可以通过专业培养方案设计、集体备课、教研室研讨等多种形式，从不同方面协调课程关系，实现教学效益最大化。但是，教师在教授一门课程时，践行上述教学理念的方式、方法和程度差异很大。有丰富教学经验、知识面宽广的教师，能够在课程主线中轻松穿插其他相关课程内容，做到游刃有余、润物无声；也有不少教师视野不宽、照本宣科，只关注自己的课程内容，不关心其他课程；多数青年教师虽思维活跃、技术能力先进，却难以在短时间内达到既授人以鱼又授人以渔的境界和高度。

本书编著者对 GIS 专业的教学目标、教学内容、教学方法和教学理念进行了长期、深入的研讨，而且都有同时讲授几门相关课程的教学经历，客观上促进了大家更深入地思考如何在教学过程中建构课程关系。通过教学设计，为师生提供跨课程的集成教学资源，将课程关系显式地表达出来，是我们一直尝试解决的问题。教学实验是课程理论转为实践应用的桥梁，多课程集成设计的系列教学实验则是帮助学生建构课程关系的纽带。编写一本集成多门课程的理论教材涉及内容太多，实现起来比较困难，但支撑多门课程的集成实验教程无论在内容量度还是资源组织方面都具有可行性。以 GIS 专业相关课程为例，地图学、地理信息系统原理、空间数据管理与可视化、GIS 工程设计等多门课程中都有涉及坐标系统与地图投影的相关实验，但各门课程侧重点不同。地图学课程重点解析地理坐标系统与地图投影的原理，帮助学生熟悉常见地图投影的特点，了解投影适用性；空间数据管理与可视化课程着重从 GIS 软件设计角度探讨空间数据管理中的坐标系统定义，坐标系统在多源数据集成与可视化表达方面的价值等；地理信息系统原理课程中的坐标系统内容，主要与各类空间分析环境设置相关，体现坐标系统对于空间分析的基础支撑作用。

本书正是基于上述思考而编写的，从设计到出版历时 3 年有余。编写过程中，作者认真梳理地图学、空间数据管理与可视化（原计算机地图制图课程）、地理信息系统原理三门课程的相关实验内容，系统分析实验项目间的相互关系，整合设计实验数据资源，以实现一本教程支撑多门课程的目标。而且，本书设计之初就定下基调：不只是简单教会学生相关实验的操作步骤，而是让学生理解实验的原理，能够由一个软件拓展至所有 GIS 软件；不只是让学生理解一门课程知识，而是帮助学生建构面向多门课程的系统知识体系。因此，本书旨在训练学生快速适应新领域、新软件、新方法的能力，培养其解决空间问题的专业创新思维。

2015 年，河北师范大学资源与环境科学学院获批河北省地理科学实验教学示范中心。GIS 教研室全体教师积极参与示范中心平台建设，建议依托示范中心编写一套地理科学类实验课程群系列教材，地理信息科学专业的核心实验课程可以先期启动。已经进入设计阶段的《地图学与 GIS 集成实验教程》自然成为该项"工程"的引领者，为编写其他集成实验教程抛砖引玉，积累经验。本书的部分实验内容已经在相关课程中进行了实际应用测试，特别是空间信息管理与可视化系列实验讲义，在地理科学和地理信息科学专业教学中已经使用了 3 次，反复修正其中的实验内容，优化实验数据资源。希望本书的出版，能够为系统化的 GIS 专业教学设计提供帮助和参考。

本书包括四部分内容：①地图学原理系列实验。主要包括地理坐标系统与地图投影、地图概括方法、地图符号设计、普通地图与专题地图表示方法等。②空间数据管理与可视化系列实验。主要包括空间数据组织模式与方法、配置与定义坐标系统、矢量数据生产、数据格式转换与多源数据集成、地理数据处理与质量检测、空间数据符号化与制图表达、地图图层标注与注记类管理、地图版面设计与成果输出等。③地理信息系统原理系列实验。主要包括空间数据结构、空间数据库设计与数据组织管理、地理信息元数据、空间数据选择查询与统计、矢量与栅格数据分析、数字表面模型、空间建模、移动与 Web GIS 应用系统观察等。④地形图野外应用系列实习。主要包括地图定向与位置判别、野外对照读图、路线读图、简易测量方法、野外填图等。

本书由李仁杰设计、统稿和定稿。具体编写任务分工如下：空间数据管理与可视化系列实验由李仁杰设计完成；地理信息系统原理系列实验由李仁杰、张军海和郑东博共同设计完成；地图学原理系列实验由胡引翠设计完成；地形图野外应用系列实习由胡引翠、李仁杰、傅学庆共同设计完成。

在本书编写过程中，作者课题组的多位研究生帮助完成了相关实验的测试和数据整理工作，包括已毕业的硕士研究生李照航（中国民主建国会石家庄市委员会）、智烈慧（河北工程大学地球科学与工程学院）、程丽萍（石家庄市环境保护局环境预测预报中心）、谷枫（航天恒星科技有限公司）、刘烨凌（北京师范大学环境学院在读博士研究生）、李岩（石家庄市城乡建设学校）等，以及在读硕士研究生运晓艳、张丽娜、王志鹏、杨璇、吴朝宁、梁晨晨、李帅、董鹤松等。另外，刘晓静、李建明、徐菁艺、路九悦和李彤五位在读研究生参与两次全面校对工作的耐心、仔细和一丝不苟的态度让我感动！本书编写过程中还有很多老师和同学提供了建议和帮助，不能一一列出，在此一并表示感谢！

GIS 发展非常迅速，软件版本更新也较快，本书的实验设计虽力求独立于软件版本并尽量适应新环境，但仍会存在不足或疏漏之处，恳请读者批评指正。

本书实验数据下载地址：https://pan.baidu.com/s/1gf3Gpkc-2ofuBa42K2KCKg，提取码：0q0i。也可以通过扫描二维码获得实验数据。

李仁杰

2018 年 7 月 25 日

目　　录

第四部分　地形图野外应用系列实习

第一部分 地图学原理系列实验

实验 1-1 认识 GIS 软件中的地理坐标系统与地图投影

GIS 中的坐标系定义是 GIS 系统的基础，正确定义 GIS 系统的坐标系非常重要。它是表示地理要素、影响和观察值位置的参照系统，是地图制图和空间分析的基础，对于多源数据集成和统一地图表达具有关键作用。

实验目的：初步了解 GIS 软件中对地图坐标系统的管理机制；掌握地理坐标系统和常见的地图投影坐标系统的基本特征，通过对同一区域数据进行不同类型的投影坐标系统变换，对比不同地图投影的变形性质和基本图形特征，体会制图区域、地图用途和比例尺等因素对投影选择的影响。

相关实验：空间数据管理与可视化系列实验中的"为地理数据配置与定义坐标系统"。

实验数据：ArcGIS 自带的世界地图模板及相关数据源。

实验环境：ArcGIS Desktop 中的 ArcMap。

实验内容：GIS 软件对地理数据坐标系统的描述方式；阅读 GIS 软件中坐标系统参数的内容；观察世界地图、中国地图和河北省地图常用的地图投影基本参数、经纬网特征和图形变形点。

1. GIS 软件对地理数据坐标系统的描述

GIS 软件一般采用坐标系统参数文件描述地理数据采用的坐标系统。ArcGIS 软件支持 Geographic Coordinate Systems（地理坐标系统）和 Projected Coordinate Systems（投影坐标系统）两种类型的坐标系统参数定义。地理坐标系是球面坐标系统，因此地理坐标系统参数主要包括地球椭球体和大地基准面的描述，并以经纬度为地图的存储单位。椭球体参数包括椭球长半轴、短半轴、扁率、偏心率等。投影坐标系统则是基于某种球面坐标系统的投影方式描述，因此包括地理坐标系统参数（椭球体和基准面）和地图投影两组参数。地图投影参数包括中央经线、西移、南移、线性单位等。

我国常用的地理坐标系统包括北京 54 坐标系、西安 80 坐标系、WGS-84 坐标系和 2000 国家大地坐标系；常用的投影坐标系统包括兰勃特投影、高斯-克吕格投影等。在 ArcGIS Desktop 软件中可以通过多个途径观察软件自带的常用坐标系统参数文件及其内容。例如，通过数据文件或地理数据库中的数据集属性对话框观察坐标系统参数文件的方法如下。

（1）在 ArcCatalog 或 Catalog View 窗口中找到任意一个地图数据文件、地理数据库中要素类或数据集，作为观察坐标系统参数文件的目标对象。

（2）右键选择该数据对象，在弹出的右键菜单中选择【Properties】菜单项打开该数据的 Properties 对话框窗口。

（3）切换至对话框的"XY Coordinate System"选项卡，在"Current coordinate system"部分可以观察该数据的坐标系统参数定义信息。

（4）同时，在对话框中以分组管理的方式给出了ArcGIS支持的常用坐标系统参数文件。其中，"Geographic Coordinate Systems"组包含的是地理坐标系统参数定义文件，"Projected Coordinate Systems"组包含的是投影坐标系。

（5）点击进入不同层次的不同分组中，可以查看具体的坐标系统参数信息，例如，可以依次选择"Geographic Coordinate Systems"→"Asia"分组，进而选择分组列表中的"Beijing 1954"坐标系统参数文件，可以在对话框中显示该文件包含的坐标系统参数信息。

（6）观察完成后注意选择"取消"按钮退出对话框，以免改变当前数据采用的坐标系统。

实验案例：观察ArcGIS软件定义的中国常用地理坐标系统和投影坐标系统参数文件。如图1-1-1所示，"Beijing 1954"（北京54坐标系统）、"Xian 1980"（西安80坐标系统）、"China Geodetic Coordinate System 2000"（2000国家大地坐标系）等地理坐标系统参数文件位于"Geographic Coordinate Systems"组中的"Asia"分组中，WGS84坐标系统参数文件则在"World"分组中；高斯-克吕格投影参数文件存储于"Projected Coordinate Systems"组下的"Gauss Kruger"分组中，基于不同大地基准的高斯-克吕格投影再定义不同分组。

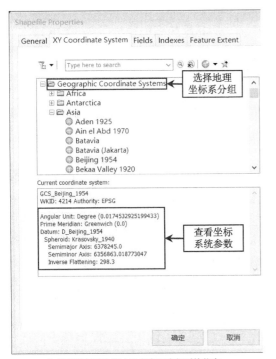 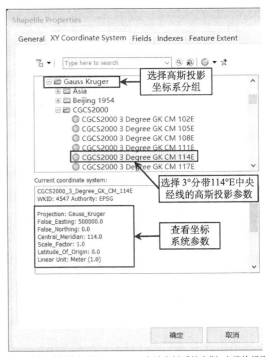

(a) 地理坐标系分组中的北京54坐标系统信息　(b) 投影坐标系分组中采用CGCS2000大地坐标系的高斯-克吕格投影

图1-1-1　在要素类等数据的属性对话框中查看坐标系统参数文件信息

2. 观察常用的世界地图投影

我国编制世界地图采用的投影主要有多圆锥投影、圆柱投影和伪圆柱投影。圆柱投影中主要是等角正轴割圆柱投影及斜轴墨卡托投影。伪圆柱投影有等积和任意两种，常用等积伪圆柱投影有桑森（Sanson）投影、摩尔维特（Mollweide）投影、古德-摩尔维特（Goode-

Mollweide）分瓣投影等。ArcMap 中提供的地图模板就包括了 Mollweide 等投影的世界地图。

基于 ArcMap 世界地图模板数据观察世界地图投影参数及图形特征的步骤如下。

（1）启动 ArcMap 软件，选择【File】→【New】菜单项，或选择工具条【Standard】→【New】工具项，可以打开"New Document"（新建地图文档）对话框。

（2）在"New Document"对话框左侧的地图文档模板目录树中，选择"Traditional Layouts"类中的"World"分组，可以看到采用不同类型投影的大洲和世界地图模板。

（3）选择其中的一个世界地图模板（如 Mollweide 投影），点击"OK"按钮，即可打开一幅世界地图文档。

（4）右键选择该世界地图文档中包含的主数据框，选择【Properties】菜单项，打开"Data Frame Properties"对话框。在对话框的"Coordinate System"面板框中，"Current coordinate system"部分列出了当前地图采用的坐标系统参数信息。

（5）仔细观察阅读当前地图坐标系统参数包括的地理坐标系统和投影坐标系统相关参数信息。

（6）为当前地图选择其他地图投影方式，进一步查看不同投影坐标系统的参数描述信息。同时，对比不同地图投影方式下，世界地图上的经纬线网形状、面积变形和角度变形的分布规律及特征等。

实验案例：在 ArcMap 中利用世界地图模板生成世界地图，观察摩尔维特投影（Mollweide Projection）、古德投影（Goode Projection）、罗宾逊投影（Robinson Projection）等常用世界地图投影的变形特征、经纬线形状特点等（图 1-1-2 和图 1-1-3）。利用 ArcGIS 提供的亚洲、欧洲等区域地图样例数据，按照不同投影参考面（如圆柱投影、方位投影、圆锥投影等）和不同变形性质（等角、等距、等积、任意），通过选择、修改地图投影参数，观察各类投影的性质和特点。

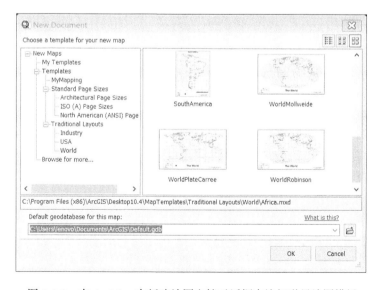

图 1-1-2　在 ArcMap 中新建地图文档对话框中访问世界地图模板

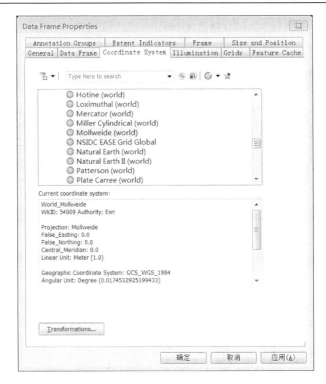

图 1-1-3　查看利用模板生成的摩尔维特地图的投影坐标系统信息

3. 观察常用的中国地图投影

中国全图常采用的地图投影有斜轴等积方位投影、斜轴等角方位投影、彭纳投影、正轴等积割圆锥投影（Albers）等。我国国家基本比例尺地形图中，1∶100 万地形图采用兰勃特投影；1∶50 万、1∶25 万、1∶10 万、1∶5 万、1∶2.5 万、1∶1 万、1∶5000 地形图采用高斯-克吕格投影。

实验练习数据中提供了中国地图数据，采用前面介绍的查看和动态改变世界地图投影坐标系统参数的方法步骤，利用 ArcMap 查看和动态改变该中国地图展现的投影坐标系统参数。

实验案例： 利用 ArcMap 查看实验数据中的中国地图采用的 "Lambert Projection"（兰勃特投影）坐标系统参数信息，注意投影使用的中央经线、标准纬线等基本参数，以及椭球参数信息（地理坐标系统描述部分）。从 ArcGIS 提供的坐标系统参数文件表中选择新投影参数文件，将当前地图改为 UTM（通用横轴墨卡托投影）等不同类型的地图投影。对比观察中国地图采用不同类型投影坐标系统时的经纬线形状特点和变形特征。

4. 观察常用的河北省地图投影

我国省级地图采用兰勃特（Lambert）投影和同一投影系统的阿伯斯（Albers）投影，二者均为正轴割圆锥投影。另外，高斯-克吕格投影也是河北地图编制中常用的地图投影类型。

实验案例： 打开实验练习数据中提供的河北省地图文档，在 ArcMap 中查看河北省地图采用的 "Lambert Projection"（兰勃特投影）坐标系统参数信息。从 ArcGIS 提供的坐标系统参数文件表中选择新的投影参数文件，将河北省地图展现所采用的投影改为采用 6°分带中央经线 117°E 的高斯-克吕格投影；对比观察不同类型投影坐标系统下的经纬线形状特点和变形特征。

实验 1-2 地图概括方法（制图综合）

地图概括是地图编制的主要环节，必须处理好地理真实性与几何精确性、地图载负量与地图易读性、普遍规律性与区域特殊性等几个关系。地图概括程度主要取决于地图比例尺与地图用途，也受制图对象分布规律与制图区域特点、制图资料详细程度等因素影响。理解地图概括方法、原理和意义对于正确使用地图非常重要，在地图数据生产过程中合理使用地图概括方法，也是生产高质量地理数据的重要基础。

实验目的：通过观察不同比例尺和制图区域范围的地图，使学生理解并初步掌握地图概括的实质、原理、意义，以及地图概括的影响因子；通过实际数据生产的实践，掌握地图概括的主要方法。

相关实验：空间数据管理与可视化系列实验中的"基于扫描栅格地图的矢量数据生产"、"基于多软件合作模式的矢量数据快速生产"及"地图数据处理与质量检测"。

实验数据：多级比例尺标准中国地图、多级比例尺地形图、互联网电子地图、某区域高空间分辨率遥感影像等。

实验环境：ArcGIS Desktop；天地图、百度地图、高德地图、OSM 地图等各类互联网电子地图服务网站。

实验内容：利用不同比例尺国家标准地形图、原国家测绘地理信息局公布的标准中国地图、互联网电子地图服务等地图数据，观察、对比不同比例尺下的地图概括情况；通过不同比例尺的地图数据生产实践体会地图概括的过程。

1. 地图概括简介

地图概括又称制图综合，是地图编制中内容取舍和简化的原理与方法。通过有目的地取舍和简化，表示制图区域或制图对象最主要、实质性的特征和分布规律。地图概括主要分为比例概括和目的概括。取决于地图比例尺的概括称比例概括，比例尺越小，地图概括程度越高。目的概括通常要考虑编图目的及地物在所编地图上的地位和意义，有目的地选取和突出表现一些主要特征。

不同的地图比例尺直接决定制图区域内地理要素的选取指标和概括程度。同一类型的地理要素在不同地理特征的制图范围内，其重要程度和意义不一样，也会影响地图概括结果。地图概括的基本方法为内容取舍、质量特征的化简、数量特征的化简和形状化简。

内容取舍方法：根据各要素本身的特点及其在地图上的表示方法，地图编绘中常采用定额指标、等级指标、分界尺度指标等指标选取方法，选取主要的类别、主要事物，舍去次要类别、次要事物。

（1）定额指标：规定图上单位面积内选取要素的数量，适用于居民地、湖泊、居民点等的选取。采用定额指标进行内容取舍的方法称为定额法。我国小比例尺地形图上，居民点通常选用定额指标法进行取舍。在 1:100 万地形图上，人口稠密区的图上居民点选取定额为 $160\sim200$ 个/dm^2，稀疏区为 $90\sim120$ 个/dm^2。

（2）等级指标：按地理要素的等级高低进行选取（如居民地按行政级别或人口数量分

级）。例如，居民地中，规定选取乡镇及以上政府驻地，以下的舍去。

（3）分界尺度指标：通过规定选取要素的最小尺寸（长度、大小、间隔等）作为要素取舍的标准。例如，规定图上河流长度的最小尺寸为 1cm，湖泊面积为 2mm^2，居民地人口数量为 500 人。

质量特征的化简：减少一定范畴内事物的质量差别，用概括的分类代替详细的分类。例如，质量特征化简时，可将含针叶树的落叶阔叶林带、落叶阔叶林带合并为温带落叶阔叶林区。

数量特征的化简：数量特征的化简就是减少事物的数量差别，增大数量指标的变化间距。例如，地形图上等高线的等高距，在 1∶5 万地形图上为 10m，在 1∶10 万上为 20m。

形状化简：主要用于线状和面状分布的地理要素。形状化简的方法有删除、夸大和合并。在不同比例尺地图上，居民点图形简化概括不同。例如，在 1∶400 万地形图上，石家庄市简化为一个定点符号；在中比例尺地图上，石家庄市街区轮廓均可见；而在大比例尺 1∶2000 地形图上，不仅能表示街区内各栋房屋建筑物的轮廓，还要标注房屋层数。

2. 不同比例尺国家标准地形图中的地图概括

国家基本比例尺地形图上表示的主要要素包括：测量控制点、水系、居民地及设施、交通、管线、境界、地貌、植被与土质等。以下重点介绍不同比例尺地形图上居民地、水系、交通、地貌的地图概括对比。

（1）居民地：在新国家基本比例尺地图编绘规范中，居民地图形符号的使用不再将人口数作为使用依据，而是采用居民地平面图形大小与行政等级相结合的方式选用图形符号。图上面积大于等于 30mm^2 的居民地采用街区式表示，4～30mm^2 的居民地用轮廓式表示，小于等于 4mm^2 的居民地采用圈型符号表示。在 1∶500、1∶1000、1∶2000 地形图上，房屋一般不综合，应逐个表示；不同层数、不同结构性质、主要房屋和附加房屋都应分别表示。

（2）水系：在新国家基本比例尺地图编绘中，河渠长度选取指标为 5～8mm。1∶2000 地形图上，河流在图上宽度小于 0.5mm 时以单线表示，大于等于 0.5mm 时依比例尺显示。

（3）交通：在新国家基本比例尺地图编绘中，道路网格大小在居民地稠密区和较稠密区为 1～3cm^2，居民地中密区为 2～4cm^2，居民地稀疏区大于等于 4cm^2。1∶2000 地形图上，路肩宽度图上大于 1mm 时，依比例尺显示。

（4）地貌：1∶1 万地形图上，基本等高距在平地为 1m、丘陵地为 2.5m、山地为 5m；1∶5 万地形图上，基本等高距在平地为 5m、丘陵地为 10m、山地为 20m；1∶10 万地形图上，基本等高距在丘陵为 20m、山地为 40m、高山地为 80m；1∶25 万地形图上，基本等高距在丘陵为 40m、山地为 50m、高山地为 100m。

自主练习：利用实验数据中提供的 1∶50 万、1∶25 万、1∶10 万、1∶5 万、1∶1 万等不同比例尺地形图，对比观察各类地理要素的取舍情况和图形概括情况。

3. 原国家测绘地理信息局公布的"标准中国地图"中的地图概括

原国家测绘地理信息局官方网站公布了公众可以使用的标准中国地图。标准地图依据中国和世界各国国界线画法标准编制而成，可作为编制公开版地图的参考底图。不同比例尺标准中国地图中包含的境界线、水系等地理要素的概括程度不同。

我国与越南国界线在 1∶6000 万标准中国地图中的形状简化程度比在 1∶2200 万标准中国地图中概括程度更高，形状更加简化（图 1-2-1）。

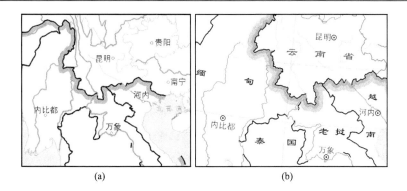

图 1-2-1　1∶6000 万（a）和 1∶2200 万（b）中国地图境界线概括和取舍对比

与 1∶2200 万中国地图相比，1∶6000 万中国地图删除了一些按比例尺缩小的海岸线碎部，也夸大了部分按比例应删除的小弯曲（图 1-2-2）。

1∶1600 万中国地图中，居民地按市级及以上等级政府驻地选取；1∶2200 万中国地图中，居民地概括到省级及以上政府驻地（图 1-2-3）。

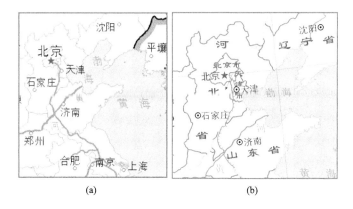

图 1-2-2　1∶6000 万（a）和 1∶2200 万（b）中国地图海岸线概括和取舍对比

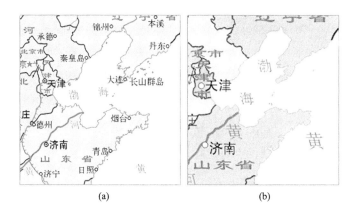

图 1-2-3　1∶1600 万（a）和 1∶2200 万（b）中国地图居民地概括和取舍对比

自主练习：利用实验数据中提供的 1∶1600 万、1∶2000 万、1∶3000 万、1∶4200 万、1∶6000 万等不同比例尺标准中国地图[或登录自然资源部网上政务服务平台(测绘地理信息)

http://zwfw.nasg.gov.cn/]，对比不同比例尺中国地图中的各类地理要素取舍和图形概括情况，特别注意境界线、海岸线、水系、城市等要素的概括综合情况。

4. 常用互联网地图中的地图概括

互联网电子地图可以实现地图浏览过程中的自由比例尺缩放，因此也必须做到动态调整地理要素的显示状态，包括要素的取舍和要素的简化。访问国家地理信息公共服务平台天地图，通过缩放地图，体验地理要素取舍和化简的过程。图 1-2-4 展示了天地图中两种不同显示比例下石家庄市区及邻近区域的要素概括情况。

自主练习：通过互联网访问百度地图、高德地图和 OSM 地图，观察电子地图服务中不同比例尺下各类地理要素的取舍和图形概括情况；对比各个电子地图服务在地图概括方面有何异同。

图 1-2-4 不同比例尺电子地图上石家庄市及其周边要素的地图概括情况（数据来源：天地图）

5. 地图数据生产中的地图概括

实际的地图数据生产中，制图人员应该根据地图学理论中的地图概括方法和原则，结合制图的目的、成图比例尺和区域特点等进行地理要素的取舍和要素的采集，以满足制图任务需求。

例如，在利用高空间分辨率遥感影像进行不同大小比例尺地形图的数据生产时，需要根据地形图制图标准和原则按照不同的概括程度采集农用地、居民地、道路等地理要素（图 1-2-5）。

自主练习：利用 ArcGIS 平台中的 ArcMap 软件，绘制某村镇 1∶5000、1∶1 万两种比例尺地图需求的居民地、道路等地理要素，体会实际数据生产过程中如何有效实施地图概括。

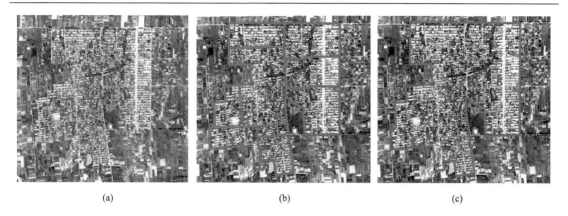

　　　　　　　(a)　　　　　　　　　　　　　(b)　　　　　　　　　　　　(c)

图 1-2-5　以某村镇遥感影像（a）为基础生产 1∶1 万（b）和 1∶10 万（c）不同比例尺地图时的居民地
概括示例

实验 1-3 基于 GIS 软件的地图符号设计

地图符号设计是地图编制的基础，是表达地理数据的基本方法。地图符号由形状不同、大小不一、色彩有别的图形和文字注记组成，能够直观地表示地图各要素。只有合理的地图符号设计，才能够准确表达出地理事物的空间位置、分布特点、质量和数量等特征及各要素间的相互联系。

实验目的： 了解地图符号设计的原则和信息传递原理，熟识典型的地图符号，掌握 GIS 软件的符号设计功能，能够准确、合理地使用并设计地图符号。

相关实验： 地图学原理实验系列中的"普通地图与专题地图表示方法"；空间数据管理与可视化实验系列中的"空间数据的符号化与图层渲染"。

实验数据： 河北省基础地理信息数据、国家标准地形图图式规范电子文档。

实验环境： ArcGIS Desktop。

实验内容：

（1）基于不同分类标准和目的的地图符号分类。

（2）地图符号的设计原则。

（3）利用 GIS 软件设计简单的标记符号、线符号和填充符号。

（4）利用 GIS 软件设计复杂的组合符号。

1.3.1 地图符号的分类与符号设计原则

1. 地图符号的分类

可以根据不同视角对地图符号分类。例如，根据符号图形特征可以分为几何符号、文字符号、象形符号（图 1-3-1）。根据符号和所表示对象的比例关系可以分为依比例符号、半依比例符号和不依比例符号（图 1-3-2）。根据所表示对象的地理特征量度可以分为定性符号（图 1-3-1 和图 1-3-2 中均为定性符号）、定量符号（表现对象数量特征的符号）和等级符号（表达顺序等级的符号）。根据所表示对象的空间分布状态可以分为点状符号（图 1-3-1 中的三角点、埋石点、水塔等）、线状符号（小比例尺地图中的道路、电力线、河流等）和面状符号（按地图比例尺表达的灌木林、沙丘、湖泊等）。

图 1-3-1 几何符号（a）、象形符号（b）与文字符号（c）

2. 地图符号的设计原则

地图符号是表示地理要素空间位置、大小、数量和质量特征的点、线、几何图形和文字、数字等。地图符号设计以能快速阅读、牢固记忆、为广泛读者所接受为出发点。各类地图采用不同的符号系统，这与地图主题、内容、比例尺、用途和使用方法相关。不同地图符号有不同的设计要求，但均需遵循以下原则。

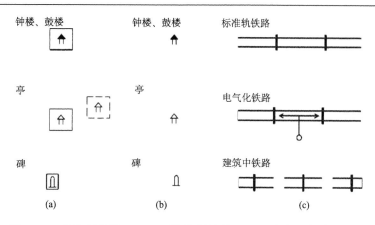

图 1-3-2　依比例符号（a）、不依比例符号（b）及半依比例符号（c）

（1）概括性。在设计符号时抓住要素的典型特征进行夸张与概括，以要素的真实形状为主要依据，图形要形象、简单，构图应简洁，易于识别和记忆，且要清晰，便于绘制。

（2）组合性。单一的符号是有限的，充分利用符号的组合和派生，构成新的地图符号，如点和线的组合、不同线型的组合、点和面的组合等。

（3）逻辑性。地图符号的构图要有逻辑性，保持同类符号的延续性和通用性。符号的图形与符号的含义应建立起有机的联系。另外，尽量使用惯用符号，加强地图符号的统一化和标准化。

（4）对比性和系统性。不同符号间应区别明显，主次分明，能明确反映制图信息的类别差异、等级高低和数量大小。同时，整个符号系统要完整协调，不能孤立地设计每个地图符号，而要考虑整个符号系统的设计。同主题、不同比例尺地图的符号应尽量相近。

（5）易感受性。地图符号应提供地图极大的表现力，使读者较容易地感受其内涵，可以用具有象征性的色彩进行区分，同时要保持总体的艺术性，使其能激发美感，给人以美的享受，提高可视化的传输效果。

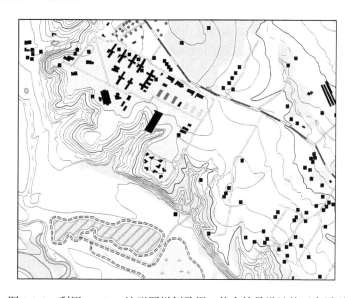

图 1-3-3　利用 ArcGIS 地形图样例数据，体会符号设计的五个原则

　　实验案例：利用 ArcGIS 桌面系统软件提供的制图表达样例数据，观察不同类型的地图符号，体会地图符号设计的五个原则。例如，河流、沼泽等面状要素体现了符号概括性；沼泽由点和线符号组合设计，体现了符号组合性；计曲线和首曲线、铁路线和一般道路两组符号设计体现了逻辑性、对比性和系统性；铁路符号、河流、沼泽符号均可以较好地体现符号的易感受性（图 1-3-3）。

　　自主练习：利用国家地形图图式规范电子文档、地图制图实验部分的制图表达样例数据等，或在线浏览各类地图符号，观察耕地、林地、交通、铁路、公路、境界线等常用符号，体会符号设计的原则与用途。

1.3.2　利用 GIS 软件设计简单符号

　　视觉变量是构成地图符号的基本要素，主要包括形状、尺寸、色彩、方向和网纹五个方面。地图符号的设计主要是指通过改变符号的基本变量，提升符号的表达效果。

　　（1）形状：用来表示事物的外形和特征。点状、线状符号的形状主要用于反映要素的类别差异，面状符号的形状则反映制图对象的轮廓特征。在设计不同类型的地图符号时，要注意符号的变化。点状符号的形状变量就是符号图形的变化；线状符号指构成形式的变化，如单线、双线、实线、长虚线、短虚线、点线等；面状符号则是轮廓线的图形构成形式的变化。

　　（2）尺寸：主要用于区分要素的数量差异与主次等级。点状符号的尺寸指符号图形大小的变化；线状符号的尺寸涉及单线符号的粗细，双线符号的粗细与间隔，虚线粗细与短线长度、间隔，点线的点大小和间隔等；面状符号尺寸大小由制图对象的范围决定。

　　（3）色彩：主要用于质量对比和数量对比。色彩可用以区分地图的主要与次要、主题与基础要素，主要要素用鲜明的色彩，次要要素用浅淡的色彩。色彩的亮度和饱和度可用来表达数量的变化。

　　（4）方向：主要是线状符号的方向，如在表示坡线时，带锯齿的线，锯齿的方向；专题地图的动线法中，符号具有方向性，表示制图对象的流动方向性等。

　　（5）网纹：指在一个符号或面积内部对线条或图形记号的重复交替使用，通常用来表现具有模糊的区域边界或者呈交叉分布的地图要素。

1. 利用 GIS 软件设计简单的点状符号

　　点状符号（ArcGIS 中称为标记符号）通常表示离散空间现象或分布面积较小的地物，不依比例变化，如控制点、塔、烟囱、小比例尺地图上的居民点等。点状符号的形状和颜色表示事物性质，大小反映事物等级或数量特征。可以通过改变符号形状、间断形状、附加形状、组合形状、改变方向等几种方法进行点符号的设计。利用 ArcMap 软件中的符号管理工具，观察和设计点符号的具体操作步骤如下。

　　（1）打开 ArcMap 软件，打开一个包含点要素类图层的地图文档，或新建一个空的地图文档，点击【Standard】→【Add Data】工具项，添加一个点要素类（矢量格式的点数据）图层。

　　（2）在"Table Of Contents"（内容表）中，选择点击点要素图层符号图标，打开"Symbol Selector"（符号选择器）对话框。

　　（3）在符号选择器的符号列表中观察不同形状的点符号，尝试为图层要素选择不同的点符号。

（4）在符号选择器右侧的"Color"、"Size"和"Angle"参数设置部分，尝试改变当前选择符号的颜色、尺寸和方向（角度）。

（5）相关符号视角变量参数调整完毕后，点击"OK"按钮，返回地图文档视图窗口，查看符号变量改变后的地图显示效果。

实验案例： 利用 ArcMap 将练习数据中矢量格式的河北省基础地理信息数据，添加到一个新的地图文档中，打开点要素类图层的符号选择器对话框，调整点符号的形状、尺寸、色彩和方向变量（图 1-3-4）。

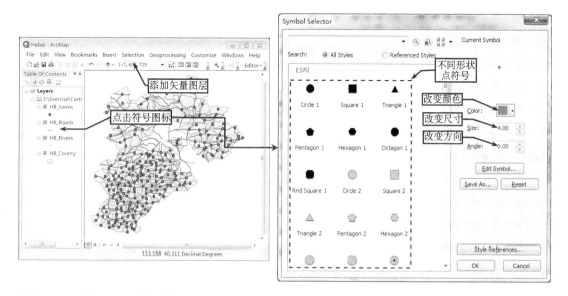

图 1-3-4　利用 ArcMap 软件的符号管理器，观察体验如何改变点符号的形状、尺寸、颜色、方向等变量

2. 利用 GIS 软件设计简单的线符号

线状符号用来表达呈线状或带状延伸分布的事物，如河流、公路、境界线等。其形状和颜色表示事物质量特征，长度按比例表示，宽度反映事物等级或数量。线状符号可以通过改变尺寸、形状或不同形状组合来设计。利用 ArcMap 的符号管理工具观察和设计线符号的操作步骤与点符号类型基本一致：

（1）在 ArcMap 软件的地图文档中添加线要素类图层，打开线图层的符号选择器对话框。

（2）在线符号选择器的符号列表中观察不同形状的线符号，为线图层选择不同形状的线符号。

（3）在符号选择器右侧的"Color"和"Width"参数部分，选择调整线符号颜色和宽度（尺寸）等变量。

（4）通过选择不同的线符号并调整不同的符号变量，查看符号变量改变后的地图显示效果。

实验案例： 利用 ArcMap 将练习数据中的河北省基础地理信息数据，添加到一个新地图文档中，打开线要素图层符号选择器对话框，调整线符号的形状、尺寸、色彩等变量（图 1-3-5）。

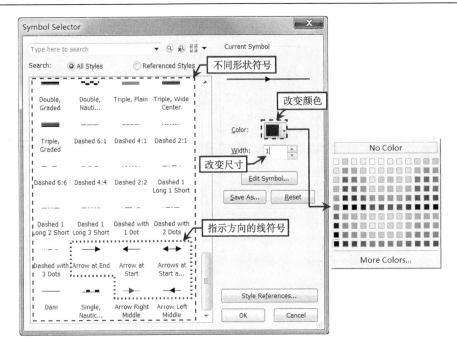

图 1-3-5　利用 ArcMap 符号管理器改变线符号的形状、尺寸、颜色、方向等变量

注意：大多数线符号不直接表达方向变量，仅有部分线符号在形状变量基础上，组合带有方向特征的点符号用于指示线方向；ArcMap 默认的给出的线符号样式是"ESRI Style"分组，拉动符号列表的滚动条至符号分组的最后，可以看到带方向箭头的几个线符号。

3. 利用 GIS 软件设计填充符号

以符号轮廓线或符号分布的概略范围定位的符号称为填充符号（面状符号）。面状符号的结构变化主要体现在颜色和网纹变量的变化。利用 ArcMap 符号管理器观察和设计填充符号的操作步骤与点、线符号类型基本一致。

（1）在 ArcMap 软件的地图文档中添加多边形要素类图层，打开填充符号选择器对话框。

（2）在填充符号选择器的符号列表中列出了当前符号样式组中可以使用的不同类型的填充符号，分别选择颜色和网纹类型的填充符号，观察两种类型填充符号的特点。

（3）在符号选择器右侧的"Fill Color"、"Outline Width"和"Outline Color"参数设置部分，尝试选择调整填充符号的填充颜色、边框宽度和边框颜色等符号变量。

（4）如果仅仅调整当前填充符号的填充颜色、边框宽度和边框颜色等基本符号变量，仍不能满足制图需求，可以点击"Edit Symbol"按钮打开"Symbol Property Editor"对话框，进一步对不同填充模式下的详细符号参数进行精细调整。

（5）在"Symbol Property Editor"对话框中的"Properties"参数部分，可以选择"Type"下拉框选择 ArcMap 支持 6 种填充模式：3D Texture Fill Symbol、Gradient Fill Symbol、Line Fill Symbol、Marker Fill Symbol、Picture Fill Symbol 和 Simple Fill Symbol。

Picture Fill Symbol：支持从本地选择图片素材进行符号填充。

Gradient Fill Symbol：为渐变色填充模式，支持 4 种基本渐变模式。

Line Fill Symbol：为线划纹理填充，支持调整线划颜色、宽度、方向、间隔等。

Marker Fill Symbol：为标记符号填充模式，支持调整符号大小、颜色、间隔、排列方式等。

Simple Fill Symbol：简单填充模式，支持采用单一颜色填充。

（6）通过选择颜色和网纹两种不同类型的填充符号并调整相应的符号变量，查看符号改变后的地图显示效果。

实验案例：利用练习数据中的多边形要素类，在 ArcMap 符号选择器对话框中选择 Simple Fill Symbol、Gradient Fill Symbol、Line Fill Symbol、Marker Fill Symbol 四种填充模式，详细调整每种模式的填充符号各个符号变量，实现不同符号表达效果（图 1-3-6～图 1-3-9）。

自主练习：在 ArcMap 中打开练习数据中的点、线、面矢量数据，利用符号选择器分别为点、线、面图层选择合适的符号，练习调整符号的颜色、尺寸、方向、网纹等变量，掌握制作简单地图符号的方法。

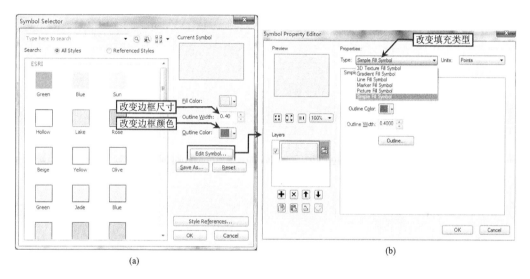

(a)　　　　　　　　　　　　　　　　　　(b)

图 1-3-6　利用 ArcMap 软件的符号管理器（a）观察填充符号的基本参数变量及符号属性编辑器对符号变量的精细管理界面（b）

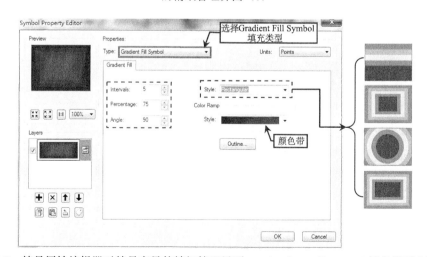

图 1-3-7　符号属性编辑器对符号变量的精细管理界面——Gradient Fill Symbol 填充类型参数设置

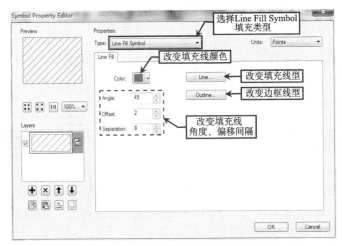

图 1-3-8　符号属性编辑器对符号变量的精细管理界面——Line Fill Symbol 填充类型参数设置

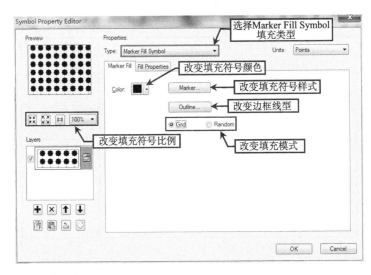

图 1-3-9　符号属性编辑器对符号变量的精细管理界面——Marker Fill Symbol 填充类型参数设置

1.3.3　利用 GIS 软件设计复杂符号

　　ArcMap 提供了制作地图符号的功能，可制作出符合个人需求的地图符号，包括单一的地图符号属性更改及不同类型符号相互组合形成的复杂地图符号。下面以标记符号和填充符号等多个符号层组合构成的复杂填充符号为例，介绍符号设计制作流程。

　　（1）打开面要素类图层的符号选择器对话框，选择合适的面状符号填充底色，若示例中无合适的符号，可根据需求自行修改其颜色、边框等属性。

　　（2）点击"Edit Symbol"按钮选项，打开"Symbol Property Editor"对话框。

　　（3）在"Symbol Property Editor"对话框的"Layers"部分，点击"添加图层"按钮，为当前符号添加一个新符号图层；在对话框右侧的"Properties"部分，点击"Type"下拉列表，为新添加图层选择符号类型。

　　（4）为新添加的符号图层定义基本符号参数。①例如，添加标记符号填充模式图层应选择"Marker Fill Symbol"类型，然后选择基本参数设置区"Marker Fill"部分的"Marker"按钮，在打开的符号选择器对话框中为该符号填充层选择用于填充的标记符号；同时，定义符号颜色、边框及符号填充方式。②切换至"Fill Properties"选项卡，进一步定义填充符号的 X、Y 方向偏移和间隔参数。

（5）按照同样方法添加复杂符号需要的其他类型符号图层，并为每个符号层定义合适的符号参数。

（6）需要时，应反复调整各符号层的基本符号参数并观察组合符号的效果，包括调整符号层的顺序等，最终设计出符合制图需求的地图符号。

实验案例：设计一个多个符号层构成的复杂填充符号，要求有底色填充，填充区域按照规则间隔排列空心圆和实心圆标记符号，如图 1-3-10 所示。

自主练习：在 ArcMap 中打开河北省行政区、河流、交通和城市要素类，通过添加点、线等符号图层设计制作组合符号。了解地图符号的设计要求，熟悉点、线、面三种符号的基本特点，能根据需求扩充符号表现能力，利用实验给定的数据，制作耕地、林地、铁路、矿井等典型的地图符号。

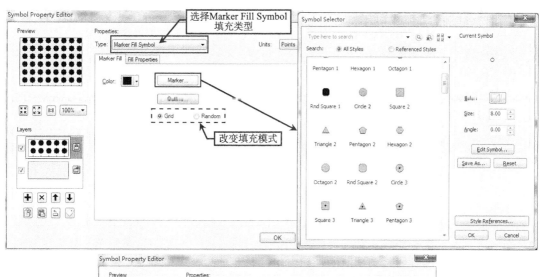

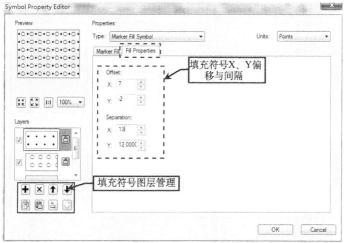

图 1-3-10　在符号属性编辑器中设计制作包括多个符号层的复杂符号

实验 1-4　普通地图与专题地图表示方法

地图表示方法的本质是采用合适的符号形式表示地理要素的性质、分类、分级等内容以反映地图主题的一种符号化设计，在 GIS 软件中经常被称为地图的符号化或图层渲染。普通地图与专题地图的表达对象都是地理要素，但突出的重点不同。因此，同样的地理要素在普通地图与专题地图中有可能选择不同的表达方法。

实验目的：了解普通地图和专题地图在符号设计和表达方法方面的共性和不同，通过对地形图、地理图和各类专题地图的样图分析，理解制图目的、地图用途、地图专题等因素对地图表达方法选择的影响。

相关实验：地图符号设计应用原理、地形图野外应用实习系列中的"地形图野外对照读图"、空间数据管理与可视化实验系列中的"空间数据的符号化与图层渲染"。

实验数据：中华人民共和国地图集、中国自然地理图集、河北省地图集；高德地图、百度地图的实时在线 Web 专题地图；中国天气网等互联网网站发布的专题地图。

实验环境：专业教室或地图资料室、接入互联网的计算机终端。

实验内容：

（1）比较普通地图和专题地图中表达地理要素详细程度和符号化的方法。

（2）观察普通地图（地形图、地理图）中自然和社会人文要素的表示方法。

（3）观察专题地图（自然地图、社会经济地图、环境地图等）中专题要素的表示方法。

（4）观察互联网在线地图的表示方法。

1.4.1　普通地图与专题地图内容比较

普通地图是用相对平衡的详细程度来表示地球表面的地貌、水系、土质植被、居民点、交通网、境界线等自然地理要素和社会人文要素一般特征的地图。普通地图又分为地形图和地理图两种类型。专题地图是突出而详细地表示某一种或几种主题要素或现象的地图。专题地图以表示各种专题现象为主，也能表示普通地图上的某一个要素，如水系、交通网等。

实验案例：观察实验数据中提供的普通地图和专题地图样例数据，初步体会两种地图在内容表达的详细程度和符号化方法方面的差异。

1.4.2　观察普通地图的表示方法

1. 地形图符号与表示方法

地形图是按照统一的数学基础、图式图例，统一的测量和编图规范要求，经过实地测绘或根据遥感资料，配合其他有关资料编绘而成的一种普通地图。我国制定了不同比例尺的标准地形图图式规范，分类、系统化地表达基本的地理要素和事象。例如，国家标准地形图采用首曲线、计曲线、间曲线和助曲线等不同类型的等高线表示地形地貌，并辅以分层设色的表示方法，概括表示区域的地形地貌格局；采用等级符号法表示河流、交通、城市和农村居民地等要素的等级与规模。

　　实验案例：浏览阅读实验数据中提供的不同比例尺地形图图示规范和扫描版地形图样例，体会地形图符号设计原则和思路，熟悉地形地貌、水系、植被、交通、居民地等常用自然和社会经济要素符号；分析地形图利用分层设色法、等级符号、范围法等进行要素分类、数量分级的原理和价值。

2. 地理图符号与表示方法

1）自然地理要素

　　普通地图上的自然地理要素包括地貌、水系、土质与植被。地理图的地图要素内容概括程度高，通常采用分层设色法、晕渲法表示地貌，图上地物多以抽象符号表示。

　　（1）地貌表示方法。等高线、分层设色法和晕渲法是地理图上最常用的地貌表示方法。

　　（2）水系与海洋要素的表示方法。地理图上的陆地水系一般以蓝色实线表示常年河流、虚线表示季节性河流，湖泊、池塘及依比例尺河流采用蓝色面表示其水域范围。地理图上的海洋要素重点表示的是海岸线及海底地形。海岸线通常以蓝色实线表示，但是不同的海岸基本类型及特征，符号设计有所不同。海底地形通常采用水深注记、等深线和分层设色法、晕渲法来表示。

　　（3）土质和植被表示方法。地理图上的土质和植被比较概括，仅能向用图者提供区域地表覆盖的宏观情况。通常采用范围法表示土质和植被类型的分布情况。

　　实验案例：浏览阅读实验数据中提供的扫描版地理图样例数据，观察地貌、水系、土质与植被等各类自然地理要素的表示方法（图 1-4-1）。

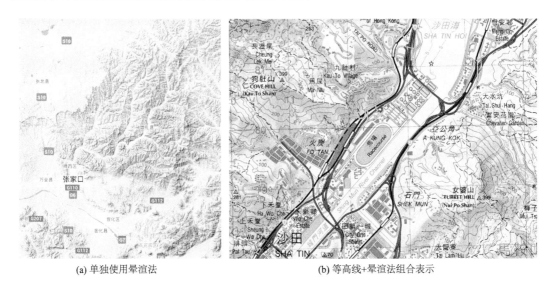

　　(a) 单独使用晕渲法　　　　　　　　　　　　(b) 等高线+晕渲法组合表示

图 1-4-1　晕渲法表示地貌示例

2）社会人文要素

　　普通地理图上的社会人文要素包括居民点、交通、境界线等。

　　（1）居民点表示方法。地理图上主要表示居民点位置、类型、人口数量和行政等级。除县市以上居民点在比例尺允许情况下可采用简化轮廓图形表示外，其他绝大多数居民点用圈形符号表示。图上采用符号形状变化，并结合注记字体、字级、字色区分居民点类型、人口数量和行政等级。

（2）交通要素表示方法。地理图上的交通网主要分陆路交通和水路交通。陆路交通包括铁路、公路及其他道路；水路交通包括内河航线和海上航线。交通线采用不同线型和颜色区分类型，采用线宽表达等级。例如，海上航线通常采用蓝色虚线表示。

（3）境界线表示方法。地理图上的境界线包括政治区划界和行政区划界。政治区划界包括国与国之间的已定国界、未定国界及特殊的军事与政治分界；行政区划界包括省、自治区、直辖市界、县界等。境界线一般采用不同规格、不同结构、不同颜色的点、线段组合符号表示。

实验案例：浏览阅读实验数据中提供的扫描版地理图样例数据，观察居民点、交通和境界线等不同类型社会经济要素的表示方法（图 1-4-2）。

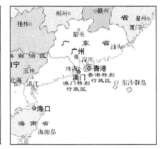

图 1-4-2 地理图中的社会经济要素表示方法：居民点分类与分级表示、不同类型境界线表达

1.4.3 观察常见的专题地图表示方法

专题地图按内容性质可分为自然地图、社会经济（人文）地图和其他专题地图。自然地图用于反映制图区中的自然要素的空间分布规律及其相互关系；社会经济（人文）地图主要反映制图区中的社会、经济等人文要素的地理分布、区域特征和相互关系；其他专题地图主要指用于航海、规划、教学等领域的专门地图。

1. 常见的自然地图及其表示方法

自然地图表示自然现象主题，主要包括地理环境中各种自然地理要素形成的专题地图，较常用的有气象图、地质图、地势图、水文图等。

自主练习：浏览阅读实验数据中提供的扫描版气温图、地质图等专题地图样例数据，体会等值线法、分层设色法、质底法和范围法等专题要素的表示方法。

2. 常见的社会经济地图及其表示方法

社会经济类的专题地图涉及面极为广泛。常见的有人口地图、经济地图、政治行政区划地图、历史地理图、城市地图等，采用的地图表示方法多样，包括点值法、范围法、分级符号（颜色）法、动线法、定位符号法、定位图表法等。

自主练习：浏览阅读实验数据中提供的人口分布地图、健康疾患风险图等专题地图样例数据，体会分级符号、分级颜色等专题要素的表示方法。

3. 环境地图及其表示方法

环境地图主要表示环境专题内容，包括环境背景条件地图、环境污染现状地图、环境质量评价及环境影响评价地图、环境预测及区划、规划地图等，其表示方法包括质底法、范围法、分层设色法、动线法、定位符号法、定位图表法等多种。

　　自主练习：浏览阅读实验数据中提供的大气污染分布图等专题地图样例数据，体会采用分级颜色法表示区域环境状态的原理。

4. 其他专题地图及其表示方法

　　除上述专题地图类型外，其他用以重点表达的主题内容的专题地图也很多，如航图、工程技术图，反映工作通勤状态的专题图、节假日期间人口流动状况的迁徙图等。

　　实验案例：浏览百度地图提供的出行大数据可视化专题（百度迁徙、通勤图），体会静态地图表示方法中的动线法、分级符号等在专题地图应用中的动态可视化新形势（图 1-4-3）。

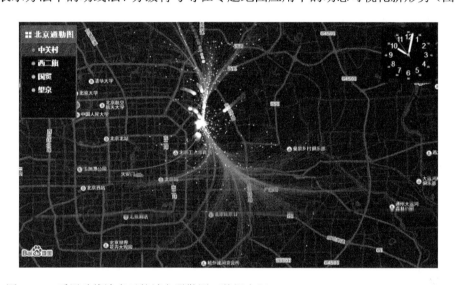

图 1-4-3　采用动线法表示的城市通勤图（数据来源：http://renqi.map.baidu.com/traffic/）

　　自主练习：自行浏览实验数据中各类专题地图、开放共享数据集中的专题地图、在线 Web 专题地图等，总结分析不同专题地图的常用表示方法和互联网专题地图的新表示方法。具体要求如下。

　　（1）参考中华人民共和国地图集、河北省地图集，观察普通地图中各类地理要素的常用符号及表示方法。

　　（2）浏览中国天气网等政府部门数据开放网站中的专题地图，以及高德地图、百度地图等互联网地图中发布的各类在线实时动态专题地图，观察总结互联网专题地图常用专题符号和地图表示方法。

　　（3）分析总结传统纸质地图和互联网地图中专题地图表示方法的共性和差异，体会专题地图符号的颜色、形状、尺寸等设计原则和选择地图表示方法的依据。

第二部分 空间数据管理与可视化系列实验

实验 2-1 地图制图与 GIS 软件环境及数据来源

本实验是空间数据管理与可视化、GIS 原理系列实验的前期准备实验。侧重对相关实验环境的初步认识和对空间数据来源途径的基本了解，为后续实验操作和自主练习提供帮助。

实验目的：初步认识 ArcGIS Desktop、MapInfo Professional、R2V 和 QGIS Desktop 等地图绘制与空间分析软件，初步了解各软件的基本架构，掌握各软件提供的常用工具、菜单使用方法，对比不同软件在制图和空间分析功能方面的共性和差异。

实验数据：某区域 30m 空间分辨率 DEM、某区域 30m 分辨率地表覆盖数据、ArcGIS 软件自带的世界地图数据；1:3000 万中国地图数据。

实验环境：ArcGIS Desktop、MapInfo Professional、QGIS Desktop、R2V。

相关实验：本实验与空间数据管理与可视化和 GIS 原理系列实验均密切相关。

实验内容：

（1）初步认识 ArcGIS Desktop 软件平台。了解 ArcGIS 软件的基本结构和功能；熟悉 ArcMap、ArcCatalog、ArcToolbox 的基本界面环境，学会菜单命令、工具条的使用方法。

（2）初步了解 MapInfo Professional、QGIS Desktop 软件提供的地图制图和 GIS 分析功能。

（3）初步了解 R2V 矢量数据生产软件的基本功能。

（4）熟悉常见的国内外免费数据网站。

2.1.1 地图制图与 GIS 软件环境

地图制图既包括在线制图也包括专业桌面制图，空间数据管理与可视化系列实验的重点是基于桌面制图软件的地图制图思想与方法训练。

1. R2V 矢量数据生产软件

R2V（Raster to Vector）是一个高级栅格地图矢量化软件系统，为用户提供全面的自动化光栅（扫描）图像到矢量图形的转换功能，可以处理多种格式光栅图像，是一个以扫描光栅图像为背景的矢量编辑工具。由于该软件良好的适应性和高精确度，其非常适合于地形图等高线等光滑、规则线条的矢量化，为 GIS、CAD 及相关科学计算等提供数据支持。

R2V 支持的图像格式包括：黑白（1 位）、灰度（8 位）及彩色（4 位、8 位及 24 位）的 TIFF、GeoTIFF 和 BMP 图像格式，并支持多数 TIFF 压缩格式。R2V 可对光栅图像进行地理坐标参照（配准），并生成 GeoTIFF 文件。R2V 支持的矢量输出/输入格式包括：ArcGIS 的 Shapefile、AutoCAD 的 DXF、MapInfo 的 MIF/MID 等。R2V 支持全自动、交互式和手动跟踪屏幕三种矢量化方式。

R2V 矢量化软件基本功能的练习步骤如下。

（1）利用 R2V 软件的【文件】→【打开图像或方案】菜单项或工具条上的【打开图像或方案】工具项，打开练习数据中提供的扫描栅格地图。

（2）点击【线要素矢量化】工具，启用矢量化状态，尝试要素矢量化功能。

实验案例： 在 R2V 软件中打开练习数据中的扫描栅格地图数据，尝试矢量数据生产的常用软件功能，体验全自动、交互式和手动跟踪三种屏幕矢量化方式（图 2-1-1）。

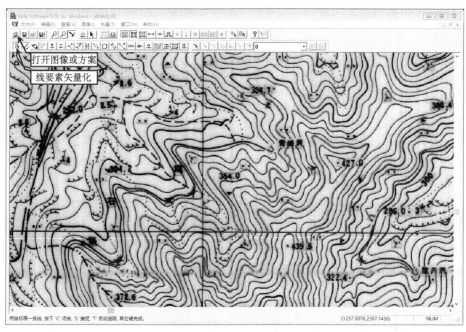

图 2-1-1　R2V 软件打开扫描栅格地图数据的状态（启用线要素矢量化功能）

2. MapInfo 桌面制图与 GIS 软件

MapInfo 是一款地理数据可视化与 GIS 桌面解决方案软件，它以地图及其应用概念为基础，能够集成多种数据格式，支持常用的地理数据库访问技术，融合了计算机地图制图与 GIS 空间分析功能。MapInfo 软件名称取"Mapping+Information"（地图对象+属性信息）之意，其最初的定位即是桌面制图系统，目前行业应用较为广泛。

体验 MapInfo 桌面制图软件功能的练习步骤如下。

（1）利用 MapInfo 软件的【文件】→【打开表或工作空间】菜单项，打开 MapInfo Table 格式的数据。

（2）观察体验图层控制、要素编辑、版面设计等地图设计与编制的相关功能。

实验案例： 利用 MapInfo 软件打开练习数据中的 Table 格式数据，体验 MapInfo 软件的图层管理、要素编辑、可视化表达和地图设计等常用功能。

3. QGIS Desktop 制图与 GIS 软件[①]

QGIS Desktop 是一个用户界面友好、跨平台的开源版桌面 GIS，可运行在 Linux、Unix、

---

① 该部分内容是在百度百科"QGIS"词条基础上编辑修改而成的。

Mac OSX 和 Windows 等平台之上。QGIS 软件的主要特点包括：支持多种 GIS 数据文件格式，通过 GDAL/OGR 扩展可以支持多达几十种数据格式；支持 PostGIS 数据库；支持从 WMS、WFS 服务器中获取数据；集成了开源 GIS 软件 Grass 的部分功能；支持对 GIS 数据的编辑修改等基本操作；支持创建地图；支持通过插件形式扩展软件功能。

图层是 QGIS 软件的基本概念，是同类型地理对象的集合，是 QGIS 对 GIS 数据集进行操作的基本单位。QGIS 支持四种类型 GIS 图层：矢量数据图层、栅格数据图层、PostGIS 数据图层和 WMS 数据图层。

学习、认识 QGIS Desktop 基本功能的练习步骤如下。

（1）打开 QGIS 软件，点击【Add Raster Layer】（添加栅格图层）工具项，打开 TIFF 等栅格格式数据。

（2）点击【Add Vector Layer】（添加矢量图层）工具项，打开与栅格数据区域范围接近的 Shapefile 等矢量格式数据。

（3）点击【New Composer】，为当前打开的图层创建地图设计版面，或点击【Composer Manager】，修改、管理已有的地图设计。

实验案例：利用 QGIS Desktop 软件打开练习数据中的地表覆盖栅格数据和 Shapefile 格式矢量数据，初步体验 QGIS 的空间数据管理、可视化表达和地图版面设计等常用功能（图 2-1-2）。

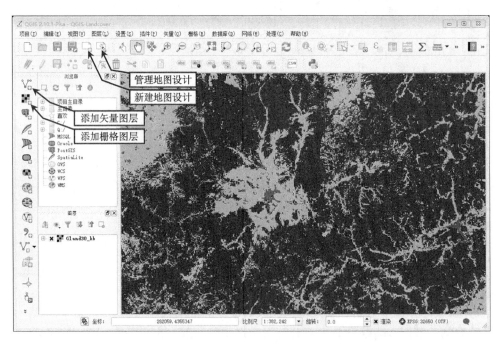

图 2-1-2　QGIS Desktop 软件打开 30m 分辨率地表覆盖栅格数据的状态

4. ArcGIS Desktop 制图与 GIS 软件

ArcGIS Desktop 是为 GIS 专业人士提供的智能地图制作软件，包括丰富的空间数据生产、管理、分析和建模的工具。ArcGIS Desktop 是一系列应用程序的总称，包括 ArcCatalog、ArcMap、ArcToolbox、ArcGlobe、ArcScene 等，可以实现从简单到复杂的 GIS 任务，包括二三维制图、地理分析、数据编辑与管理、可视化和空间处理等。

1）ArcMap 用户界面与基本功能

ArcMap 的用户界面包括菜单、工具条、内容表、状态条、视图窗口等交互接口。ArcMap 具有与地图编制相关的空间数据生产、编辑、可视化、查询与分析、制版等相关功能。练习步骤如下。

（1）Getting Started（快速访问地图）对话框。启动 ArcMap 时系统弹出快速访问地图对话框，用于快速打开最近访问过的或磁盘上存放的已有地图文档；也可以在该窗口选择基于某个 Templates（模板）生成新地图文档（图 2-1-3）。如果点击取消按钮，系统自动建立空文档。

（2）理解 Data View（数据视图）和 Layout View（布局视图）。数据视图用于地理数据的编辑修改、符号化或查询分析等；布局视图用以配置地图页面，布局数据框和比例尺、图例、指北针、坐标网格线等地图元素，还可以按照布局设计进行打印和输出。

（3）使用菜单与工具条。ArcMap 的工具和菜单都具有 ToolTip（功能描述小提示）。常用的工具条包括【Standard】、【Tools】和【Layout】等。在工具条和菜单布局的空白区点击右键，可以列出常用的系统工具条，用户可以根据需求调整各个工具条的显示状态。

（4）体验 Table Of Contents（内容表）。内容表用于组织和管理数据框及其包含图层的状态和属性，包括 4 种方式：List By Drawing Order（按图层绘制顺序列表）、List By Source（按图层数据来源列表）、List By Visibility（按图层可见状态列表）、List By Selection（按图层可选择状态列表）。

实验案例：利用 ArcMap 软件打开练习数据中提供的地图文档，初步认识 ArcGIS Desktop 软件的空间数据可视化和地图设计等常用功能（图 2-1-3 和图 2-1-4）。

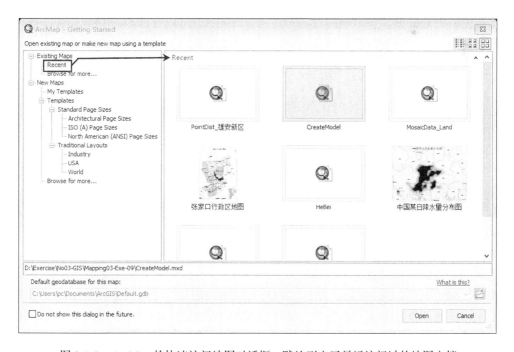

图 2-1-3　ArcMap 的快速访问地图对话框，默认列出了最近访问过的地图文档

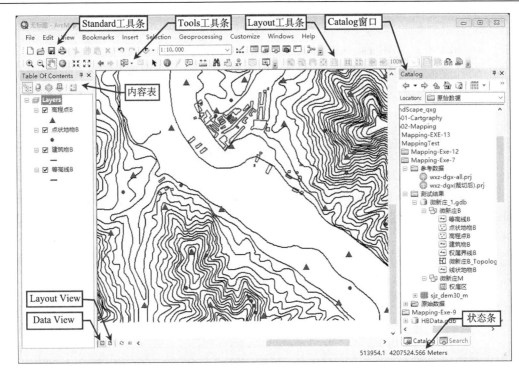

图 2-1-4　ArcMap 的运行界面及交互接口元素说明示意图（当前为数据视图显示状态）

2）ArcCatalog 与 Catalog 窗口的用户界面与基本功能

ArcCatalog 是用于组织和管理所有 GIS 信息的软件模块，如地图文档、要素与栅格数据集、工具模型、元数据、各种地图与数据服务等。ArcCatalog 的具体功能包括：浏览和查找地理信息，记录、查看和管理元数据，定义、输入和输出 Geodatabase 结构和设计，在局域网和广域网上搜索和查找 GIS 数据，管理 ArcGIS Server 等。ArcCatalog 基本功能的练习步骤如下。

（1）启动 ArcCatalog。可以在系统程序菜单启动 ArcCatalog；如果正在使用 ArcMap，并且仅需要简单数据管理功能时，可点击 ArcMap 中 Standard 工具条上的【Catalog】工具项，启用 Catalog 窗口，在该窗口中可完成和 ArcCatalog 相同的多数功能。

（2）建立数据连接。ArcCatalog 不能直接访问磁盘上的地理数据资源，需要在 ArcCatalog 中建立与磁盘数据存储位置（文件夹）的"Connection"（连接）。ArcCatalog 和 Catalog Window 中均有建立数据源 Connection 的工具【Connect To Folder】，点击后选择连接资源位置即可。

（3）认识 Home 连接。Home 是一个特殊的数据连接，指向当前地图文档的存储位置。当前地图文档未保存之前，Home 将显示系统环境设置中指定的默认数据库存放位置，或前一个已关闭文档的存储位置。

实验案例：利用 ArcCatalog 软件访问练习数据中提供的数据源和地图文档，初步了解 ArcGIS Desktop 提供的空间数据管理与设计方面的常用功能（图 2-1-5 和图 2-1-6）。

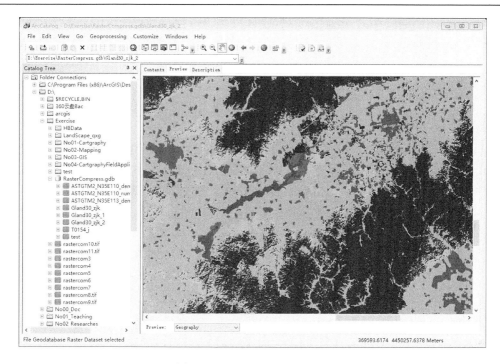

图 2-1-5　ArcCatalog 运行界面

左面 Catalog Tree 列出了各类矢量和栅格数据及地图文档等，右侧是数据内容的预览模式

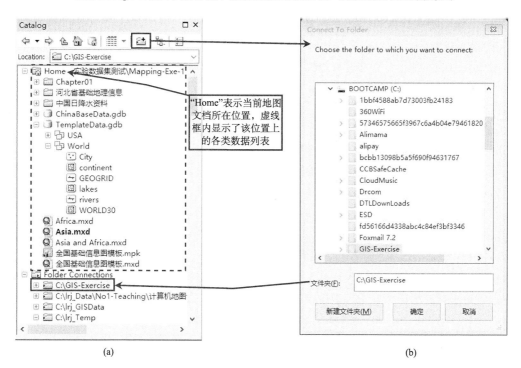

(a)　　　　　　　　　　　　　　　　　　　　　(b)

图 2-1-6　Catalog Window 运行界面（a）及 "Connect To Folder" 对话框（b）

图 2-1-7　ArcToolbox 运行界面

3）ArcToolbox 用户界面与基本功能

ArcGIS Desktop 提供了一个进行空间处理的框架，主要包括两个部分：ArcToolbox（空间处理工具集合）和 ModelBuilder（为建立空间处理流程和脚本提供的可视化建模工具）。

ArcToolbox 中包括一系列用于地理计算与空间分析功能的工具，这些工具归属于不同的工具集合，如 Data Management Tools（数据管理工具）、Conversion Tools（数据转换工具）、Cartography Tools（地图制图工具）、Analysis Tools（空间分析工具）等（图 2-1-7）。空间处理框架可以集成 ArcToolbox 工具、ModelBuilder 模型，以及命令行或脚本等，完成批处理模式的 GIS 地理计算。例如，用户可以使用空间处理功能产生高质量的数据，对数据质量进行检查，以及进行空间建模和分析等。

2.1.2　地图制图数据源

当前，地图制图数据源的类型越来越丰富。遥感影像已成为地图制图和空间分析应用的最重要数据源之一。通过遥感影像可以快速、准确地获得不同空间和时间分辨率的各种专题信息。常见的遥感卫星数据包括中分辨率的 MODIS 卫星、陆地卫星 Landsat，高空间分辨率的商业卫星 WorldView、QuickBird 等，中国的"高分一号"、"高分二号"和"资源三号"等也是高分辨率卫星。随着航空技术的进步，低空无人机遥感开始快速发展，无人机遥感测绘系统为快速获取特定区域的高分辨率正射影像和三维点云数据提供了手段。

现代专业测绘设备也为地图制图提供了便利手段。基于全球导航卫星系统（global navigation satellite system, GNSS）的移动测量设备精度已达到厘米级，三维激光扫描仪在局部区域高精度三维建模方面提供了很好的解决方案。

另外，随着遥感和测绘技术向普通公众的普及，越来越多的专业地理信息和公众自发提供的数据开始通过互联网发布并免费共享。这是一个地理学家的时代，每个人都有机会接触并使用各类遥感卫星影像、高精度测量数据或共享数据，并借助于 GIS 软件开展地理分析与专题地图的编制。代表性的开放共享地图数据源介绍如下。

1. 30m/90m 空间分辨率全球 DEM 数据

ASTER GDEM（Advanced Spaceborne Thermal Emission and Reflection Radiometer Global Digital Elevation Model）是 30m 空间分辨率的全球数字高程数据产品，由日本经济贸易产业省（Ministry of Economy Trade and Industry，METI）和美国国家航空航天局（National Aeronautics and Space Administration, NASA）联合研制并免费面向公众分发。自 2009 年 V1 版 ASTER GDEM 数据发布以来，在全球对地观测研究中取得了广泛应用。但由于云覆盖，边界堆叠产生的直线、坑、隆起、大坝或其他异常等，V1 版原始数据局部地区存在异常。2015

年正式发布的 ASTER GDEM V2 版，采用一种先进的算法对 V1 版数据进行改进，提高了空间分辨率和高程精度。

SRTM（Shuttle Radar Topography Mission）由美国国家航空航天局和国防部国家测绘局（NIMA）联合测量，覆盖地球 80% 以上的陆地表面。SRTM 产品于 2003 年开始公开发布，目前的修订版本为 V4.1。SRTM 数据的空间分辨率精度包括 30m 和 90m 两种，目前公开数据版本为 90m 分辨率。

实验案例：根据实习教程提供的地理空间数据云网站（http://www.gscloud.cn/），尝试下载石家庄西部山区 ASTER GDEM V2 版本和 SRTM 90m 的 DEM 数据，并通过 ArcGIS 进行初步浏览访问。

2. 30m 分辨率全球地表覆盖数据

为有效支撑全球变化和地球系统模式研究，科学技术部 2010 年启动 863 计划"全球地表覆盖遥感制图与关键技术研究"重点项目。项目由国家基础地理信息中心牵头，国家测绘地理信息局、中国科学院、农业部、林业局等 7 个部门的 18 家单位共同参与。2013 年年底，2010 基准年的 30m 全球地表覆盖遥感制图数据产品（GlobeLand30）研制完成。该数据覆盖南北纬 80°的陆地范围，包括耕地、森林、草地、灌木地、湿地、水体、苔原、人造地表、裸地、冰川和永久积雪 10 种地表覆盖类型。2014 年 9 月 22 日，中国政府将历时四年研制的重要数据成果作为礼物，在联合国气候峰会上赠送给联合国，与国际社会分享。

GlobeLand30—2010 研制使用的分类影像主要是 30m 多光谱影像，包括美国 Landsat TM5、ETM+多光谱影像和中国环境减灾卫星（HJ-1）多光谱影像。另外，GlobeLand30—2010 研制还参考了大量辅助数据和资料，支持样本选取、辅助分类及验证精度等工作。主要参考资料包括：已有地表覆盖数据（全球、区域）、MODIS NDVI 数据、全球基础地理信息数据、全球 DEM 数据、OpenStreetMap 地图、各种专题数据、来自 Google Earth、必应和天地图的在线高分辨率影像等。

实验案例：注册 GlobeLand30 官方网站（http://www.globallandcover.com）用户，尝试下载感兴趣区域的 30m 分辨率地表覆盖数据，下载成功后通过 ArcGIS 进行初步访问与操作。

3. OpenStreetMap 众包地图数据

OpenStreetMap（简称 OSM）是一个网上地图协作计划，目标是创造一个内容自由且能让所有人编辑的世界地图。OSM 的地图由用户根据手持 GPS 装置、航空摄影照片、其他自由内容甚至单靠公民的地方智慧绘制。OSM 的灵感来自维基百科等网站，经注册的用户可上载 GPS 路径及使用内置的编辑环境编辑相关数据。

实验案例：浏览 OSM 网站（http://www.openstreetmap.org），观察 OSM 数据质量、精度和覆盖范围，体会众包模式地理数据生产的价值；注册 OSM 用户，申请下载感兴趣区域的地图数据。

实验 2-2 地图编制任务中的数据组织模式与方法

GIS 技术在发展过程中产生了各种描述地表空间自然和人文事物与现象的数据结构，包括矢量、栅格和 TIN 等。在各种数据结构基础上形成了众多的数据存储文件格式，地理数据已经可以很方便地存储在商用数据库或专门的地理数据库中。电子表格、文本中的空间信息也可以轻松导入 GIS 软件中，用于地图制图和空间分析。在集成使用多种格式数据源完成制图与分析任务时，有必要提供一套统一的数据描述和逻辑组织概念体系。

实验目的：通过设计从数据存储格式到地图可视化表现的系列实验内容，帮助学生实现从"数据到地图表现"这一概念逻辑体系的认知提升，理解常见的地图数据组织模式与方法。

相关实验：GIS 原理系列实验中的"深入理解常用的空间数据结构""地理数据库设计与数据组织管理"。

实验数据：Shapefile、Coverage、MapInfo Table 等矢量数据；TIFF、Grid 等栅格数据；个人与文件型地理数据库等。

实验环境：ArcGIS Desktop、QGIS Desktop。

实验内容：文件型地理数据存储与组织体系结构，地理数据库方式的数据组织与结构，地图设计中的逻辑概念与组织体系等。

ArcGIS 的本地数据存储管理主要采用 Shapefile、Coverage 和 Geodatabase 三种数据存储模型。Shapefile 文件主要由存储空间数据的*.shp 文件、存储属性数据的 dBase 表和存储空间数据与属性数据关系的*.shx 文件组成。Coverage 的空间数据存储在二进制文件中，属性数据和拓扑数据存储在 Info 表中，目录则整合管理二进制文件和 Info 表，形成 Coverage 要素类。GeoData base 是 ArcGIS 数据模型的第三代产品，包括 Personal Geodatabase、File Geodatabase 和 ArcSDE Geodatabase 三种不同级别，它以面向对象的方式表示要素行为和要素间的关系。

2.2.1 文件型地理数据存储与组织体系结构

采用专门的文件格式实现对某种数据结构的表达，一直是地图编制与 GIS 软件进行数据存储管理的主要方式之一。例如，实现矢量数据结构表达的常见格式包括：MapInfo 的 Table 格式、Mif 交换格式，AutoCAD 软件的 DWG 格式、DXF 交换格式，ArcGIS 的 Shapefile、Coverage 格式，以及 E00 空间数据交换格式等。实现栅格数据结构表达的常见格式包括：TIFF、JPEG、Grid 等。ArcGIS 支持空间数据互操作，可直接读取访问多种数据格式。

1. 观察文件型矢量数据的内容组织

通过观察、分析矢量数据文件的数据组织方式，理解文件功能、要素分类、文件基本属性、专题属性与空间对象的关系等。

1）Shapefile 文件的结构与特征

Shapefile 是用于存储地理要素几何位置和属性信息的简单非拓扑结构矢量格式。Shapefile 中的地理要素分别通过点、线或面（区域）表示。包含 Shapefile 的工作空间还可以包含 dBASE 表，它们用于存储可连接到 Shapefile 的要素附加属性。Shapefile 格式由一组承担不同功能的同名但扩展名不同的文件构成。通过 Windows 文件管理器、ArcCatalog 和 ArcMap，可以从不同角度观察了解 Shapefile 文件的结构与特征，具体步骤如下。

（1）在 ArcCatalog 或 Catalog 窗口中找到 Shapefile 格式的文件，观察点、线、面不同类型文件的显示状态。

（2）在 Catalog 中右键选择某个 Shapefile 文件，点击【Properties】菜单项，打开该文件属性对话框，了解 Shapefile 文件的基本属性项及其描述方式。

（3）将某个 Shapefile 文件加载到 ArcMap 中的某个数据框中形成一个矢量图层，在数据视图窗口中观察、浏览该文件包含的图形内容信息。

（4）在 ArcMap 内容表中右键选择该图层，点击【Open Attribute Table】菜单项打开图层的属性浏览窗口，观察该文件中包含的属性信息。

（5）在 Windows 文件管理器中找到对应的 Shapefile 文件存储位置，观察构成 Shapefile 格式的不同扩展名文件，理解各个文件承担的不同功能。

实验案例：通过练习数据中提供的一组 Shapefile 格式数据，观察体会 Shapefile 格式文件对地理要素的组织与存储表达方式（图 2-2-1 和图 2-2-2）。

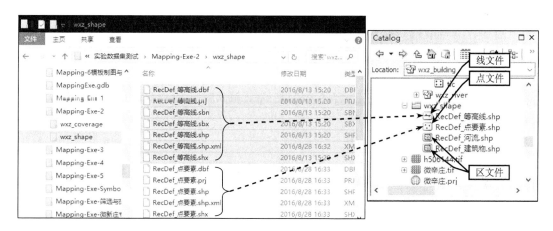

图 2-2-1　Shapefile 数据格式采用不同文件类型对点、线、面要素的组织方式

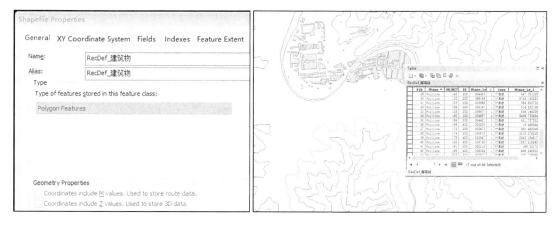

图 2-2-2　Shapefile 文件基本信息与专题属性的浏览查看

2）Coverage 文件

Coverage 是一种定义了严格拓扑关系规则的矢量数据模型，包含地理要素的空间和属性数据描述。Coverage 使用要素类来表示地理要素，每个要素类存储一组点、线（弧）、面或注记（文本）。Coverage 以文件目录方式存储，目录（要素数据集）中的每个要素类以一组文件形式存储。不同类型的 Coverage 及其包含的点、线、面、注记等不同要素类，在 ArcCatalog 中显示为不同的图标。

通过 Windows 文件管理器、ArcCatalog 和 ArcMap，可以从不同角度观察了解 Coverage 文件的结构与特征，具体步骤如下。

（1）在 ArcCatalog 或 Catalog 窗口中找到 Coverage 格式的文件，观察点、线、面不同类型的 Coverage 显示状态，认识 arc、point、polygon、tic、label 等要素类，进一步理解不同 Coverage 的要素类构成情况。

（2）在 Catalog 中右键选择某个 Coverage，点击【Properties】菜单项打开属性对话框，了解该 Coverage 文件的基本属性。

（3）将某个 Coverage 加载到 ArcMap 中的某个数据框形成图层，在数据视图窗口中观察、浏览该 Coverage 包含的图形内容信息。

（4）在 ArcMap 内容表中右键选择该图层，点击【Open Attribute Table】菜单项打开属性浏览窗口，观察该 Coverage 包含的属性信息。

（5）在 Windows 文件管理器中找到对应的 Coverage 文件存储位置，观察 Coverage 格式的目录组织方式及其要素类的文件构成情况。

实验案例：通过练习数据中提供的 Coverage 格式数据，观察、体会 Coverage 格式文件对要素的组织与存储表达方式（图 2-2-3 和图 2-2-4）。

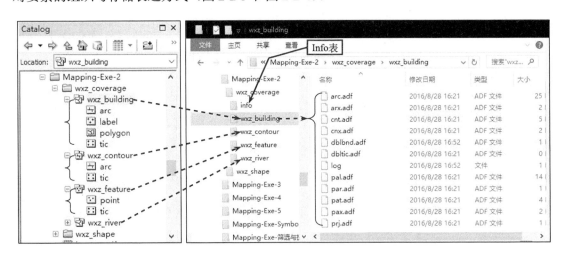

图 2-2-3　Coverage 数据格式对点、线、面等要素的文件组织方式

扩展练习：按照 Shapefile 和 Coverage 数据文件观察、练习方法，对 MapInfo Table 数据文件格式进行系统观察、分析和学习，总结 Table 数据格式的基本结构与特征。

2. 观察文件型栅格数据的内容组织

栅格数据的本质是按行和列（或格网）组织的像元矩阵，其中每个像元都包含一个信息

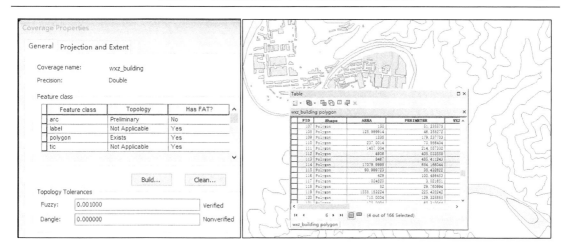

图 2-2-4　浏览查看 Coverage 文件的基本信息与专题属性

值（如波谱值，或高程、温度等专题值）。数字航空像片、卫星影像、数字图片或扫描地图都可以以栅格方式存储和表达。

文件型栅格数据的内容组织实验，注重对栅格数据基本信息的初步认识，特别是像元值的表达、存储和可视化的原理，并初步了解栅格影像的压缩方法和影像金字塔的基本原理。

1）栅格数据集基本信息浏览与像元值观察

栅格数据集的基本信息包括栅格空间分辨率（像元大小）、栅格行列数、存储栅格的文件格式、波段数、数据类型（像素类型）、数据深度、栅格值统计数据、坐标系统信息等。浏览栅格数据集的基本信息及像元值观察的基本实验步骤如下。

（1）在 Catalog 窗口中找到栅格数据集，右键选择该数据集，点击【Properties】菜单项，打开栅格数据属性对话框，浏览该栅格的基本属性信息。部分信息项解释如下：①行列数（Columns and Rows）。整个栅格描述区域划分的行列数，可以根据像元行列数计算整个文件的总像元数量。②栅格大小（Cell Size）。栅格像元的实际大小，决定整个栅格的行数或列数。③文件格式（Format）。栅格数据存储文件格式。④像元值类型（Pixel Type）。存储在栅格中的值类型：符号整型、无符号整型或浮点型。⑤像元值深度（Pixel Depth）。决定各波段值域范围。例如，8 位深度存储 256 个值。⑥无效值（NoData Value）。无专题值区域的像元值表达采用的一个特殊值。⑦色彩映射表（Colormap）。像元值以预先指定颜色表示的渲染方式。⑧影像金字塔（Pyramids）。原始栅格数据集的压缩采样版本，可包含多个压缩采样图层。⑨压缩类型（Compression）。栅格数据的压缩方式。⑩范围（Extent）。通过上下左右四个坐标表示栅格数据集的覆盖区域范围。⑪空间参考（Spatial Reference）。栅格数据集的空间参考（地理或投影坐标系统）。⑫统计数据（Statistics）。各波段栅格数值的最小值、最大值、平均值和标准差等统计量。

（2）将栅格数据加载到 ArcMap 中形成栅格图层，观察栅格数据的初步可视化效果。

（3）通过 Identify 工具，浏览、查看不同栅格的像元值（Pixel Value）。

实验案例：通过 Catalog 和 ArcMap 观察练习数据中的中国区域某日降水量栅格数据，从不同角度体会栅格文件对地理空间的描述方式（图 2-2-5 和图 2-2-6）。

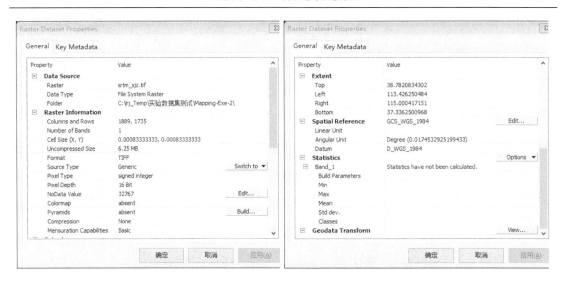

图 2-2-5　在 Catalog 中通过栅格文件属性对话框浏览某日降水量栅格数据的文件属性信息

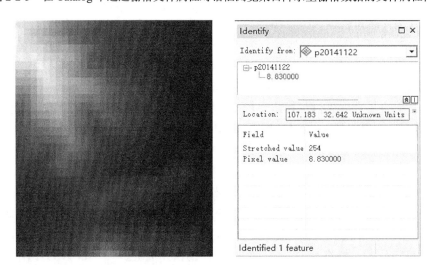

图 2-2-6　在 ArcMap 中加载某日降水量栅格数据，并借助 Identify 工具浏览某个像元值信息

2）观察常见的栅格数据

栅格数据格式可用于表达航空或卫星影像获取的地物波谱信息，也可表达高程、温度等丰富的专题信息。通过浏览、观察不同格式、专题的栅格数据，可以更好地认识栅格数据的特性。

实验案例：通过实习数据提供的 MODIS 影像、"高分一号"影像、数字地形栅格、数字地表覆盖栅格等数据，对比分析不同类型的栅格数据特征。

（1）遥感影像栅格数据：以 TIFF 格式存储的 MODIS 影像、"高分一号"影像，重点关注、理解栅格文件常用属性项的内涵和应用意义。

（2）数字地形栅格数据：以 Grid 或 TIFF 格式存储的数字高程和日降水量数据，重点关注栅格像元值的专题意义。

（3）专题栅格数据：以 TIFF 格式存储的 30m 分辨率地表覆盖数据，重点关注栅格像元值的专题意义及其色彩映射表的渲染方式。

2.2.2 数据库方式的地理数据组织与结构

ArcGIS 可以将各种类型的地理数据集存储在文件系统或数据库管理系统（database management system，DBMS）中，如 Microsoft Access 数据库或多用户关系型 DBMS（Oracle、SQL Server、DB2 等），形成地理数据库。

因此，GIS 中的地理数据库概念还包括地理信息表达模型，用于组织和管理地理信息。地理数据库模型以一系列用于保存要素类、栅格数据集和属性的表来实现不同的数据结构。模型中的高级 GIS 数据对象可添加以下内容：GIS 行为；用于管理空间完整性的规则；用于处理核心要素、栅格数据和属性的大量空间关系的工具。地理数据库模型更适合于数据组织与存储、数据可视化表达、空间分析与计算等不同任务模式的统一概念表述。

1. 三种不同级别的 Geodatabase

ArcGIS 支持三种不同级别的 Geodatabase 设计。

个人地理数据库：所有的数据集都存储于 Microsoft Access 数据文件内，该数据文件最大容量为 2 GB。

文件型地理数据库：在文件系统中以文件夹形式存储。每个数据集都以文件形式保存，文件大小最多可扩展至 1TB。

企业级地理数据库：也称为多用户地理数据库，在大小和用户数量方面没有限制，使用 Oracle、Microsoft SQL Server、IBM DB2、IBM Informix 或 PostgreSQL 等存储于关系数据库中。

实验案例：在 ArcCatalog 和文件资源管理器两种方式下，观察个人地理数据库和文件型地理数据库的内部结构和文件组织方式（图 2-2-7）。

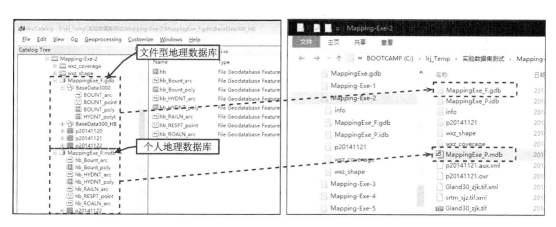

图 2-2-7 个人地理数据库、文件型地理数据库在 ArcCatalog 和文件资源管理器中的两种呈现方式

2. 观察数据库方式的数据内容组织

数据集是地理数据库的一个重要概念，同样也是 ArcGIS 组织和使用地理信息的主要途径，Geodatabase 数据模型是以数据库方式进行数据内容组织的代表，可以将矢量和栅格结构的数据统一存入数据库。GIS 地理数据库通常包括三种基本数据集类型。

表（Table）：表是由记录（行）和字段（列）组成的信息存储单元，字段用于存储特定数据类型（如数字、日期或文本段）的信息，记录则对应一个地理要素或对象的信息集合。

要素类（Feature Class）：要素类是一类要素的集合，是矢量数据的逻辑组织单元，其实质就是带有特定字段（包含要素几何信息的 Shape 字段）的表。点、线、面 Shapefile 文件就是三种要素类，Coverage 和 Geodatabase 数据库中也包含不同类型的要素类。

栅格数据集（Raster Dataset）：栅格数据集是组织成一个或多个波段的有效栅格格式。每个波段由一系列像元组成。ArcGIS 支持超过 70 种栅格数据集文件格式，包括 TIFF、JPEG 2000、Esri Grid 和 MrSid 等。大多数影像和栅格数据（如正射像片或 DEM）均作为栅格数据集提供。

为了更好地组织管理主题或空间相关的数据，在要素类、栅格数据集和表三个基本概念基础上，ArcGIS 还构建了要素数据集、栅格目录、镶嵌数据集等概念。

要素数据集（Feature Dataset）：要素数据集是具有共性主题特征或按空间区域组织的一组要素类，以方便数据源的管理和应用，如保存参与共享拓扑、网络数据集、几何网络或地形的要素类。要素数据集在功能上可理解为数据库中的文件夹，其中的要素类共享同一坐标系统。

栅格目录（Raster Catalog）：栅格目录用于管理按照空间分块的系列栅格数据集，或按照时间等任意专题系列划分的栅格数据集。

镶嵌数据集（Mosaic Dataset）：镶嵌数据集是混合了栅格目录和栅格数据集的数据模型，表示栅格目录的动态视图。可用于存储、管理、查看和查询栅格影像数据集合。

实验案例：观察数据库中存放的要素类、栅格数据集，了解要素数据集、栅格目录、镶嵌数据集对数据的组织管理功能；对比文件型与数据库方式在内容组织方面的共性和差异（图 2-2-8）。

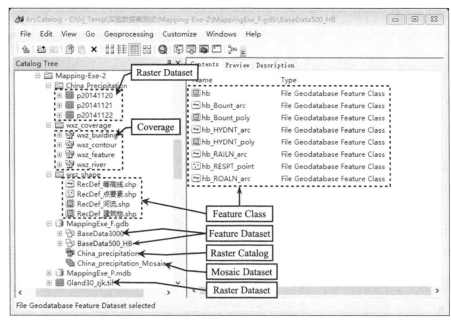

图 2-2-8　在 ArcCatalog 中浏览矢量和栅格数据文件（Shapefile、Coverage、TIFF、Grid）及地理数据库中的数据组织方式

2.2.3　地图设计中的逻辑概念与组织模式

因为 GIS 软件支持的数据格式多种多样，地图制图过程中也必然面临众多的数据来源。要实现制图过程的多源数据集成，必须建立统一逻辑描述框架，即本节提出的地图逻辑组织模式。它应该独立于数据文件格式，尽量在一体化框架下展现不同数据结构和格式的多种数据源。

1. 地图逻辑组织模式中的重要概念

符号（Symbol）与符号化（Symbology）：符号是地理数据以地图方式呈现时可使用的各种颜色与图形元素。符号化就是将地理数据按照某种符号样式进行渲染的过程，是数据的一种表现形式。同一数据可以按照不同的样式风格进行符号化。

图层（Layer）：图层是 ArcMap、ArcGlobe 和 ArcScene 中地理数据集的显示机制，是地理数据符号化后的逻辑概念。当栅格数据集或要素类等被添加到 ArcMap 中的某个数据框（DataFrame/Map）时，以某种符号样式呈现的结果表现为图层。一个图层引用一个数据集，并指定如何利用符号和文本标注绘制该数据集。同一数据源可以表现为不同的 Layer 添加到不同 Map 中。

地图（Map）与数据框（DataFrame）：地图是为某个专题组织的系列图层的逻辑集合，ArcMap 中一个 Map 对应一个数据框，数据框可以由 1 个或多个图层构成；ArcMap 可在一个地图文档中管理多个 Map；在 DataView 视图显示的数据框被称为焦点地图（FocusMap）。

地图元素（Element）：地图元素是地图布局设计层面的逻辑概念，包括比例尺、指北针、地图标题、描述性文本和符号图例等，甚至数据框也在布局设计中整体抽象为地图元素。

地图布局（Layout）：通过在一个布局视图中的虚拟页面上排布和组织各种地图元素，即构成地图布局，布局结果将用于地图打印或按照页面输出为图形文件。

数据视图（Data View）与页面视图（Layout View）：视图是地图制图工作环境的逻辑概念，数据视图主要用于数据编辑、查询和空间分析，布局视图主要完成地图版面设计。

地图文档（MapDocument）：地图文档是对当前地图可视化与设计任务的状态保存，表现为地图文档文件（*.mxd）。地图文档文件中记录了包含的地图、图层、布局、视图等状态信息，还存储地图图名、图例、比例尺及其他辅助元素等。打开文档可恢复上次保存的地图工作状态。

2. 地图逻辑组织模式的认知实验

通过认真观察和分析已经完成的地图成果文档，可以更好地体会、理解 ArcGIS 软件构建的地图设计中的逻辑概念和组织模式。具体实验内容如下。

（1）打开某个地图文档，观察文档中的数据框及其包括的不同数据来源的矢量或栅格图层。

（2）观察文档中同一数据源表现为不同图层的情况，或者自己将同一数据源多次添加至同一或不同的数据框中，理解数据源与图层的关系。

（3）ArcMap 的数据视图只能显示当前焦点地图，如果文档中有多个数据框，可在内容表中右键点击数据框名称，选择弹出菜单中的【Activate】菜单项，将其激活为当前焦点地图。

（4）点击数据视图和布局视图两个状态按钮，可在两个视图间进行切换。

（5）切换到布局视图下，观察分析布局视图下各类地图元素的布局情况；进一步理解数据框与图层、数据源的关系。

实验案例：在 ArcMap 中观察、分析地图制图相关的基本概念及数据逻辑组织模式，特别关注数据源、图层、地图与数据框、图形元素、视图、地图文档等概念及其关系（图 2-2-9 和图 2-2-10）。

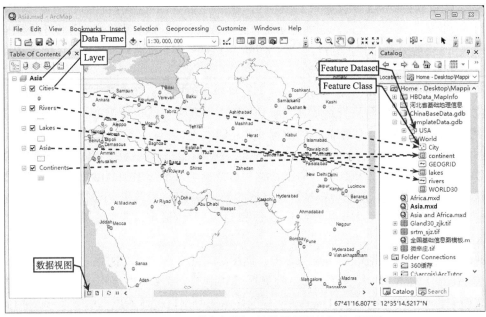

图 2-2-9　ArcMap 数据视图下的地图组织结构关系解读

TemplateData.gdb 包括 USA 和 World 两个要素数据集。World 中包括 City、continent 等 6 个要素类；continent 在 Asia 数据框中表现为 Asia 和 Continents 两个图层，其中，Asia 图层仅将亚洲以淡黄色多边形表现，Continents 图层则以浅灰色显示 Asia 以外的所有大洲多边形

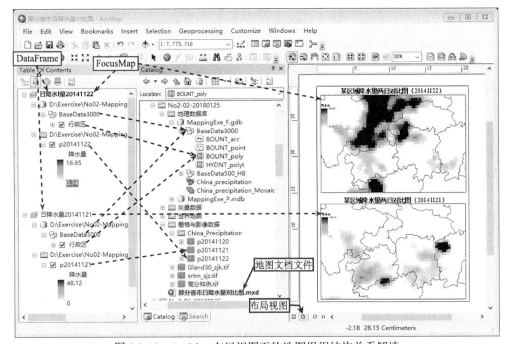

图 2-2-10　ArcMap 布局视图下的地图组织结构关系解读

该文档共包括两个数据框；布局视图包括了数据框、图名、图例等地图元素；要素数据集 BaseData3000 中的要素类 BOUNT_poly 被分别添加到两个数据框中表现为两个图层

实验 2-3 为地理数据配置与定义坐标系统

坐标系是用于表示地理要素、影像和观察值位置的参照系统，基于坐标系可使多个地理数据集使用公用位置进行集成。GIS 中对坐标系的描述一般包括以下几个方面：①测量框架，分为球面坐标（地理坐标）或平面坐标（地球球面坐标投影到二维平面）两种；②测量单位（如平面框架采用米、球面框架采用十进制的度）；③地图投影定义；④其他测量系统参数，如参考椭球、基准面和投影参数（标准纬线、中央子午线和坐标偏移等）。

坐标系是地图制图数据源的重要数学基础之一，对于多源数据集成和统一地图表达具有关键作用。如果数据集具有明确定义的坐标系，ArcGIS 可将该数据动态投影到相应的框架，从而自动将数据集与其他数据集集成，以进行地图制图、数据可视化和空间分析等操作。因此，有必要对如何配置与定义地理数据的坐标系统进行系统介绍。

实验目的： 在系统了解空间参考系列参数基础上，理解栅格数据配准、矢量数据校正的原理并掌握操作方法；理解地理坐标系和投影坐标系的关系，体会动态投影的意义和价值。

相关实验： 地图学原理系列实验中的"认识 GIS 软件中的地理坐标系统与地图投影"。

实验数据： 河北省行政区和某区域地形图扫描栅格数据；中国地图矢量数据。

实验环境： ArcGIS Desktop、MapInfo（或 QGIS Desktop）。

实验内容： 坐标数据观察，栅格数据配准，矢量数据校正，坐标系统定义与变换，坐标系统定义的作用域、优先级和存储方式。

1. 各种坐标数据观察

通过在 GIS 或其他相关软件中打开栅格、矢量等数据格式的地理数据文件，观察不同坐标系统定义情况下的坐标内容存储和表现形式，理解在 GIS 软件中为数据定义坐标系统的意义和价值。

（1）观察未配准的栅格与矢量数据。有时候，数据文件记录的坐标值与人们观察和理解的信息并不一致。例如，扫描栅格地图在 GIS 中直接打开，显示的坐标并非以经纬度表示的地理坐标或某个地图投影平面坐标（图 2-3-1）。同样，如果未经任何处理，直接基于原始栅格数据生产矢量数据，则矢量数据文件记录的坐标同样不是人们理解的地理坐标或投影平面坐标。

（2）观察采用地理坐标或投影坐标记录的数据文件。通过某些数据处理方法，可以将栅格数据配准或将矢量数据进行校正，以获得地理坐标或投影坐标记录的数据文件，成为有地理空间位置意义的数据，但软件并不能自动识别数据的具体含义[图 2-3-2（a）]。

（3）观察已正确定义坐标系统的数据文件。GIS 软件可以通过坐标系统配置文件等方式，对文件中的地理坐标信息进行正确解读，进而识别数据的地理空间意义[图 2-3-2（b）]。

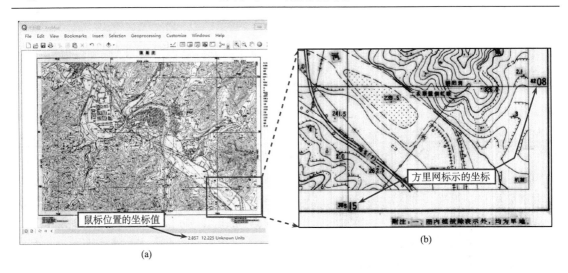

图 2-3-1　观察未配准栅格地图的坐标值（a）与方里网标示的坐标值（b）

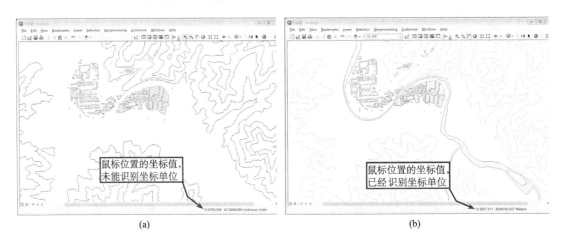

图 2-3-2　观察投影坐标记录的数据文件未能正确识别坐标系统的情况（a）与 ArcMap 正确识别
坐标系统的情况（b）

2. 栅格数据配准

栅格数据配准主要解决原始图像坐标值的变换问题。最初扫描的栅格地图，坐标值一般采用扫描软件自定义的平面直角坐标系定义，无法与地图采用的地理坐标系统或投影坐标系统匹配。通过一组辨识准确地图坐标值的地图控制点，可以构建坐标变换方程，将没有地理意义的图像坐标转换为地图坐标值。ArcMap 软件中的栅格数据配准基本流程如下。

（1）在 ArcMap 中加载待配准的扫描栅格底图或影像数据，观察选择合适的控制点位置。

（2）调用【Georeferencing】工具条，启用图像配准功能，在"Choose Georeferencing Layer"下拉框中选择待配准的栅格数据为目标对象。

（3）选择【Georeferencing】→【View Link Table】命令，调出"Link Table"对话框，用于观察后续输入的控制点详细坐标信息。

（4）选择【Georeferencing】→【Add Control Points】工具，在栅格底图上添加至少 4 个已知理论地图坐标值的控制点用于图像配准，添加后可继续手工调整源坐标和目标坐标值，以提高配准精度。

（5）确认控制点精度符合要求后，点击工具条下拉菜单中的【Update Georeferencing】菜单项，永久保存配准结果。

实验案例：以实验数据中提供的扫描栅格地形图为例进行栅格数据配准，控制点选择地形图四个最外围的方里网交叉点，坐标值采用无带号的高斯投影平面坐标，坐标单位为米（图 2-3-3）。

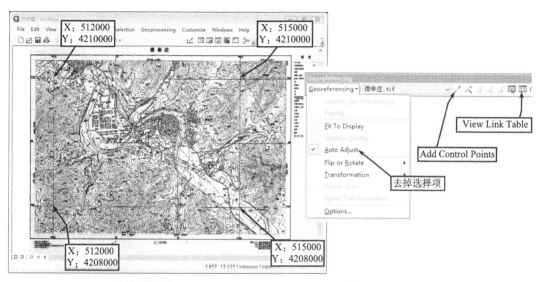

(a) 选择控制点　　　　　　　　　　(b) 调用【Add Control Points】工具

(c) 添加4个控制点(X Map、Y Map目标位置可任意放置)　　(d) 在"Link Table"中将X Map、Y Map值修改为理论值
后的"Link Table"

图 2-3-3　数据配准的关键步骤

自主练习：参照上述思想和流程，采用经纬网交叉点作为控制点，将练习数据中的河北省地图（扫描栅格数据）按照经纬度地理坐标进行配准。

3. 矢量数据校正

采集矢量数据时，如果采用的栅格底图或遥感影像不是地理坐标系统或投影坐标系统，则矢量数据的坐标值没有地理意义，需要利用控制点进行矢量数据校正。矢量数据校正与栅格数据配准的目的和基本原理相同，只是处理的数据格式不一样。

在 ArcMap 中进行矢量数据校正的基本流程如下。

（1）将待校正的矢量数据添加到当前文档，选择至少 4 个已知理论坐标值的控制点。

（2）调用【Editor】工具条，启用待校正数据的编辑状态；调用该工具条下拉菜单中的

【Snapping】→【Snapping Toolbar】菜单项，打开【Snapping】工具条，开启节点和边捕捉等状态，用于辅助精确添加控制点。

（3）调用【Spatial Adjustment】工具条，选择下拉菜单中的【Set Adjust Data】菜单项，调出"Chose Input For Adjustment"对话框，选择参与校正的相关图层。

（4）选择【Spatial Adjustment】→【View Link Table】命令调出"Link Table"对话框；选择【New Displacement Link】工具项，分别添加各控制点的 Link 线（目标位置暂时可任意放置）；通过"Link Table"对话框手工修改每个控制点 Link 的 X、Y 目标坐标值（X Destination、Y Destination）。

（5）所有控制点添加完毕，确认目标坐标值无误后关闭 Link Table；选择【Spatial Adjustment】工具条下拉菜单中的【Adjust Preview】菜单项预览校正效果，符合校正精度后，点击【Adjust】菜单项完成矢量数据校正。

（6）选择【Editor】工具条下拉菜单中的【Save Edits】菜单项，保存校正结果。

实验案例： 下面以一组需要校正的河北省基础地理数据为例，选择图中的经纬网交叉点作为控制点，进行矢量数据几何校正，形成以经纬度描述坐标值的数据文件（图 2-3-4）。

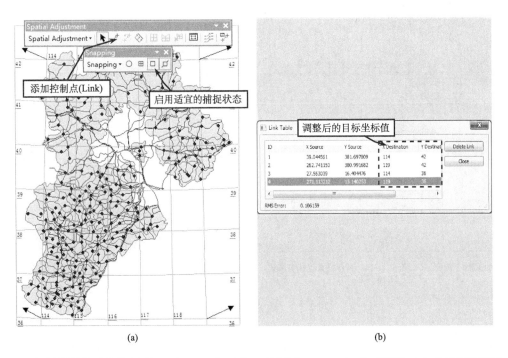

图 2-3-4　矢量数据校正过程中添加 4 个 Link 点（a），并通过 Link Table 手工调整 Link 点目标坐标值（b）

自主练习： 参照上述方法，以方里网交叉点为控制点，对练习数据中的微新庄地形图矢量数据进行校正，形成以高斯投影平面坐标（无带号）记录的数据文件。

4. 坐标系统定义

栅格数据配准和矢量数据校正步骤的完成，仅仅是对文件存储的坐标数值本身进行了变换，软件如何理解坐标数值，还需要明确的说明和定义。地理坐标系统和投影坐标系统的定义就是通过投影参数文件等方式，提供给软件如何解析文件坐标的基本信息。

　　坐标系统定义的关键点是明确待定义文件坐标值的地理意义，并根据坐标值意义选择对应的坐标参数。地理坐标值需要选择地理坐标系统参数，投影坐标值则需要选择投影坐标系统参数。

　　下面以地理坐标系统的定义为例，说明坐标系统定义的流程。

　　（1）在 Catalog Window 中找到拟定义地理坐标系统的文件，右键选择调用 Properties 对话框。

　　（2）切换到"XY Coordinate System"选项卡，根据当前文件坐标值地理意义，为该文件选择合适的地理坐标系统定义文件。例如，中国常用的北京 54 坐标系统、西安 80 坐标系统都在"Geographic Coordinate Systems"下的"Asia"组，WGS84 坐标系统则在"World"组。

　　（3）依次完成其他文件的地理坐标系统定义。

　　定义坐标系统时，既可以按上述方法选择 ArcGIS 软件提供的坐标系统文件，也可以从已经定义相同坐标系统参数的文件中导入对应参数，还可以自己定义坐标系统参数。用户可以根据数据基本特征和需求进行自主选择。另外，ArcToolbox 中的【Define Projection】工具也可用于坐标系统定义。

　　实验案例：矢量数据校正部分已经完成校正，但未定义坐标系统的河北省矢量数据文件，其坐标值以经纬度地理坐标记录，校正时采用的原始底图地理坐标框架为北京 1954 坐标系，因此为该数据定义北京 54 地理坐标系统（图 2-3-5）。

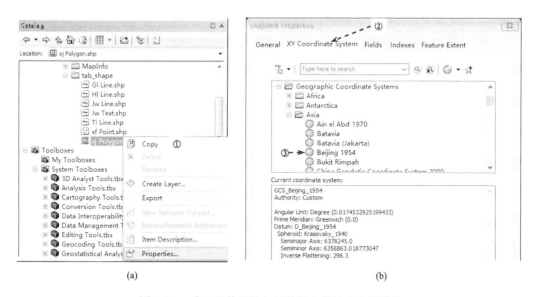

(a)　　　　　　　　　　　　　　　　(b)

图 2-3-5　为已经校正的矢量数据定义地理坐标系统

①调用待定义数据文件的属性对话框；②切换至坐标系统选项卡；③为该数据选择地理坐标系统定义参数文件

　　自主练习：练习数据中提供了矢量地形图数据，包括处于不同坐标系统定义状态的同一区域的三套数据，其中一套数据已经根据底图资料校正为高斯投影平面坐标值，参照上述思想和流程并结合数据说明，为该套数据选择合适的投影坐标系统参数，完成投影坐标系统定义。

5. 坐标系统变换

坐标系统变换是根据某个变换函数，将地理数据中的坐标值从一种坐标系统投影变换为另一种坐标系统。坐标系统变换的前提条件包括：被变换数据有正确的坐标系统定义；有明确的目标坐标系统参数。另外，不同地理坐标系统之间（如北京 54 与西安 80 坐标系统）的变换需要提供地理变换参数（如七参数法要求的参数）。

常见的坐标系统变换包括：地理坐标系统数据（经纬度坐标值）向某个投影坐标系统的变换；投影坐标系统数据向另一投影坐标系统的变换。坐标系统变换的基本流程如下。

（1）启动 ArcToolbox 中的【Project】工具，调出 "Project" 对话框。

（2）选择 "Input Dataset or Feature Class"（待转换的数据集或要素类），系统应能够自动识别出该数据的坐标系统定义参数名称。

（3）定义 "Output Dataset or Feature Class"（变换结果数据集或要素类的存储位置和名称）。

（4）定义 "Output Coordinate System"（变换结果数据采用的坐标系统）。

（5）根据变换目标确定是否提供地理坐标变换参数。

（6）参数设置完成后即可进行坐标系统变换，可在 Catalog 窗口观察输出结果的坐标系统信息。

当需要变换数据文件较多时，也可以通过 ArcToolbox 中的【Batch Project】工具进行批量变换。

实验案例：将已经定义好地理坐标系统的河北省地理数据进行坐标系统变换，生成一套新的高斯投影坐标系统定义的河北省地理数据（图 2-3-6）。

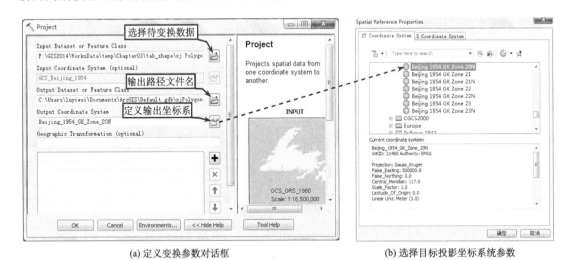

(a) 定义变换参数对话框　　　　　　　　　(b) 选择目标投影坐标系统参数

图 2-3-6　完成数据坐标系统投影变换

自主练习：将已经定义好投影坐标系统参数（坐标值无带号）的地形图矢量数据，投影变换为坐标值有带号的投影坐标系统数据。

6. 坐标系统定义的作用域、优先级与存储方式

通过明确的坐标系定义参数，ArcGIS 可用统一的地球表面框架集成定位不同的数据集。

如果在 ArcMap 中加载没有坐标系统定义的数据集，系统将提示用户"Unknown Spatial Reference"（未知的坐标系统参数）。

1）要素数据集与要素类坐标系统关系的实验观察

在不同数据管理层次上，定义好的坐标系统参数具有不同的作用域。例如，数据库中的独立要素类或单个矢量数据文件可以单独定义坐标系统参数；而加入要素数据集中的要素类必须继承数据集的坐标系统参数。当要素类与要素数据集的坐标系统参数不同时，要素类必须经过坐标系统变换才能加入该要素数据集。通过将不同坐标系参数的要素类导入要素数据集，体会要素数据集与要素类坐标系参数的层次关系。

（1）确定待导入数据目标位置的地理数据库（可以选择现有的或新建地理数据库）。

（2）在数据库中新建用于管理待导入要素类的要素数据集，建立过程中定义需要的坐标系统。

（3）右键选择新建立的要素数据集，点击【Import】→【Feature Class Multiple】菜单项，启用"Feature Class to Geodatabase（multiple）"工具对话框。

（4）定义"Input Features"（待转换要素类）。选择地图文档中已加载的（或从数据库中选择），添加到待转换列表。

（5）定义"Output Geodatabase"（导入结果存储位置），软件自动给定默认的存储位置，可以根据需要进行位置调整。

（6）完成设置后进行导入，观察对比导入目标数据集中的要素类相对于原要素类坐标系统参数的变化。

实验案例：将已定义好高斯投影坐标系统参数（坐标值无带号）的地形图矢量数据文件，加入已经定义为坐标值有带号的高斯投影坐标系统参数的要素数据集中（图 2-3-7）。

2）数据框的坐标系统与动态投影

如果数据集有明确定义的正确坐标系，则 ArcGIS 可将数据以动态投影方式集成到相应的数据框，以进行地图制图、可视化和空间分析等操作。

动态投影是 GIS 系统的重要概念，由于每个 GIS 数据集都拥有椭球体和基准面或地图投影等基本的坐标系统参数，通过动态投影，ArcGIS 软件可以动态地将数据集元素的地理位置重新投影并转换到任意适当的坐标系中，它并不改变数据本身的坐标系统参数。观察数据框动态投影的步骤如下。

（1）新建地图文档，将定义好地理或投影坐标系统的数据文件添加到当前文档的一个数据框中。

（2）观察各数据图层的匹配情况，同一区域的各数据图层应该能够自动匹配，不同区域的数据也可以在同一坐标系统框架下正确显示区域的空间关系。

（3）右键选择内容表中的数据框，打开数据框的"Properties"对话框并切换到"Coordinate System"选项卡，观察数据框采用的坐标系统参数，与各图层数据源的坐标系统参数进行对比。

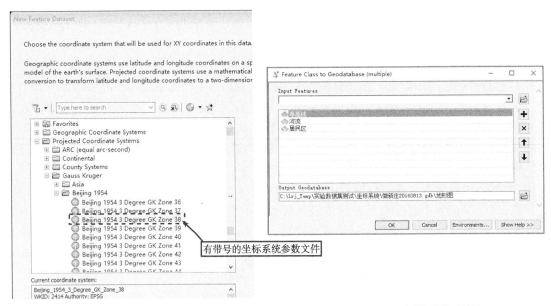

(a) 在数据库中定义要素数据集过程的坐标系统参数选择　　　(b) 要素类导入要素数据集的对话框

图 2-3-7　要素数据集与要素类坐标系统的层次级别

（4）为当前地图选择新的坐标系统参数，确定后地图将以动态投影方式显示新坐标系统下的地图表达效果。

实验案例：将同一区域的不同坐标系统参数的栅格、矢量等数据文件，加入某个地图数据框中集成显示，可以看到各个数据图层能够自动匹配（图 2-3-8）。

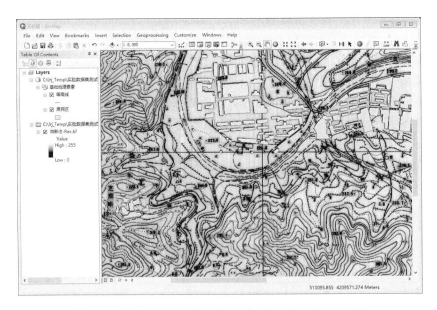

图 2-3-8　同一区域不同坐标系统参数定义的数据自动匹配

自主练习：将未定义坐标系统参数的数据加载到 ArcMap 中的某个数据框中，与拥有正确坐标系统定义的数据进行对比，观察数据显示的差别。

实验 2-4　基于扫描栅格地图的矢量数据生产

多种空间和时间分辨率的遥感数据可以为 GIS 提供详细、实时的基础地理信息，高精度的野外测量设备也能快速生成目标区域的要素坐标。另外，越来越多的政府、研究机构和民间组织正在将自己的空间数据通过互联网进行共享。人们可以借助提供者发布的互联网数据访问接口（API）获得数据使用权限，或者直接下载开放共享的数据包（如 OSM 矢量地图数据）。

因此，基于扫描旧地图获得栅格底图继而生产矢量数据的方式，早已不是 GIS 的主要数据源。但早期利用栅格底图进行矢量数据生产的基本方法和思想，在今天以遥感和现代测绘为主要数据生成方式的时代依然有效。因此，本节继续保留了以栅格底图为参考的矢量数据生产训练，并增加了基于遥感影像的矢量数据生产内容。

数据生产是一个系统工程，其最终目的是为后期地图编制、可视化表达或数据分析计算提供基础。因此，数据生产必须考虑生产质量、组织管理方式等对后续应用的影响，也有必要在生产工作开始前，根据数据生产目的及其潜在应用，设计一份有效的数据生产技术方案。

实验目的：学会设计、编写数据生产技术方案；掌握基于栅格（含遥感影像）数据生产矢量数据的方法；理解数据生产技术方案对生产过程的指导、约束和规范作用，以及对未来数据潜在应用的规划价值和意义。

相关实验：空间数据管理与可视化系列实验中的数据处理、质量评价、符号化、版面设计等相关实验；GIS 原理系列实验中的"管理地理信息元数据"等。

数据准备：某区域栅格地图、某区域遥感卫星数据、某区域的社会经济数据。

实验环境：ArcGIS Desktop（ArcMap、ArcCatalog 或 Catalog Window）、Excel 等。

实验内容：编写数据生产技术方案；掌握建立 Shapefile 文件的基本流程与方法，理解要素数据集与要素类、数据文件的关系；掌握基于栅格底图人工跟踪生产矢量要素的方法；掌握数据捕捉环境的设置方法；掌握矢量数据属性结构的定义与修改方法，掌握属性数据采集方法；掌握基本的元数据内容生产与更新方法。

1. 矢量化数据生产方案设计

矢量数据生产的主要途径之一是根据栅格图像的纹理特征进行矢量化。栅格图像可以来自航空或航天遥感数据（未经分类、抽象和概括的原始地表影像或光谱反射结果），也可以是纸质地图（经过要素分类、概括）的扫描图片。

1）矢量数据生产方案设计的主要内容

设计一个明确的数据生产方案，能够规范生产流程、指导生产任务的分工合作，最大限度地保证数据后续应用价值。矢量数据生产方案一般应包括以下 10 项内容。

（1）数据生产目的和未来数据应用需求。准确把握数据生产目的，认真思考数据的潜在应用价值，在不明显增加工作量的情况下，保证数据生产结果具有更广的应用价值。

（2）基础底图与资料分析评价。包括资料现势性、底图地理坐标框架的可度量性（是否有可用的控制点等）、相关属性资料是否丰富、资料的属性项含义是否明确等。

（3）数据生产采用的坐标系统。根据资料底图能够参考的坐标网或有明确坐标值的地物点等，确定生产矢量数据时采用的坐标系统。可以按照地理坐标（经纬度）进行采集，也可以按照投影后的平面直角坐标进行采集。

（4）空间数据存储格式与数据组织。根据后期数据管理需求，确定采用什么文件格式或数据库存储数据生产结果。

（5）基于生产目的的要素分类。首先，基于要素表达形态进行分类，如点、线、面要素；其次，可以根据每种形态要素的专题属性进行分类，如交通、水系、城镇、行政区；最后，在属性大类基础上，还可以进一步划分二级类，如交通分为铁路、公路等。一般情况下，表达形态不同的要素需要存储到不同的数据库要素类（如 Geodatabase 的 Feature Class）或数据文件（如 Shapefile）中；当大类下的小类要素属性项都相同时，数据存储的文件单元划分至大类即可，只有不同的二级类（或更小类别要素）之间属性不同时，才根据二级类进一步划分存储单元。

（6）数据生产任务分工与合作模式。当合作完成数据生产任务时，需要科学划分生产任务，保证分工生产内容能够有效集成和衔接。可以根据空间单元划分任务，也可以根据要素类别划分任务，还可以结合空间信息和专题属性进行任务分工。

（7）关键生产方法与技巧。生产方案中应给出可以提高数据生产效率、保证数据质量的关键方法或技巧。例如，如何采集具有公共边的邻接多边形，如何借助要素模板规范采集空间要素公共属性信息等。

（8）属性结构设计与采集方法。详细描述每个要素类的属性结构，特别是字段项类别、含义、值域范围等。给出可以通过属性批量计算、空间链接等方式进行属性项填充的方法和操作步骤。

（9）不同类型数据的精度要求。确定各类要素的空间精度标准和属性精度要求。

（10）质量检验方法。提供不同类型要素的质量检查方法。例如，空间要素可以通过空间拓扑关系规则发现输入错误或误差；属性内容可以借助排序、字段值统计等发现输入错误。

2）栅格地图矢量化生产技术方案编制

自主练习：根据上述数据生产方案设计的基本内容，在初步学习后文有关矢量数据生产方法的基础上，以河北省行政区划地图编制为目的，认真分析基础资料，编写一份基于栅格地图的矢量数据生产技术方案。

2. 矢量格式数据文件的建立

Shapefile 是 ArcGIS 支持的简单矢量数据文件格式，包括点、线、面（多边形）等不同的文件类型。在矢量数据生产之前，要根据基础底图资料和数据生产标准、主题要求等，合理确定每个文件要存储的要素类型和专题属性内容。ArcMap 中建立矢量格式数据文件的步骤如下。

（1）创建 Shape 文件。在 Catalog Window 中，右键选择存储位置文件夹，选择【New】→【Shapefile】菜单项，弹出"Create New Shapefile"对话框，输入数据文件名称，选择要素类型，选择该文件使用的坐标系统参数（也可以以后定义更新），完成该文件创建。

（2）完善 Shape 文件属性结构。在 Catalog Window 中右键选择新生成的 Shape 文件，选择【Properties】菜单项，在弹出的"Shapefile Properties"对话框中选择"Fields"选项卡，

为该文件补充定义所需的属性字段。

实验案例：根据实习数据中的说明文件要求，生成用于存储地市行政区多边形的 Shapefile 文件，为该文件定义 Name_C、Name_E、PopNum2010、PopM2010、PopB2010、PopD2010、PopG2010 等属性字段项，用于存储相应的专题属性数据（图 2-4-1）。

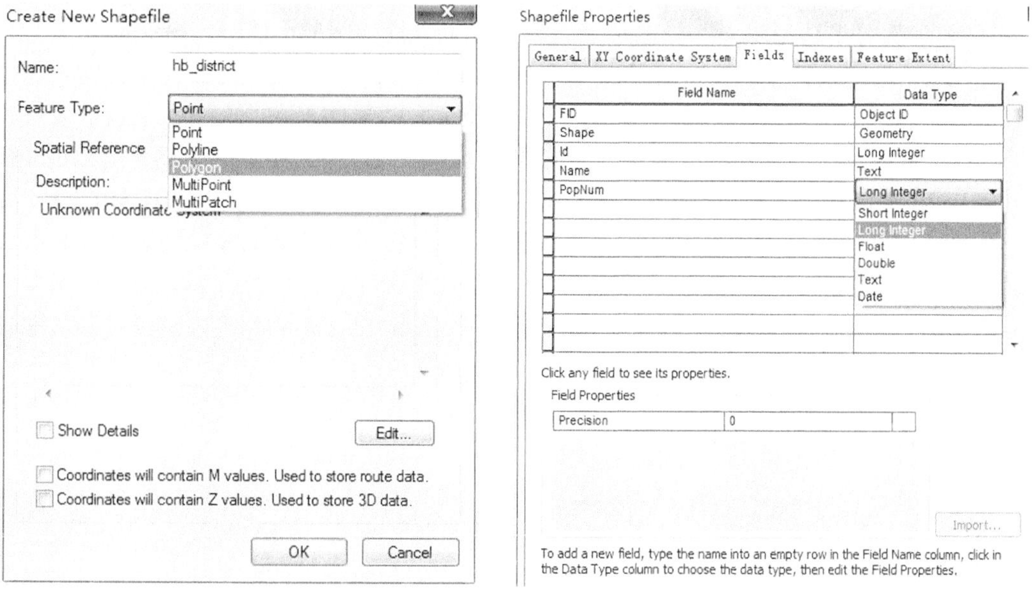

图 2-4-1　新建 Shapefile 数据文件（a）及完善 Shapefile 文件属性结构，添加新的字段项（b）

自主练习：按照上述流程和实习数据说明，选择合适的点、线、面要素类型，分别建立交通线、河流水系、城市等 Shapefile 文件，注意为每个文件定义相应属性字段存储属性数据。

3. 基于栅格底图的矢量数据生产

可以根据扫描的栅格底图完成点、线、面等类型要素的空间坐标信息采集。采集过程中应注意精确控制要素间正确的空间关系，如线要素的相互连接、多边形之间的空间邻接等。在 ArcMap 中可以使用【Editor】工具条的各种功能完成数据采集。下面分别介绍多边形、线和点要素的采集方法与关键步骤。

1）多边形要素采集输入

（1）启用【Editor】工具条，选择【Editor】工具条的【Editor】→【Start Editing】菜单项，选择当前文档中拟采集多边形要素的图层，启用该图层编辑状态。

（2）启用捕捉环境。选择【Editor】工具的【Editor】→【Snapping】→【Snapping Toobar】菜单项，弹出【Snapping】子工具条，设置当前文档中的编辑捕捉环境。可以根据采集需要实时调整 Point Snapping（点捕捉）、End Snapping（端点捕捉）、Vertex Snapping（节点捕捉）、Edge Snapping（边捕捉）四种捕捉状态；必要时也可点击【Snapping】下拉菜单，进一步设置精细化捕捉选项。

（3）在"Create Features"窗口（可通过【Editor】工具条对应工具打开），选择拟编辑图层中列出的要素输入模板，"Construction Tools"栏对应列出可供使用的多边形要素输入工具。

（4）输入首个多边形。例如，可选择"Construction Tools"栏目中的【Polygon】工具，参照栅格底图上的要素边界，通过鼠标左键从要素边界任意位置开始点击取点，取完所有坐标点后双击鼠标（或点击右键选择【Finish Sketch】菜单项）完成多边形输入。

（5）多部分多边形输入。当多边形由两个以上分离的部分组成时，可完成一个部分的坐标输入后，右键选择【Finish Part】菜单项结束该部分采集，然后继续下一部分输入，直到所有部分完成后右键选择【Finish Sketch】，完成整个多边形输入。

（6）公共边界多边形输入。相邻多边形公共边界不必重复矢量化，可采用【Auto Complete Polygon】（自动完成多边形）工具采集。第一，选择"Construction Tools"栏中的【Auto Complete Polygon】工具；第二，在已输入的多边形要素公共边的一个端点处（系统捕捉鼠标）点击左键确认第一个公共坐标点；第三，开始采集非公共边部分坐标点，直至公共边另一端点；第四，由系统成功捕捉公共端点坐标后双击左键，ArcMap 自动完成公共边坐标采集并完成整个多边形。

（7）当待采集的多边形与多个已完成的多边形拥有公共边时，只需将多个公共边按照一条边界对待，采用上述步骤采集即可。

（8）采集过程中及时选择【Editor】工具条的【Editor】→【Save Edits】菜单项保存采集内容。

实验案例：在前期实习中，已经完成了一幅河北政区栅格图的配准，并定义了地理坐标系统，矢量化 11 个地市行政区划多边形的关键图示如图 2-4-2 和图 2-4-3 所示。

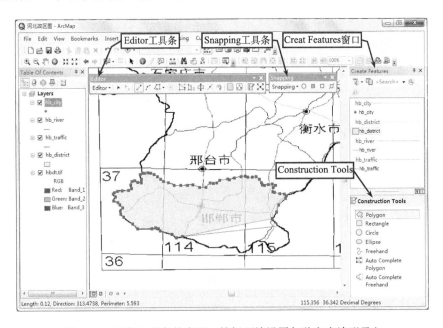

图 2-4-2　编辑工具条的启用、捕捉环境设置与独立多边形录入

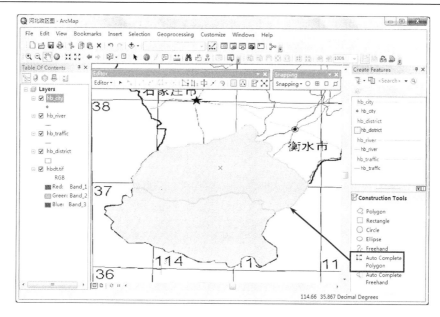

图 2-4-3　使用【Auto Complete Polygon】工具完成公共边界多边形要素的矢量化

2）线要素数据采集输入

线要素采集与多边形类似，关键步骤如下。

（1）启用待存储要素的图层编辑状态，选择"Create Features"窗口中相应图层下的要素输入模板，然后选择"Construction Tools"栏目中的绘制线工具。

（2）参照栅格底图的要素位置，从要素一端开始，通过鼠标左键点击获取坐标点，直至追踪到线要素另一端，追踪完成后双击鼠标或点击右键选择【Finish Sketch】菜单项，结束一条线要素绘制。

（3）多部分线要素的输入。与多部分多边形采集一样，当线要素由两个以上部分组成时，可完成一部分坐标输入后右键选择【Finish Part】菜单项结束该部分采集，然后继续下一部分输入，直到所有部分完成后右键选择【Finish Sketch】，完成整个线要素输入。

（4）要素采集过程中，及时选择【Editor】工具条的【Editor】→【Save Edits】菜单项保存采集内容。

3）点要素数据采集输入

点要素数据采集比较简单，关键步骤如下。

（1）启用待存储要素的图层编辑状态，选择"Create Features"窗口中相应图层下的要素输入模板，然后选择"Construction Tools"栏中的绘制点工具。

（2）参照栅格底图上的点要素位置，通过鼠标左键点击取点方式输入点要素。

（3）要素采集过程中及时保存采集内容。

4）图形要素编辑修改

（1）线、多边形要素的形态编辑。点击【Editor】工具条的【Edit Tool】工具，双击需要编辑的多边形或线要素即可进入编辑节点状态，同时弹出【Edit Vertices】工具条。

（2）在【Edit Tool】工具状态下，鼠标移至节点时将变为节点移动状态，此时可以移动节点位置，或点击右键选择【Delete Vertex】菜单项删除节点。

（3）也可选择【Edit Vertices】→【Add Vertex】（或【Delete Vertex】）工具项，进行增加或删除节点操作（图2-4-4）。

（4）点要素坐标移动。点击【Editor】→【Edit Tool】工具按钮，选择要移动的点要素拖动即可进行坐标调整。

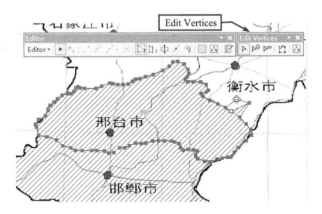

图2-4-4　利用【Editor】工具条进行多边形、线要素的编辑修改

自主练习：按照上述方法对经过配准并定义了坐标系统参数的河北栅格底图中的地市行政区、河流、交通、城市等要素进行矢量化。

4. 属性数据采集输入

在采集空间数据的同时或完成所有空间要素采集后，可以录入要素专题属性。属性数据可以通过"Attributes"（属性）窗口或"Attribute Table"（属性表）窗口录入。属性录入的关键步骤如下。

（1）通过要素属性窗口录入。在图层可编辑状态下，选择【Editor】→【Attributes】工具按钮，调出"Attributes"对话框，然后用要素选择工具选择需要录入属性的要素，再点击"Attributes"对话框中该要素属性项的值域栏，即可进行属性录入。

（2）基于要素属性表录入。在内容表中需要录入属性的图层名字上点击右键，选择【Open Attribute Table】菜单项，调出属性浏览表，可逐条或批量录入要素属性。

（3）属性添加过程中，注意利用【Editor】→【Save Edits】及时保存录入结果。

实验案例：根据上述方法，为矢量化后的邢台市、邯郸市两个行政区多边形要素录入名称、人口数量等相关专题属性（图2-4-5）。

自主练习：根据上述方法，结合练习数据中提供的数据生产要求说明文件，为矢量化后的行政区、城市等要素录入名称、人口、就业等相关专题属性信息。

5. 基于遥感影像的矢量数据生产

遥感影像是矢量数据生产的重要数据源，可以实现对地表覆盖物的边界提取、专题分类，获得用户需要的矢量数据。基于遥感影像进行矢量数据生产前，需要进行影像正射纠正、拼接、裁切等预处理工作，并定义地理或投影坐标系统。

基于遥感影像的矢量化与基于扫描地图的方法基本相同，不同之处在于工作人员需要自主判断被采集要素的位置、边界和类型等空间和属性信息。

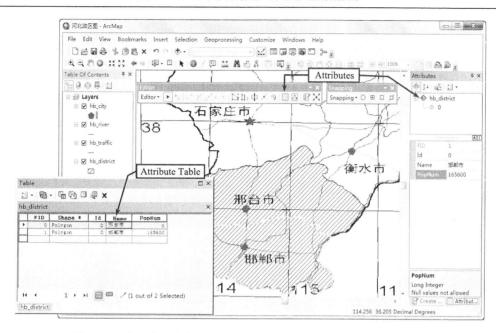

图 2-4-5　单要素属性窗口方式的属性录入、多要素的浏览表方式录入

实验案例：根据实验数据中提供的一幅遥感影像数据，采集一个人工水库多边形要素边界信息（图 2-4-6）。

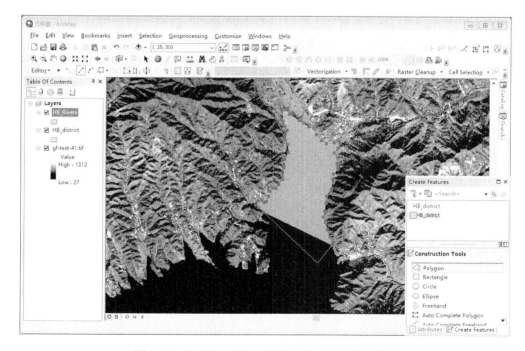

图 2-4-6　基于遥感影像数据矢量化人工水库多边形

6. 为矢量数据添加简单的元数据

Metadata（元数据）是对数据的说明，能够帮助使用者更好地了解数据基本状态、数据

处理过程、数据质量等。许多 GIS 软件都提供元数据自动更新功能，一些重要数据处理过程都会在元数据中记录。数据生产和完成后的不同阶段，也需要生产者及时为数据添加必要的元数据。ArcGIS 中更新元数据的关键步骤如下。

（1）在 Catalog 中右键选择需要更新元数据的数据文件，选择【Item Description】菜单项，调出"Item Description"对话框。

（2）对话框的"Description"选项卡，可以显示数据标签、摘要、描述、认证、使用限制、数据范围、比例范围等基本元数据项目。

（3）点击对话框上的【Edit】工具项，启用元数据编辑模式，可以逐一修改、更新各元数据项目。

（4）Thumbnail（预览图）生成。切换到"Preview"选项卡，选择工具条的【Create Thumbnail】工具项生成预览图。

（5）元数据项目更新完成后点击对话框【Save】按钮保存更新内容。

（6）如果需要其他元数据格式提供的更丰富的元数据内容，可以通过 ArcMap 软件菜单【Coustomize】→【ArcMap Options】调出"ArcMap Options"对话框，切换至"Metadata"选项卡，在【Item Description】下拉菜单中选择对应的元数据样式。调整元数据样式后，重新打开的"Item Description"对话框将按照新样式显示元数据内容。

实验案例：为河北省行政区多边形要素类添加元数据，并将元数据显示方式调整为 FGDC CSDGM 元数据格式，观察不同元数据的内容和组织方式（图 2-4-7）。

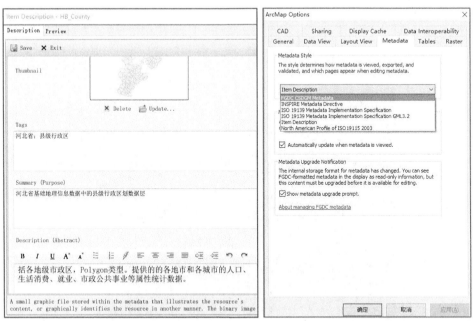

图 2-4-7 在 ArcGIS 中浏览、编辑、更新多边形要素类的元数据（a）及在"ArcMap Options"对话框中调整元数据样式（b）

自主练习：为自己生产的河北省行政区地图数据中的行政区、河流水系、城市等要素类补充更新缩略图、标签、摘要和总结等元数据基本描述信息。

实验 2-5　基于多软件合作模式的矢量数据快速生产

利用移动 RTK、三维激光扫描仪、航测无人机等现代野外测量系统设备获取的三维坐标信息（点云数据），可以快速生成等高线和其他点、线或多边形等类型的专题矢量数据，这些内容将在测量技术相关的课程中介绍。另外，利用互联网应用服务商提供的数据开放接口，也可以获得带位置的兴趣点、轨迹等矢量数据（如 Flickr 照片、位置微博或 OSM 地图等）；或者直接下载互联网中的开放共享数据。本节主要关注基于已有数据资料的内业矢量数据生产或加工（如基于扫描地图或遥感图像的矢量数据生产）。

实习目的： 掌握基于扫描栅格地图（或遥感影像数据）快速生产矢量数据的方法和步骤；基于两种以上数据生产软件的合作，深入理解坐标系统的意义和价值，提高数据生产效率。

相关实验： 基于扫描栅格地图的矢量数据生产、为地理数据配置与定义坐标系统等。

数据准备： 栅格格式的某区域地形图。

实验环境： R2V、ArcGIS Desktop（ArcMap、ArcCatalog，加载 ArcScan 扩展模块）。

实习内容： 基于 R2V 的栅格地图矢量化、ArcScan 的栅格地图矢量化、基于世界坐标文件的 R2V 与 ArcMap 软件合作、基于要素模板的矢量数据属性内容生产。

1. 栅格数据的自动或交互式矢量化

对于 GIS 专业学生来说，有必要掌握一些常用的快速数据生产方法，以提高数据生产效率。R2V、MapGIS 和 ArcGIS 等数据采集与桌面制图软件，都提供了针对栅格数据的快速矢量化工具。

1）基于 R2V 的栅格地图矢量化

R2V 是专门进行矢量化数据生产的软件，能根据栅格底图以自动或交互式方式快速获取矢量要素，特别适合扫描地形图的栅格矢量化。基于 R2V 进行栅格矢量化的关键步骤如下。

（1）栅格底图初步分析与矢量化方案设计。根据制图目的分析栅格底图的要素内容，确定合适的图层分类划分方案、数据采集精度和标准等，完成矢量化工作方案设计。

（2）设定图像阈值。图像阈值是矢量化追踪算法的重要依据，像元值在阈值之内的追踪，阈值之外的视为空白区域。可通过选择【图像】→【设置图像阈值】菜单项完成图像阈值的设置。

（3）图层划分与样式定义。R2V 软件工具条上的【定义图层】工具项用于定义矢量化要素的存放图层，应根据矢量化方案进行图层定义，并为每个图层设定不同的要素显示样式。

（4）线要素的自动或交互式矢量化。将待矢量化要素图层设为当前图层，即可开始矢量化工作。①如果图面线条明确，要素类型单一，可以选择【矢量】→【自动矢量化】菜单项，采用自动矢量化方式完成矢量化任务；②多数情况下，由于图面要素分布复杂，应采用交互式矢量化方式。点击工具条上的【线段编辑】工具启用线段矢量化工作状态；默认状态下【新线段】输入工具将启用（未启用时点击该工具即可）；在线段编辑状态下，通过右键菜单的【自动追踪】菜单项可以在交互式矢量化和手动追踪模式间切换。

（5）属性赋值。R2V 中的每个要素都有 ID 属性，完成要素矢量化追踪后，可以利用该属性存储高程值或要素分类码，以方便后续数据筛选和分类。①单个要素 ID 赋值：首先利用线段编辑工具条中的【设置值】工具设定标注数值（可以是高程、分类码等），然后选择【线段标注】工具并逐一点击相关要素完成 ID 赋值。②等高线高程批量赋值：【等高线标注】工具能够拖出一条橡皮条，通过给定初始值和增加值，按照等间隔增量方式为一组与橡皮条相交的等高线进行批量赋值。

（6）点、多边形矢量化。R2V 通过点编辑工具条完成点矢量化；通过线编辑中的【闭合线条】工具完成多边形边界采集，再选择【填充多边形】工具进行填充样式显示。

（7）添加控制点或载入世界坐标文件。添加控制点功能与 ArcMap 的栅格配准或矢量校正功能原理相同，可以通过【控制点编辑】工具添加或修改控制点；如果栅格底图带有控制点文件或世界坐标文件，也可以选择【文件】→【载入控制点/TFW】菜单，载入已有控制点或世界坐标文件参数。

（8）保存 R2V 工程。可以随时选择【文件】→【保存方案】菜单项，将当前的矢量化成果保存为工程文件，已备后续进一步工作。

（9）格式转换。选择【文件】→【输出矢量】菜单项，可以将当前处于打开状态的图层全部输出为矢量数据文件（shape、mif、dxf 等）；分图层输出时，需要仅保留待输出图层的打开状态。

实验案例：按照交互式矢量化方式分图层完成实验数据中栅格地图的部分要素矢量化任务，包括等高线、交通、河流等，并为等高线进行高程赋值（图 2-5-1～图 2-5-3）。

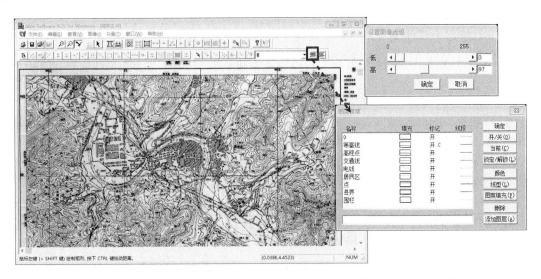

图 2-5-1　在 R2V 软件中设置矢量化图像阈值，定义矢量化要素存放的图层

2）基于 ArcScan 的栅格地图矢量化

ArcGIS 也为栅格地图矢量化提供了 ArcScan 工具，同样可以实现自动或交互方式快速获取矢量要素。基于 ArcScan 进行地形图矢量化的原理与 R2V 软件相同，关键步骤包括"栅格地图的初步分析—（栅格配准）—影像重分类（二值）—图层划分与样式定义—交互式矢量化—属性赋值—格式转换"，具体步骤说明如下。

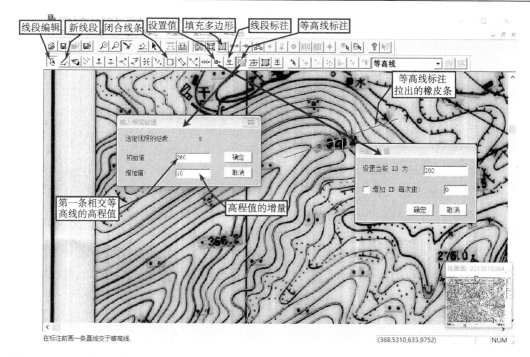

图 2-5-2　R2V 中用于点、线、多边形等要素矢量化的主要工具及高程批量赋值工具及其参数定义说明

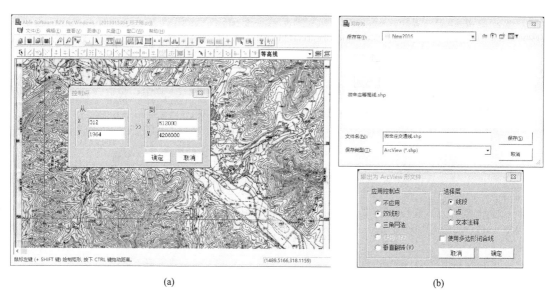

图 2-5-3　在 R2V 中给矢量化工程添加控制点（a）；应用控制点输出当前图层为 Shapefile 格式数据（b）

（1）栅格地图的初步分析与方案设计。确定矢量化对象、图层划分方案、数据采集精度和标准等，完成制图方案设计。

（2）栅格地图配准。将栅格地图添加到 ArcMap 的一个新数据框中生成图层；利用可获取的控制点为栅格地图配准（GeoTIFF 格式的栅格可省略此步骤）。

（3）影像二值化处理。当采用灰度或彩色栅格地图时，需进行二值化处理，目的与 R2V 中设定影像阈值相同。①在内容表中右键点击栅格图层，选择【Properties】菜单项打开对话框，切换到"Symbology"选项卡；选择"Classified"数据分类方式，实现栅格影像的二值化渲染。②如果选择"Classified"时，系统提示"缺少用于分类的有效直方图"，可以重新选择"Unique Values"分类方式，这时系统将提示"不存在栅格属性表，是否创建？"，选择创建即可创建属性表的同时生成直方图。③重新选择"Classified"数据分类方式，选择 2 级分类，并根据图像特点确定分类阈值。

（4）图层划分与样式定义。根据制图方案生成必要的要素类并加载至栅格地图所在数据框，形成要素图层，为每个图层设定对应要素渲染方式。

（5）线要素自动或交互式矢量化。①矢量化环境准备：通过【Customize】→【Extensions】菜单，选择 ArcScan 扩展模块；启用【ArcScan】工具条，选择待矢量化栅格地图；通过【Editor】工具条的【Start Editing】菜单，开启矢量化要素图层的编辑状态。②等高线等要素的矢量化。选择【ArcScan】工具条的【Vectorization Trace】工具，点击栅格地图待追踪要素的起始位置，再点击追踪方向上连续像元中的任意一个像元位置，系统将自动追踪至像元断开或线要素交叉位置，等待操作人员指示下一步追踪方向；当像元断开距离较大、或追踪至要素相互压盖较多的复杂区域时，可以通过按下键盘"S"键（英文状态）切换人工取点模式；持续追踪至要素另一端，右键选择"Finish Sketch"完成一条线要素的追踪。③追踪过程中如果出现追踪错误，需要删除部分节点时，可将鼠标移至待删除节点选择右键菜单中的【Delete Vertex】菜单项，即可删除该节点。④ArcScan 工具条还包括【Vectorization Trace Between Points】等其他矢量化工具，可根据帮助提示参考使用。

（6）属性赋值。如果矢量化过程中采用了要素模板，可以在矢量化要素的同时将模板定义的要素属性（分类码等）自动赋值；也可以在矢量化完成后单独对某个或某类要素进行属性赋值。

（7）选择【Editor】工具条的【Editor】→【Save Edits】菜单项，保存矢量化要素类，同时选择【Standard】工具条的【Save】工具保存地图文档。

实验案例：利用 ArcScan 交互式矢量化方式，对实验教程提供的扫描栅格地形图中的等高线、交通、河流等地理要素进行矢量化提取练习（图 2-5-4 和图 2-5-5）。

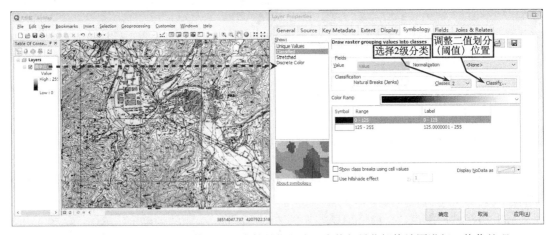

图 2-5-4　利用 ArcMap 的栅格图层分类符号化方式，为待矢量化栅格地图进行二值化处理

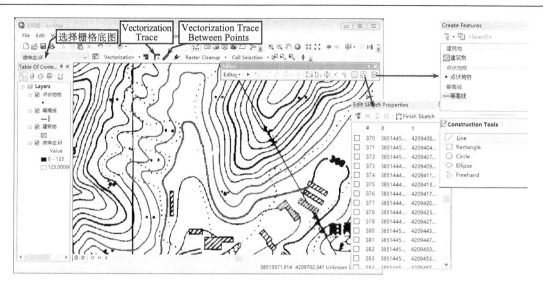

图 2-5-5 利用 ArcScan 工具自动追踪线要素，追踪过程中对矢量要素的节点坐标进行浏览与编辑操作

3）基于世界坐标文件的 R2V 与 ArcMap 软件合作

栅格图像的每个像元具有一个行号和列号，需要建立一个图像到坐标的变换（如配准采用的仿射变换）以将图像坐标转换为真实世界坐标。此变换信息通常随图像进行存储。例如，ERDAS IMAGINE、BSQ、BIL、BIP、GeoTIFF 和格网等图像格式将地理配准信息存储在文件头中，但也可以将此信息存储在单独的 ASCII 坐标文件中。地理配准信息的存储方式通常取决于生成该文件的软件功能或用户偏好。可使用文本编辑器创建坐标文件，也可使用软件导出功能生成坐标文件。

不同软件的特色不同，有时需要综合两个或多个软件的优势进行矢量化生产，这一工作模式的关键是采用两个软件都可识别的 GeoTIFF 数据格式，或者附带与栅格地图同名的世界坐标文件（*.TFW）。基于共享的世界坐标文件，利用 R2V 与 ArcMap 共同矢量化同一栅格地图要素的步骤如下。

（1）如果栅格地图本身就是 GeoTIFF 文件，则已经附带了对应的世界坐标文件（*.TFW），ArcMap 可以直接打开地图并识别地理坐标信息；R2V 也可以通过【文件】→【载入控制点/TFW】菜单项添加坐标信息，不用再进行配准操作。

（2）如果栅格地图没有存储地理配准信息，则需要在其中一个软件中进行配准，然后在两个软件中共享配准形成的世界坐标文件。①如果在 R2V 中完成配准，可以选择【文件】→【保存世界文件】菜单，生成与栅格地图同名的 TFW 文件，配准信息将写入其中。在 ArcMap 中应用时，只要将世界坐标文件（*.TFW 或 *.TFWX）与同名栅格文件放在一个文件夹中，ArcMap 就可以识别世界坐标文件。②如果在 ArcMap 中完成配准，更新空间参考后，将生成与栅格数据文件同名但扩展名为"TFWX"的世界坐标文件，配准信息就写入该文件中；在 R2V 中应用时，只需将 TFWX 文件扩展名改为"TFW"，打开栅格图像后选择【文件】→【载入控制点/TFW】菜单项，载入世界坐标参数即可。

（3）两个软件针对同一栅格地图分别完成的不同矢量化任务在整合时，需要将一个软件的矢量成果导入另一软件系统。通过 R2V 导出时，应采用"使用 TFW"方式的矢量输出。

　　实验案例：结合 R2V 和 ArcMap 两个软件的优势，共同完成实验数据中的栅格地形图矢量化生产工作，通过矢量数据在两个软件之间的转换，体会世界坐标文件的控制意义（图 2-5-6）。

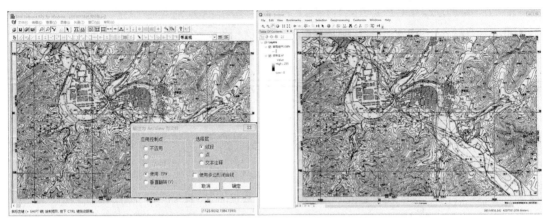

(a) R2V 利用 TFW 方式导出 Shape 文件　　　　　　　　(b) 导出结果加载至 ArcMap 的效果

图 2-5-6　R2V 和 ArcMap 基于共享的世界坐标文件合作生产适量数据

2. 基于要素模板的属性内容生产

　　数据生产过程中，除了将不同类型的数据存储于不同数据文件或要素类之外，还有另外一种更常用的方式是，将大类数据全部存储于一个要素类中，再通过属性字段存储详细分类码以区分要素的子类。在数据生产过程中，可以借助不同分类要素模板实现矢量化过程中的子类划分和符号化表达。这一数据生产方式对于同一数据文件（或要素类）中不同要素子类的生产具有重要意义。在 ArcMap 中采用要素模板进行要素采集的步骤如下。

　　（1）在一个地图文档中，准备好用于矢量要素采集的基础栅格底图（或遥感数据）、建立用于数据分类的要素类（Shapefile 或 Geodatabase 中的要素类），确定好各类要素的公共属性字段项，按照数据生产设计方案确定分类代码和拟采用的符号样式。

　　（2）启用待编辑要素类图层的可编辑状态，打开"Layer Properties"对话框，设置符号化方式为单一值（Unique Values）；切换至"Symbology"选项卡，点击"Add Values"按钮为每个类型码定义值，并为每个类型定义符号样式。

　　（3）选择【Editor】工具条上的【Create Features】工具项，打开"Create Features"对话框，选择对话框的"Organize Templates"按钮，打开"Organize Feature Templates"对话框（组织要素模板对话框）。

　　（4）在"Organize Feature Templates"对话框中，选择需要定义要素模板的图层，点击"New Template"按钮打开"Create New Templates Wizard"，根据向导完成该图层要素模板的创建。

　　（5）双击"Create Features"对话框中的某个要素模板图标，可以打开该要素模板的属性对话框，进一步定义模板名称及对应要素类的属性值等模板内容。

　　（6）要素模板定义完成后，可以按照模板分类输入各类点、线、面要素。依据模板输入的要素将继承模板已经定义的符号样式和属性值，规范数据生产过程、简化后期数据处理工作。

　　实验案例：利用实验数据提供的样例栅格地形图进行矢量化过程中，利用要素模板采集等高线、线状要素、点状要素和建筑物等多边形要素（图 2-5-7～图 2-5-10）。

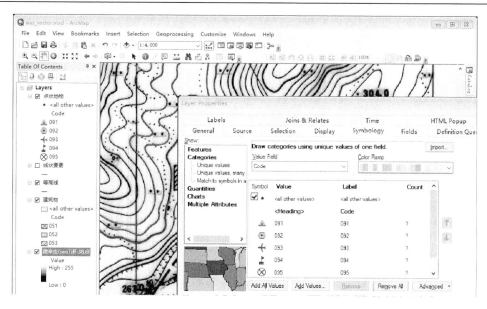

图 2-5-7　为图层设置单一值符号化方式，并为每个类型码定义值及符号样式

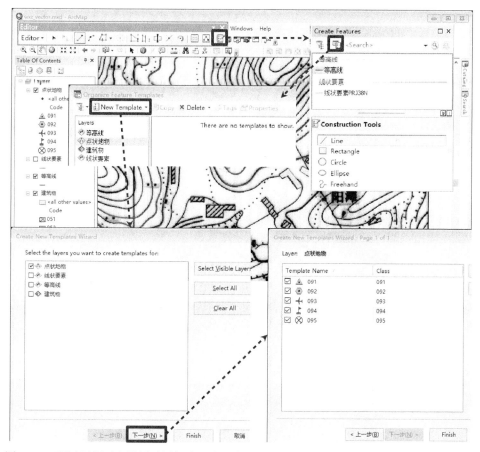

图 2-5-8　通过组织要素模板对话框为没有要素模板的图层新建要素模板（或修改已有模板）

图中点状地物图层的单一值符号化样式被自动提取为要素模板

(a) 多边形要素模板　　　　　　　　　　　　　(b) 点要素模板

图 2-5-9　利用要素模板属性对话框进一步定义要素模板内容

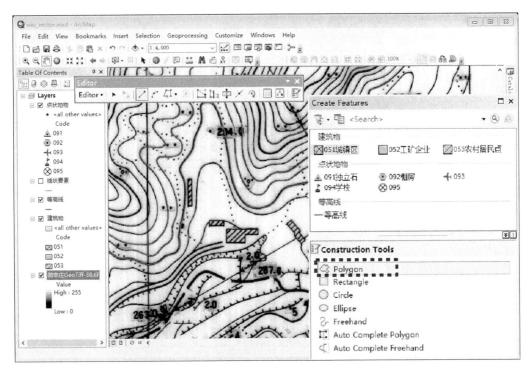

图 2-5-10　利用"Create Features"对话框列出的各图层可用的模板和"Construction Tools"提供的各个要素
模板可用的工具进行对应要素的采集工作

自主练习：以两人以上合作方式完成样例数据中的栅格地形图矢量化任务。分别利用 R2V 和 ArcMap 两个软件进行分工合作，R2V 软件利用 ID 信息区分要素类型，ArcMap 中利用要素模板进行矢量化。最后，利用世界坐标文件在 ArcMap 中合成数据成果。

实验 2-6　空间数据格式转换与多源数据集成

通过不同途径获取的原始制图数据，往往存在数据结构、组织、表达等方面与用户要求不一致的情况，因此需要对原始数据进行转换与处理。许多 GIS 软件提供了读取常用 GIS 数据格式的功能，特别是 ArcGIS 的 Shapefile 和 MapInfo 的 Table 等矢量数据格式，以及 TIFF（GeoTIFF）等栅格数据格式等，已经成为事实上的 GIS 空间数据交换格式。如果不需要对数据进行编辑修改，可以通过 GIS 软件直接访问常用格式的数据；但如果涉及修改数据时，往往需要转换为 GIS 软件的本地文件或数据库格式。

实验目的：了解常见的矢量和栅格数据格式，掌握常见数据格式之间的相互转换方法，理解 GIS 软件的多源数据集成制图模式。

相关实验：地图数据组织模式与方法、空间数据生产、地图数据处理与质量检测等。

实验环境：ArcGIS Desktop、ArcGIS Earth、Google Earth、MapInfo Professional 等软件。

实验数据：河北省地图数据（Table 格式）；中国基础地理信息数据（E00 格式）；某区域局部地形数据（DWG/DXF 格式）；某区域 30m 分辨率地表覆盖数据与中国公里网格人口数据（GeoTIFF 格式）；某区域中巴资源卫星数据（IMG 格式）；坡面三维激光雷达数据（LAS 格式）；旅游者签到与旅行轨迹数据（文本格式、KML/KMZ 格式）、美国降水观测站位置数据等。

实验内容：多源空间数据间的互操作；观察、浏览常用的矢量数据格式，基于 ArcMap 的矢量数据转换；观察、浏览常用的栅格数据格式，基于 ArcMap 的栅格数据转换；观察与访问 LAS、KML/KMZ 等数据；多源数据格式的集成制图。

2.6.1　多源空间数据互操作

ArcGIS 桌面系统支持空间数据互操作，可直接读取包括 MapInfo Tab/Mif、AutoCAD 的 DWG/DXF、ArcGIS 的 E00 等多种格式的数据文件，也可以将上述格式的数据转换为 ArcGIS 本地文件或数据库格式，如 Coverage、Shapefile 或 Geodatabase 等。

在 ArcMap 或 ArcCatalog 中使用空间数据互操作方式访问多源数据格式，需要启用 "Data Interoperability" 扩展模块，具体步骤：点击 ArcMap 或 ArcCatalog 菜单【Customize】→【Extensions】，在弹出的 "Extensions" 对话框中勾选 "Data Interoperability" 扩展项即可启用数据互操作环境（图 2-6- 1）。

注意事项：ArcGIS10.0 以前版本的空间数据互操作对中文文件名的支持不稳定，建议访问的数据及文件夹均以英文状态字符命名。启用数据互操作环境后需要对数据进行刷新才可以识别各种文件格式。

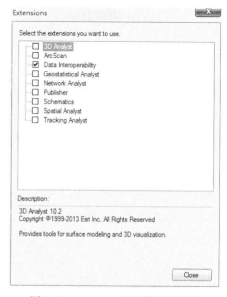

图 2-6-1　ArcGIS 扩展模块的启用

2.6.2　常用的矢量数据格式及其相互转换

GIS 软件支持的常用矢量格式包括 ArcGIS 的 Shapefile、Coverage 和 Geodatabase 数据库，MapInfo 软件的 Table/Mif 格式，AutoCAD 软件的 DWG/DXF 格式等。这些格式都是制图和 GIS 软件的本地格式或交换格式。Shapefile 和 Coverage 已经在前文进行介绍，下面仅介绍其他矢量格式。

在 ArcGIS Desktop 中，基于空间数据互操作模式，可以按统一的 FeatureDataset（要素数据集合）、FeatureClass（要素类）等概念映射管理多种矢量格式，以 Interoperability FeatureDataset-FeatureClass 组织模式，实现一种基于映射关系模式的虚拟数据模型。在虚拟数据模型中，可以被 ArcGIS 桌面读取的矢量数据被识别为 FeatureDataset，每个文件的数据内容中属于同类型态的要素集合被识别为 FeatureClass。例如，MapInfo 的 Table 文件被理解为 FeatureDataset，每个 Table 文件可以包括 Point、Line、Polygon、Text 等类型的 FeatureClass；AutoCAD 或 MicroStation 的 CAD 格式数据，则被映射为专门的 CAD FeatureDataset（CAD 数据集），每个 CAD 数据集包括 Point、Polyline、Polygon、Annotation、Multipatch 等 GIS 要素类。其他类型的数据格式，如 Mif、DXF、E00、KML 等也都按照该虚拟数据模型统一组织管理。

1. 浏览、观察常用的矢量格式数据文件

1）DWG 与 DXF 数据格式

DWG 格式是 Autodesk 公司用于创建和共享 CAD 数据的常用格式，DXF 则是 Autodesk 提供的一种交换格式，用于与其他软件实现互操作。当前，许多软件借助 Autodesk 提供的许可读/写技术直接支持 DWG 格式，而 DXF 实用性则不断降低。

ArcGIS Desktop 提供了虚拟 CAD 数据集模型。当 ArcMap 连接到 DWG/DXF 文件时，CAD 工程图将动态转换到内存中并以只读要素数据集方式组织。所有 CAD 数据集都会显示为由点、线、面、注记和多面体 5 个要素类组成的标准数据集合；每个 CAD 要素类支持一个虚拟属性表，CAD 文件包含的几何、注记、属性值和元数据等信息一起被映射到 ArcGIS 的类似数据结构中，用于驱动 GIS 符号系统和标注，或为查询、可视化和数据计算等操作提供支持。

实验案例：在 ArcMap 与 Catalog 窗口中访问实习数据中的 DWG/DXF 数据（图 2-6-2）。每个 DWG 数据都被识别为 Polyline 等 5 个要素类，并以一定的符号化方式显示在 ArcMap 中，每个要素类的属性表中记录了要素图层、实体类型、颜色等通用要素信息，也有用户自定义的其他专题属性。

2）MapInfo Table 数据格式

MapInfo 是 GIS 的常用软件平台，许多数据以 MapInfo Table（表）格式存储，MapInfo 的表一般是指矢量图形与属性数据的结合，也可以是单纯的栅格图像或属性数据表。一个典型的 MapInfo 表由包括*.tab、*.dat、*.dbf、*.xls、*.tif、*.map、*.id、*.ind 等文件的一组同名文件组成。

（1）表结构文件*.tab。该文件是 Table 格式的组织结构管理文件。其中，包括定义属性数据的表结构，以及栅格图像的空间参考控制点信息等。该文件是文本文件，可用字处理软件查看内容。

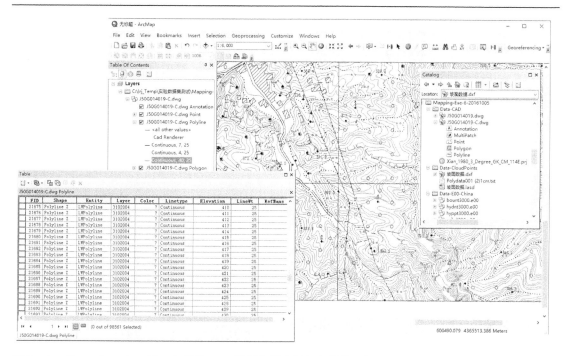

图 2-6-2　在 Catalog View 窗口中观察 CAD 数据集的虚拟组织结构；在 ArcMap 数据视图中观察图形可视化效果及浏览属性表

（2）属性数据文件*.dat。属性数据文件中存放完整的要素属性数据。在文件头之后，为表结构描述，其后紧随着各条具体的属性数据记录。

（3）空间数据文件*.map。该文件是存储空间要素的数据文件，包含对象几何类型、坐标和样式等信息，另外，记载空间对象对应的属性记录在*.dat 文件中的记录号。

（4）交叉索引文件*.id。该文件记录每个空间对象在空间数据文件（*.map）中的位置指针，与属性数据文件（*.dat）中的属性记录存放顺序一致；交叉索引文件的本质是空间对象定位表。

（5）索引文件*.ind。用于提高检索效率。当用户定义了索引字段后，会自动产生索引文件。

完整的 MapInfo 表一般由表结构文件*.tab，以及*.map、*.dat、*.id 等独立文件共同组成；管理单独属性数据的表至少需要包括*.tab 和*.dat（或*.xls、*.dbf）文件；管理栅格（或图像）数据的表至少由*.tab 和一个关联的栅格图像文件组成。

另外，MapInfo 软件还提供一种用于转入/转出的 Mif 交换格式，支持不同软件间的数据共享。Mif 数据由扩展名为*.mif 和*.mid 的两个文件组成，前者用于存储要素坐标等空间信息，后者用于存储与空间要素相关的属性信息，两个文件通过要素唯一标识码连接。

实验案例：在 Windows 资源管理器和 ArcCatalog 中对比观察 Table 数据文件（图 2-6-3）。ArcGIS 将 Table 数据按照 FeatureDataset 处理，每个 Table 包括的点、线、面、文本等要素被分类识别为对应的 FeatureClass。当逐一访问每个单独要素类后，内容为空的要素类将被 ArcGIS 识别并剔除，下次再访问时仅显示内容非空的要素类。

图 2-6-3　在 ArcCatalog（a）和 Windows 资源管理器（b）中对比观察 MapInfo Table 数据格式的组织结构

3）ArcGIS 的 E00 数据格式

E00 数据格式是用于在各类型的计算机之间传输 Coverage、Info 表等类型文件的 ArcInfo Workstation 交换格式文件（一种早期的 ArcGIS 数据版本）。文件中包含长度固定的 ASCII 格式的所有 Coverage 信息及相应的 Info 表信息。目前仍有不少数据共享采用了 E00 格式，因此有必要了解这一数据的特点和使用方法。

ArcMap 访问 E00 数据格式同样采用基于映射关系的虚拟数据模型，一个 E00 数据文件会被 ArcMap 映射为一个 Interoperability Feature Dataset，其中包括点、弧段和多边形三个 Interoperability FeatureClass

自主练习：在 Windows 资源管理器、ArcCatalog 与 ArcMap 中对比观察 DWG、DXF、Table/Mif、E00 等矢量数据格式文件。

2. 基于 ArcGIS Desktop 的矢量格式相互转换

本实验提供了多种矢量格式的数据，包括 E00、Tab、DXF 格式等。这些数据使用时不需要编辑修改，因此既可以通过互操作直接访问，也可以转换为 ArcGIS 本地文件格式。

1）Tab 格式转 Shapefile

下面说明 Tab 文件中的一个要素类转为 ArcGIS 的 Shapefile 文件的方法和流程。

（1）在 ArcMap 或 ArcCatalog 中，启用数据互操作扩展模块。

（2）找到需要转换的 Table 文件（被识别为要素数据集），选择其中要素非空的要素类并点击右键，选择右键菜单项【Export】→【To Shapefile（single）】，弹出"Feature Class To Feature Class"要素转换对话框。

（3）在对话框的"Output Location"文本框中，点击右侧按钮选择或输入转换结果文件的存储位置；在"Output Feature Class"文本框中输入转换结果文件名；在对话框的"Field Map（optional）"部分，选择转换结果中需要保留的属性字段，默认全部保留。

（4）各参数设置完毕后单击"OK"按钮，执行转换操作。

实现 Table 数据集中多个要素类或多个 Table 数据集批量转换为 Shapefile 文件的流程如下。

（1）在 ArcMap 的 Catalog Window 或 ArcCatalog 中右键选择任意一个需要转换的 Tab

文件（Feature Dataset），在弹出菜单列表中选择【Export】→【To Shapefile（multiple）】菜单项，弹出"Feature Class To Shapefile（multiple）"转换对话框。

（2）当前选中的 Table 文件包括的要素类一次性被添加到对话框的转换列表中；可根据需要再逐一添加需要转换的其他 Tab 文件包括的要素类。

（3）所有待转换的 Table 文件中的要素类添加完成后，在"Output Folder"文本框中定义输出结果的存储位置。

（4）各参数设置完毕后单击"OK"按钮即可完成批量转换。

实验案例：将实验数据中提供的 MapInfo Table 格式的河北省基础地理数据转换为 Shapefile 格式（图 2-6-4 和图 2-6-5）。该数据没有定义地理坐标系统或投影坐标系统（原因是基于栅格底图生产数据时未做栅格配准）。如果希望有效使用此数据，需将 Table 文件转换为 Shapefile 文件后，再进行矢量数据校正和坐标系统定义及投影变换等数据处理工作。

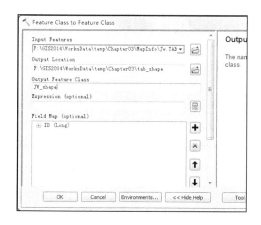

图 2-6-4　"Feature Class to Feature Class"对话框
（Tab 到 Shapefile）

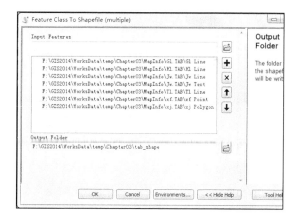

图 2-6-5　"Feature Class To Shapefile（multiple）"对话框

2）E00 格式转 Shapefile

ArcMap 不能直接读取 E00 格式数据，必须通过数据互操作方式访问。图 2-6-6 为通过数据互操作访问 E00 数据的结果。当需要进行数据编辑修改时必须将 E00 转换为 Shapefile 等 ArcGIS 本地文件格式，具体转换方法和流程与 Tab 格式转 Shapefile 相同，这里不再赘述。

自主练习：按照访问和转换 MapInfo Table 格式数据的方法浏览实习数据中的中国政区 E00 数据，并利用数据格式转换功能，将该数据转换为 Shapefile 格式文件。

3）要素类转换为 Tab 格式

ArcGIS 统一将能识别的矢量数据按要素类的基本管理单元进行管理，可以调用 ArcToolbox 中的 Quik Export 工具，将 ArcGIS 可以识别的要素类转换为其他数据格式。例如，将 Shapefile 转换为 MapInfo 的 Table 格式的流程如下。

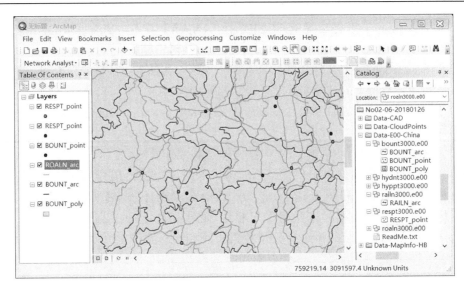

图 2-6-6　通过 Data Interoperability 环境直接访问 E00 格式

（1）启用【ArcToolbox】工具箱，选择【Data Interoperability Tools】→【Quik Export】，弹出快速转换对话框。

（2）点击"Input Layer"文本框右端的打开文件按钮，选择需要转换的 Shapefile 文件添加到转换列表中，可以一次添加多个转换对象，实现批量转换。

（3）点击"Output Dataset"右端的选择按钮，弹出"Specify Data Destination"对话框；通过"Format"下拉框右端的选择格式功能按钮，可以打开"FME Writer Gallery"对话框，从 ArcGIS 支持的多源数据格式列表中选择目标格式确定即可。

（4）选择转出的目标格式和数据集存放位置。

（5）各项转换参数设置完毕后，返回到"Quik Export"对话框，点击"OK"按钮即可完成数据格式转换。

实验案例：按照上述流程，将实习数据中提供的或自己转换获得的 Shapefile 数据转换成 MapInfo 的 Table 数据格式（图 2-6-7）。

自主练习：将练习数据中的 DWG 格式数据转换为 MapInfo 的 Table 格式数据。

2.6.3　常用的栅格数据格式及其相互转换

ArcGIS 以"栅格数据集"的基本概念整合支持多种类型的栅格数据格式，以及不同影像数据提供商提供的数据类型和产品。栅格数据集用于定义行列数、波段数、实际像素值，以及其他与像素存储方式有关的特定参数。在 ArcMap 中，标记图像文件格式（*.TIFF）、ERDAS IMAGINE，以及 ArcGIS 本地的 Esri Grid、ArcSDE 栅格、个人或文件地理数据库栅格等数据格式，都直接按照栅格数据集进行管理和访问。对于那些源于特定元数据文件的产品或需要应用增强功能、波段组合和函数增强影像显示效果的数据，ArcGIS 提供了进一步的"栅格产品"或"栅格类型"数据组织模式，如 WorldView 或 QuickBird 等栅格产品，"LAS 数据集"栅格类型，用于帮助用户在 ArcMap 中以快捷的方式显示和使用影像。

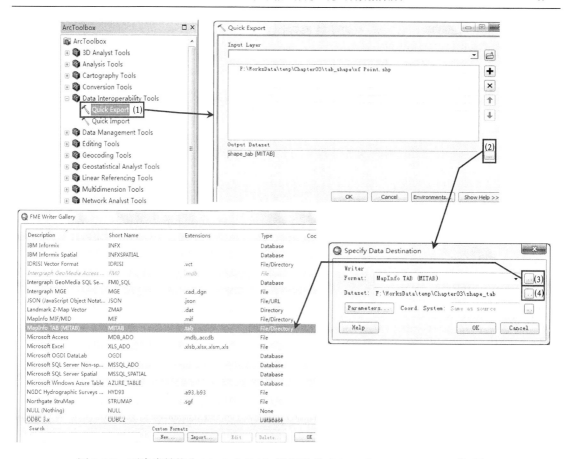

图 2-6-7　要素类转换为 MapInfo Table 数据格式（Shapefile to MapInfo Tab 格式）

1. 观察常用的栅格数据文件

地理数据库是 ArcGIS 的原生数据模型，可用于储存包括栅格数据集、镶嵌数据集和栅格目录在内的地理信息。另外，有很多可能用到的栅格或影像文件格式不能直接存储于地理数据库之中，但可以被 ArcGIS 以只读格式或读写方式支持。下面介绍常见的两种栅格或影像格式以抛砖引玉。

1）TIFF 与 GeoTIFF 栅格数据格式

TIFF 文件格式广泛应用于桌面出版领域，支持黑白、灰度、伪彩色及真彩色图像，可以以压缩或非压缩格式存储。GeoTIFF 是一个允许将地理空间参考信息（椭球参数、坐标系统、地图投影等）嵌入 TIFF 文件中的公开数据标准（https://en.wikipedia.org/wiki/GeoTIFF），通常采用一个与 TIFF 数据文件同名的世界坐标文件（*.tfw）存储在同一个文件位置，以提供标准的地理空间参考信息描述。

2）Esri Grid 栅格数据格式

Esri Grid（格网）是 Esri 栅格数据的原生存储格式。Grid 支持整型和浮点型两种常用的格网类型。整型格网多用于表示离散数据，浮点型格网则多用于表示连续数据。

整型格网的属性存储在 VAT（值属性表）中，每个格网值对应 VAT 中的一条记录，表示该唯一值（Value）和对应该值的格网像元数量（Count）。浮点型格网像元值用于描述该像元所在位置的属性，可以是给定范围的任意值，因此没有值属性表。

3）其他栅格数据格式

除了上述两个常用的栅格格式之外，ArcGIS 还可以访问几十种其他栅格格式的数据，如 ERDAS 专有格式（IMG）、增强小波压缩格式（ECW）、ER Mapper 专有栅格格式（ERS）、位图栅格（BMP）、联合图像专家组定义的压缩格式（JPEG）等。

实验案例：观察 TIFF（GeoTIFF）数据在 ArcCatalog 和 ArcMap 中的组织与可视化表现，与 Windows 资源管理器中的 TIFF 数据文件进行对照，理解 ArcGIS 的栅格数据组织体系（图 2-6-8）。

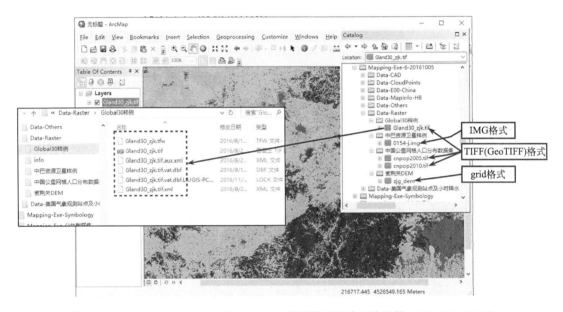

图 2-6-8　ArcCatalog、ArcMap 和 Windows 资源管理器中观察比较 TIFF（GeoTIFF）
数据格式的组织存储表现

自主练习：观察 Esri Grid、IMG 数据格式在 ArcCatalog 和 ArcMap 中的组织与可视化表现，并与 Windows 资源管理器中的对应存储文件进行对照，理解 ArcGIS 的栅格数据组织体系。

2. 不同栅格数据格式之间的相互转换

1）从一种栅格格式转换成另一种栅格格式

可以在 ArcCatalog 中调用转换工具，实现不同栅格格式间的相互转换。具体步骤如下。

（1）在 ArcCatalog 中找到待转换的源栅格文件，右键选择该栅格数据。

（2）选择弹出菜单中的【Export】→【Raster to Different Format】，弹出"Copy Raster"工具对话框。

（3）为拟转换的目标格式数据选择存储位置，通过目标文件名的扩展名确定存储结果的数据格式，其中无扩展名时默认为 Esri Grid 数据格式。

（4）定义 NoData Value、Pixel Type 等参数项后，点击"OK"按钮即可执行转换运算。

实验案例：将一个 GeoTIFF 格式的 DEM 数据转换为 Esri Grid 数据格式（图 2-6-9）。

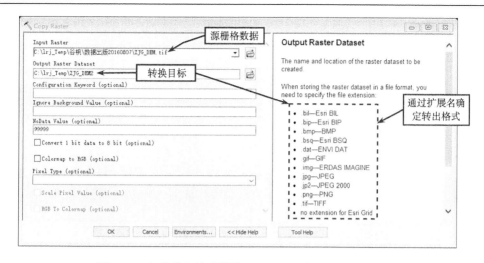

图 2-6-9　栅格数据格式转换（GeoTIFF 转换为 Esri Grid）

2）将不同格式的栅格数据导入 Geodatabase

Geodatabase 作为 ArcGIS 的原生数据结构，是表达和管理要素类、栅格数据集和属性等地理信息的主要数据格式。通过 Geodatabase 可以按照栅格数据集概念有效集成管理栅格数据。利用 ArcMap 的数据导入功能，可以将不同格式的栅格数据导入一个 Geodatabase 中，形成数据库中的栅格数据集。具体步骤如下。

（1）在 ArcCatalog 中新建一个文件型地理数据库（或使用已有数据库）。

（2）右键选择该数据库，在弹出菜单中选择【Import】→【Raster Datasets】，弹出"Raster to Geodatabase（multiple）"工具对话框。

（3）逐一选择拟导入的不同格式栅格数据，添加到转换列表中；输出目标位置默认定位到当前选择的 Geodatabase 数据库。

（4）点击"OK"按钮即可完成单个或多个栅格数据的导入运算。

实验案例：将练习数据中提供的 GeoTIFF、IMG、Esri Grid 等格式的栅格数据统一导入一个文件型地理数据库（图 2-6-10）。

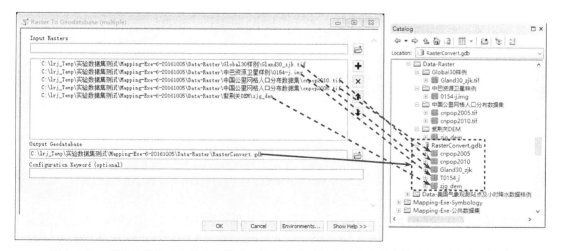

图 2-6-10　将栅格数据导入地理数据库，导入完成后每个栅格数据文件对应一个栅格数据集

2.6.4　其他常用的地理数据格式

还有一些用于地理数据组织与存储的常用数据格式，如 LAS（激光雷达数据格式）点云数据、用于表达地表形态的 TIN（不规则三角网）数据格式、地理标记数据格式 KML（KMZ），以及 CSV（逗号分隔值文件）等。其中，TIN 格式将在 GIS 原理相关实验中进行详细介绍，本节仅对 LAS、KML、CSV 等数据格式进行介绍。

1. 在 ArcMap 中管理和访问 LAS 数据

LAS 是一种用于激光雷达数据交换的标准文件格式，由美国摄影测量与遥感学会（American Society for Photogrammetry and Remote Sensing，ASPRS）创建和维护。它保留与激光雷达数据有关的特定信息。每个 LAS 文件的页眉块中都包含激光雷达测量的元数据：数据范围、飞行日期、飞行时间、点记录数、返回点数、使用的所有数据偏移及所有比例因子等。LAS 页眉块之后是所记录的每个激光雷达脉冲的单个记录：（x,y,z）位置信息、GPS 时间戳、强度、回波编号、回波数目、点分类值、扫描角度、附加 RGB 值、扫描方向、飞行航线边缘、用户数据、点源 ID 和波形信息等（内容来自 ArcGIS 在线帮助资源）。ArcGIS 支持以 ASCII 或 LAS 文件格式提供的激光雷达数据。

如果要在 ArcGIS 中访问激光雷达数据，需要定义 LAS 数据集。LAS 数据集允许用户以原生格式快捷管理 LAS 文件，其本质是对磁盘上一个或多个 LAS 文件及其他表面要素的引用。建立 LAS 数据集并访问 LAS 文件的步骤如下。

（1）在 ArcToolbox 中，选择【Data management Tools】→【LAS Dataset】→【Create LAS Dataset】，调出"Create LAS Dataset"工具对话框。

（2）选择需要管理的 LAS 数据文件，加载到"Input Files"列表中。

（3）定义生成的 LAS Dataset 存储位置和文件名（如有必要，还需指定其他转换需要的参数）。

（4）点击"OK"即可完成 LAS Dataset 的创建，新创建的 LAS Dataset 将自动加载到当前文档中。

当然，也可以在 ArcCatalog 中定位到用于新建 LAS 数据集的位置，右键选择菜单项【New】→【LAS Dataset】，新建一个 LAS Dataset，然后通过该文件属性对话框添加管理的 LAS 文件。

实验案例：在 ArcMap 中创建 LAS Dataset，用于管理实验数据集中提供的一套三维激光扫描仪采集的坡面点云数据（LAS 数据）（图 2-6-11）。

2. 访问 KML 与 KMZ 数据

KML（Keyhole Markup Language，KML）最初由 Keyhole 公司开发，是一种基于 XML 语法的文件格式，已成为用于描述和保存地理信息（如点、线、多边形、图像和模型等）的编码规范，用于在地球浏览器（如 Google Earth 或 ArcGIS Earth、Google 地图、ArcMap）中显示地理数据。目前，KML 已经成为开放地理空间信息联盟（Open Geospatial Consortium，OGC）维护的国际标准。KMZ 文件是压缩过的 KML 文件，它不仅包含 KML 文本，也可以包含其他类型的文件。如果对于地标的描述中链接了本地图片等其他文件，建议保存为 KMZ，Google Earth 会把链接的图片等文件复制一份放入 KMZ 压缩包。

在 ArcMap 中，可以通过空间数据互操作模式直接访问 KML/KMZ 数据，也可以通过数据转换模块将 KML 数据转换成 ArcGIS 的 FeatureClass 进行进一步的数据应用。当前，Google Earth 和 ArcGIS Earth 软件可以直接访问 KML 文件（图 2-6-12）。

(a)

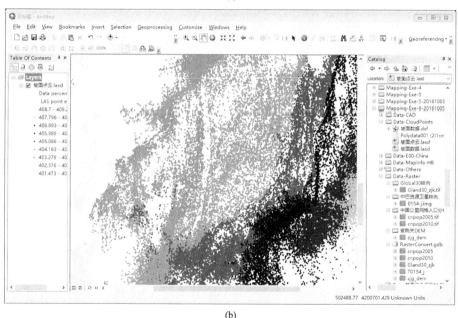

(b)

图 2-6-11　在 ArcMap 中建立新的 LAS Dataset（a）及 ArcMap 访问 LAS 数据的结果（b）

3. 访问带有坐标描述的文本、表格数据

　　除了以 KML/KMZ 格式记录的地理信息外，在许多基于位置服务（location based service，LBS）的应用中，用户发布的文本、兴趣点等信息也可以与发布位置坐标（x,y,z）相关联，形成一种带有坐标描述的文本或表格数据，这对于地理制图与分析有着特殊的意义。常见的数据存储方式包括带有分隔符的文本文件、Excel 文件或逗号分隔值（comma-separated values，CSV）文件等。CSV 文件以纯文本形式存储表格数据（数字和文本），所有记录都有完全相同的字段序列。CSV 最广泛的应用是在程序间转移表格数据。

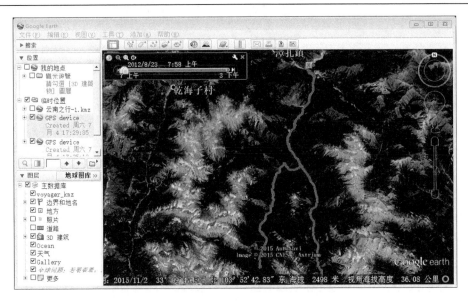

图 2-6-12　在 Google Earth 中访问 KML 数据的案例（本案例来自六只脚网站用户公开发布的旅行轨迹数据）

通过互联网爬虫访问数据服务平台提供的 API 接口，可以获得带位置的信息，如照片分享网站（Flickr、Panoramio）上的位置照片、带有位置的导航应用兴趣点、位置服务社交网络（新浪微博、Twitter、Facebook）中的定位内容等。GIS 软件可以利用 XYZ 坐标值（也可以仅有 XY 坐标值）快速生成点文件。使用 ArcMap 软件将带 XYZ 位置信息的文本内容生成点文件的步骤如下。

（1）将获得的带有 X、Y、Z 坐标信息的内容处理成标准的表格数据（如 Excel 中的 sheet），或有明确分割符（如 Tab）的文本文件。

（2）如果是 Excel 中的 sheet，存储 X、Y、Z 坐标信息的列必须转换为数字格式。

（3）在 ArcMap 中点击菜单【File】→【Add Data】→【Add XY Data】，调出 "Add XY Data" 对话框。

（4）在 "Add XY Data" 对话框中，选择当前文档中已经载入的文本（Excel 格式）数据源，或选择打开按钮打开待转换的数据源。

（5）定义数据源中存储 X、Y、Z 坐标信息的数据列（X Field、Y Field、Z Field），没有 Z 信息时可以忽略 Z Field。

（6）在 "Add XY Data" 对话框中，选择 "Coordinate System of Input Coordinates" 部分的 "Edit" 按钮，为导入的数据选择合适的坐标系统定义参数。

（7）相关参数定义完毕后，点击 "OK" 按钮，此时，系统弹出对话框，提示转入 Table 缺少 Object-ID 字段，不能进行选择、查询和编辑等要素操作；点击对话框中的 "OK" 按钮，确定创建该图层，即可完成数据转换。

（8）检查转换结果图层中的要素，确认没有问题后，可以右键选择文档中的结果图层，点击【Data】→【Export Data】菜单项，将该结果输出为一个 Shapefile 文件或一个 Geodatabase 中的要素类。

实验案例：选择实验数据中提供的基于新浪微博 API 接口获取的旅游者在白帝城景区发

布的位置微博数据，将该位置微博文本转换为微博点文件（图 2-6-13～图 2-6-15）。

图 2-6-13 利用新浪微博 API 获取的位置微博信息，虚线框内的两列是以经纬度描述的 X、Y 坐标信息列

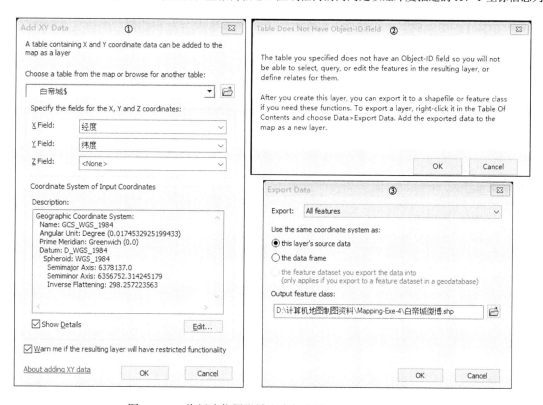

图 2-6-14 将新浪位置微博文本信息转换为点文件的过程

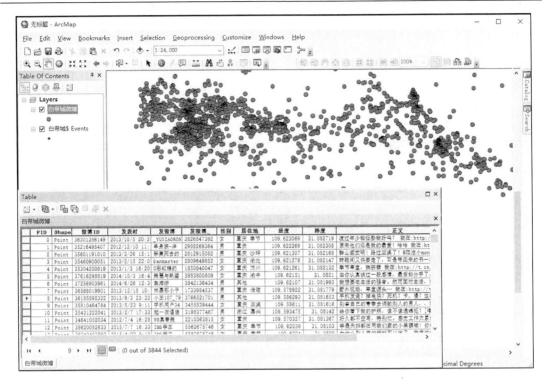

图 2-6-15　在 ArcMap 中浏览转换为 Shapefile 文件的新浪微博数据点文件及其属性内容

自主练习：实验数据中还提供了旅游者在九寨沟旅游景区发布的位置微博文本数据，按照上述方法流程，将九寨沟旅游微博文本转换为微博点文件。

2.6.5　不同格式的多源数据集成制图

虽然有各种类型的数据格式，但在 GIS 系统中一般都提供一种统一的逻辑组织体系，实现对多种数据格式统一访问。因此，GIS 软件需要提供一套标准概念，如 ArcGIS 中的要素类、要素数据集、栅格数据集等。基于标准概念，ArcGIS 软件可以通过互操作方式统一描述不同数据文件格式。

当不同数据格式的数据源按照统一的逻辑组织体系进行管理，而且都拥有明确的坐标系统定义信息时，ArcGIS 就可以实现基于不同数据格式数据源的集成制图和空间分析计算。

自主练习：在 ArcMap 中，将本练习提供的 E00、DWG、Table、GeoTIFF、IMG、LAS 等不同类型的数据源统一加载到一个地图文档的一个数据框中，体会 ArcGIS 的地图数据逻辑组织体系及坐标系统在空间制图中的基础意义。

实验 2-7　地图数据处理与质量检测

关于坐标系统、空间数据生产等的实验内容中已经使用了不少数据处理方法，包括栅格数据配准、矢量数据校正、投影变换等。本实验在前文实验基础上，补充几种常用的局部和整体数据处理方法，以提高数据精度和质量。同时，通过一些数据计算、格式转换、属性统计分析等，可以快速发现数据质量问题。

实验目的：掌握常用的空间数据处理方法，能够利用拓扑关系类等开展空间数据质量的检查与评价，并有效解决发现的质量问题。

相关实验：基于扫描栅格地图的矢量数据生产、空间数据的符号化与图层渲染。

实验环境：ArcGIS Desktop10.2 以上版本软件（ArcCatalog、ArcMap、ArcScene）。

实验数据：河北省某区域基础地理数据、某区域地形图矢量数据、河北省区域 30m 分辨率地表覆盖数据、数字高程数据等。

实验内容：

（1）矢量数据精细修正。

（2）栅格数据的镶嵌、矢量数据的图幅拼接与文件合并。

（3）矢量与栅格数据分割与裁切方法。

（4）基于拓扑关系类、属性数据统计分析和数据变换的各种空间数据质量检查方法。

2.7.1　针对特定要素的矢量数据精细化修正

在矢量数据生产过程中，常常需要对要素形态的某些部分进行局部修正，以提高精度或维护与其他要素的节点连接、重叠等空间关系。精细化修正主要使用【Editor】工具条的功能，在【Editor】主工具条内可以通过选择下拉菜单【More Editing Tools】中的各个子菜单，调用【Advanced Editing】【Spatial Adjustment】【Topology】等子工具条。另外在启用某些工具项时，也会进一步调用某些隐藏的工具条，如启用编辑节点工具时会自动调出【Edit Vertics】工具条。

基于【Editor】工具条的常用编辑功能及使用方法介绍。

（1）启用数据编辑状态。选择工具条上的【Editor】→【Start Editing】菜单项，启动已经加载至地图文档数据框中的图层数据源为可编辑状态，当数据源来自两个以上的数据库或文件夹时，将弹出"Start Editing"对话框，由用户选择数据可编辑状态。

（2）设置捕捉环境。选择【Editor】→【Snapping】→【Snapping Window】菜单项，调出"Snapping Environment"对话框，可以设置编辑过程中的针对"节点""边""结点"的捕捉状态，提高编辑效率和准确度。

（3）输入新要素。在构造"Line"类型线要素状态下，【Strait Segment】【End Point Arc Segment】【Trace】等工具项启用，可用于输入不同形态特征的线要素。

（4）编辑要素节点。在图层可编辑状态下，使用【Edit Tool】工具双击拟编辑的线或多边形要素（或有要素被选中时点击"Edit Vertics"），即可出现该要素节点并调出【Edit Vertics】

工具条。可以利用鼠标调整节点位置，或通过【Add Vertex】【Delete Vertex】等工具增加或删除要素节点。

（5）要素整形。在图层可编辑状态并且有要素被选中时点击【Reshape Feature Tool】，可以通过构造一个整形辅助线整体改变要素形态。

（6）高级要素编辑功能。选择【Editor】→【More Editing Tools】→【Advanced Editing】菜单项，调出【Advanced Editing】子工具条。该工具条包括【Extend Tool】（延长线）、【Trim Tool】（缩短线）、【Line Intersection】（打断线）、【Generalize】（简化）和【Smooth】（光滑）等工具。

实验案例：利用各种编辑修改工具，精细化修正某区域地形图矢量数据，重点练习如何编辑节点、如何延长或缩短要素、如何实现要素整形处理等（图 2-7-1 和图 2-7-2）。

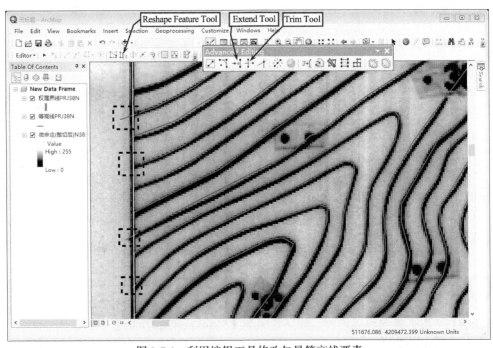

图 2-7-1　利用编辑工具修改矢量等高线要素

虚线框中的等高线要素可以使用 "Extend Tool" 或 "Trim Tool" 进行延长或缩短修正

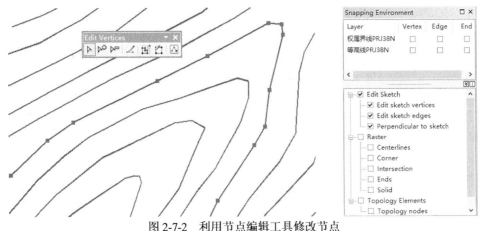

图 2-7-2　利用节点编辑工具修改节点

可通过捕捉环境设置窗口设置节点、边和结点的捕捉模式，提高要素编辑效率

2.7.2　数据镶嵌、拼接与合并

1. 栅格数据的镶嵌

大量的遥感影像、数字高程等栅格数据，往往是分幅管理和存储的，但在实际应用过程中，经常需要根据研究区域将相邻图幅数据镶嵌后使用。ArcGIS 提供了栅格数据镶嵌处理的工具，使用中需要提供结果栅格的数据格式、像元大小、空间参考、波段数量、像元值和颜色表的镶嵌方法等参数。其中，应特别注意栅格像元值的镶嵌计算方式，需要根据像元值的意义和数据分布特征，选择合适的镶嵌计算方法。栅格数据镶嵌的操作步骤如下。

（1）在 ArcToolbox 中选择【Data Management Tool】→【Raster】→【Raster Dataset】→【Mosaic To New Raster】，调出 "Mosaic To New Raster" 对话框。

（2）通过 "Input Rasters" 选项，将待镶嵌的各个输入栅格数据添加到计算列表中。

（3）为栅格镶嵌结果提供存储位置、结果栅格名称（通过扩展名指示结果数据格式）、像元大小、空间参考、波段数量、像元值和颜色表镶嵌方法等参数。

（4）点击 "OK" 按钮，ArcMap 将在后台执行镶嵌计算，完成后镶嵌结果将自动添加至当前文档的焦点数据框中。

实验案例：河北省区域范围共涉及 4 幅全球 30m 分辨率地表覆盖数据，利用 ArcGIS 的【Mosaic To New Raster】工具将其中的两幅栅格数据集进行镶嵌（图 2-7-3 和图 2-7-4）。

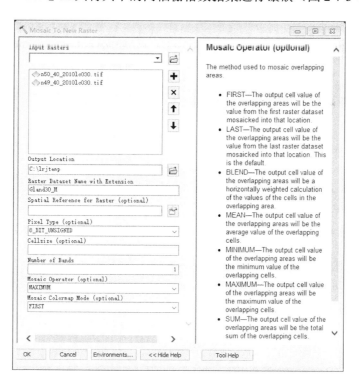

图 2-7-3　利用【Mosaic To New Raster】工具执行两幅地表覆盖栅格的镶嵌
根据地表覆盖分类码数值特征，像元值镶嵌采用保留最大值方式

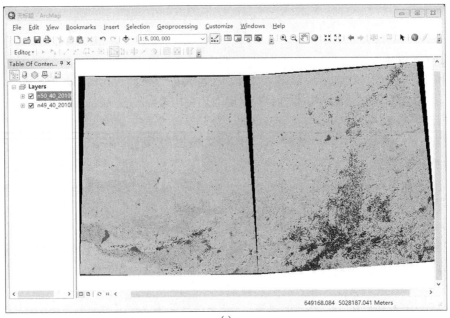

(a)

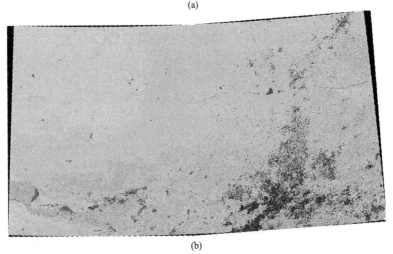

(b)

图 2-7-4　镶嵌前的两幅原始栅格（a）及根据图 2-7-3 提供的计算参数获得的镶嵌结果（b）

自主练习：利用 ArcGIS 的【Mosaic To New Raster】工具，将河北省区域范围涉及的 4 幅全球 30m 分辨率地表覆盖数据，镶嵌为一个完整覆盖河北区域的地表覆盖数据集。

2. 矢量数据的整合与处理

1）矢量数据图幅接边

在大规模数据生产过程中，分工合作是必然模式。如何在高质量生产规范约束下快速分工完成局部区域任务，又如何高效地实现分工后的数据整合，都是数据生产设计师需要考虑的重要问题。前面数据生产练习中提供了关于矢量数据生产规范的训练，本练习关注矢量数据整合的关键方法。

ArcMap 中【Spatial Adjustment】工具条提供了用于矢量数据图幅接边的工具，可以快速实现两个或多个相邻区域数据成果的拼接和整合。具体操作方法和步骤如下。

（1）将参与图幅接边的相关要素类添加至地图文档，并启用编辑状态。

（2）调出【Spatial Adjustment】工具条，在【Spatial Adjustment】下拉菜单中，选择【Adjustment Methods】→【Edge Snap】菜单项，确定空间纠正模式采用边匹配方式。

（3）选择工具条的【Spatial Adjustment】→【Set Adjust Data】菜单项，调出"Choose Input For Adjustment"对话框，设置参与边匹配运算的要素（当前选择要素，还是图层全部要素）；选择【Spatial Adjustment】→【Options】菜单项，调出"Adjustment Properties"对话框，切换至"Edge Match"选项卡，设置参与图幅接边的源图层和目标图层。如果在空间匹配的同时考虑要素属性匹配，需要勾选"Use Attributes"选项，并点击"Attributes"按钮调用"Edgematch Properties"对话框，设置添加属性匹配对照字段。

（4）相关匹配参数设置完成后，使用【Edge Match Tool】工具在需要接边的区域拉框选择需匹配的一个或多个要素，系统自动添加符合接边规则的 Link 连接线；可通过【View Link Table】工具调出"Link Table"观察连接线具体信息；也可选择【Spatial Adjustment】→【Adjustment Preview】菜单项，调出放大窗口观察空间匹配情况。

（5）如果出现不能添加 Link 线情况，可进行如下参数设置：选择【Editor】工具条上的【Editor】→【Options】菜单项，调出"Edit Options"对话框，在"General"选项卡中勾选"Use class snapping"选项；再选择【Editor】→【Snapping】→【Options】，调出"Classic Snapping Options"对话框，在精度要求范围内调整捕捉阈值。

（6）所有准备工作完成后，匹配预览达到预设标准时，选择【Spatial Adjustment】工具条的【Spatial Adjustment】→【Adjust】菜单项，自动完成边匹配工作。

实验案例：实验练习数据提供了由 4 个工作人员分别完成的 4 幅相邻等高线数据。选择其中的两幅数据进行拼接实验（图 2-7-5～图 2-7-7）。

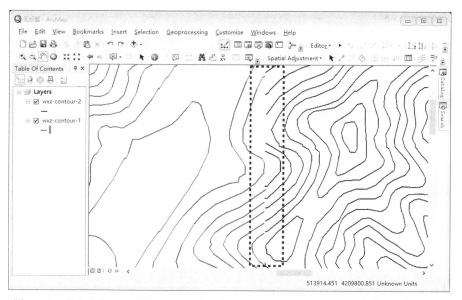

图 2-7-5　左右相邻的两幅等高线同时显示在 ArcMap 窗口中，可以看到明显的缝隙，
需要利用边匹配工具进行处理

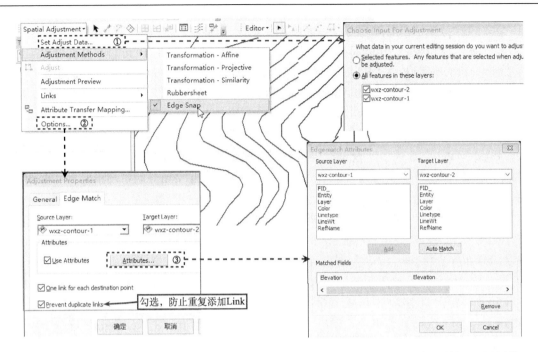

图 2-7-6　执行"Edge Match"之前的设置工作：参与数据源、匹配对象的关系、属性匹配设置等

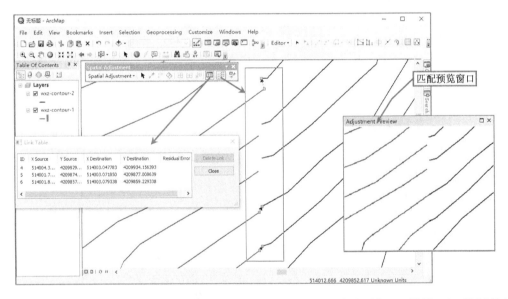

图 2-7-7　使用【Edge Match Tool】工具添加 Link 连接线，浏览 Link 表并预览匹配效果（有两组连接超过了捕捉阈值）

　　自主练习：采用边匹配工具完成练习数据提供的 4 幅相邻等高线的图幅拼接处理。
　　2）**矢量数据的合并**
　　边匹配的操作只是完成相邻要素的空间位置匹配，并未将不同要素类合并为一个要素类。对于分别存储管理的多个分幅数据而言，合并至一个要素类可以实现更有效地管理。ArcMap 的【Merge】工具不仅可以实现多边形要素类合并，还可以实现线要素合并处理。具体操作方法和步骤如下。

（1）在 ArcToolbox 中选择【Data Management Tools】→【General】→【Merge】工具，打开"Merge"对话框。

（2）将准备合并的各要素类添加至处理列表，定义输出结果路径和文件名，完成 Merge 操作。

合并到一个文件中的要素仅实现了要素类（文件）合并，并未进行接边部分邻接要素的进一步合并。对于高程相同的两条邻接等高线，合并为一条可以使要素类内部组织更优化。可以采用【Dissolve】工具将属性相同且相互邻接的要素合二为一。具体操作方法和步骤如下：①在 ArcToolbox 中选择【Data Management Tools】→【Generalization】→【Dissolve】工具，打开"Dissolve"对话框中选择待处理的要素类，定义输出结果路径和文件名，选择 Dissolve 处理的参考字段。②在"Create Multipart Features"选项卡部分，确定是否需要生成空间分离的多部分要素。③在"Unsplit Lines"选项卡部分，确定是否仅仅将结点相连的同属性要素合并。④各参数设置完毕，执行 Dissolve 计算即可。

实验案例： 4 幅相邻等高线数据合并到一个等高线文件中管理。同时，根据等高线邻接关系和高程值属性，进一步完成 Dissolve 处理，以实现要素的优化组织（图 2-7-8 和图 2-7-9）。

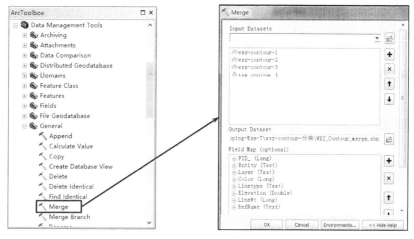

(a) 合并工具界面

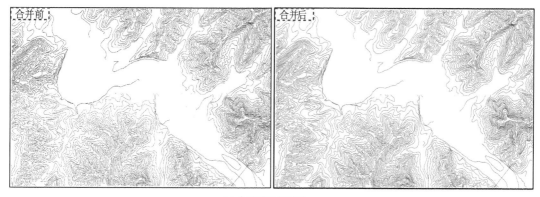

(b) 合并前后的对比

图 2-7-8　采用【Merge】工具将 4 幅相邻的等高线要素类合并到一个要素类中

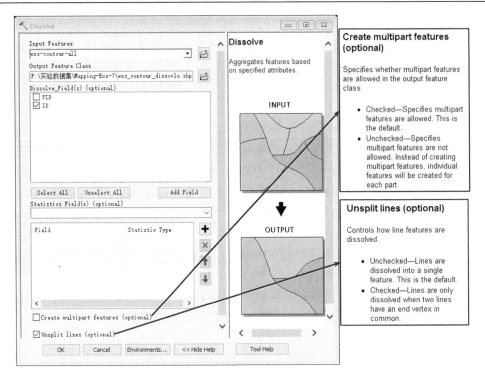

图 2-7-9　使用【Dissolve】工具将属性相同且相互连接的等高线合并为一条线的参数设置（本例不涉及其他属性计算）

2.7.3　数据分割与裁切

从大区域数据集中提取部分数据进行进一步处理或实现数据交流，是制图工作中常见的任务。因此，数据分割与裁切相关的工具也是制图常用工具。ArcMap 中有分别针对矢量数据和栅格数据的【Clip】工具，应用时注意区分。

1. 裁切矢量数据

裁切矢量数据的【Clip】工具使用比较简单，确定被裁剪对象和用于裁剪的范围多边形即可，结果要素类的属性继承自被裁剪对象。具体步骤如下。

（1）在 ArcMap 地图文档中添加被裁切的矢量数据和用于定义裁切范围的多边形要素类。

（2）选择 ArcToolbox 工具箱中的【Analysis Tools】→【Extract】→【Clip】工具，调出用于裁切矢量格式要素类的"Clip"对话框。

（3）通过"Input Features"选项，选择拟裁切的矢量要素类或图层。

（4）通过"Clip Features"选项，选择用于定义裁切范围的多边形要素类；如果仅仅根据要素类中的一个或几个多边形范围裁切，则需要在 ArcMap 地图窗口中选中用于裁切的多边形要素。

（5）定义输出要素类的存储路径及文件名。

（6）参数设置完毕后点击"OK"按钮即可完成矢量数据裁切运算，裁切结果自动添加至当前地图文档中的焦点数据框中。

实验案例：以练习数据中的地形图数据集为例，利用权属区多边形中的某个集体权属区裁切数据集中的等高线、线状要素、权属界线、建筑物等相关要素类（图 2-7-10）。

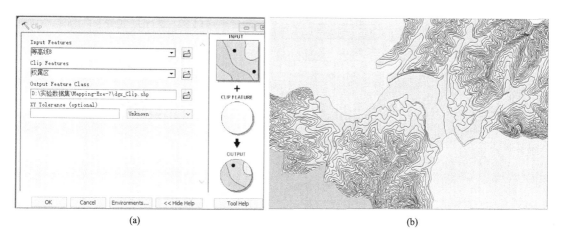

图 2-7-10　利用【Clip】工具基于某个权属区多边形裁切等高线要素类

2. 裁切栅格数据

裁切栅格数据的【Clip】工具相对矢量裁切工具要复杂。除了提供被裁切对象参数外，工具提供了两种裁切方式：按照多边形边界裁切、按照多边形外包矩形裁切。具体操作步骤如下。

（1）在 ArcMap 地图文档中添加被裁切的栅格数据集和用于定义裁切范围的多边形要素类。

（2）选择 ArcToolbox 工具箱中的【Data Management Tool】→【Raster】→【Raster Processing】→【Clip】工具，调出用于裁切栅格数据的"Clip"对话框。

（3）通过"Input Rasters"选项，选择拟裁切的栅格数据集。

（4）通过"Output Extent（optional）"选项，定义作为裁切范围的多边形要素类。

（5）如果仅根据要素类中的一个或几个多边形的边界范围裁切，需要在 ArcMap 地图视图中选中用于裁切的多边形要素。

（6）如果需要使用多边形的边界定义裁切范围，则需要勾选"Use Input Features for Clipping Geometry"选项，否则【Clip】工具将使用多边形外包矩形边界作为裁切范围。

（7）定义输出栅格存储路径及文件名（注意遵循路径及栅格文件命名规则）。

（8）参数设置完毕后点击"OK"按钮即可完成栅格数据裁切运算，裁切结果将自动添加至当前地图文档的焦点数据框中。

实验案例：以前面练习计算产生的镶嵌后的 30m 地表覆盖数据为基础，根据河北省县级行政区边界要素类裁切某个县域范围的地表覆盖数据集（图 2-7-11）。

自主练习：将练习数据中提供的 30m 分辨率 DEM 分幅数据镶嵌为一个栅格数据集，并用河北省行政区多边形要素类裁切河北省和张家口阳原县两个不同大小行政区域范围的 DEM 数据。

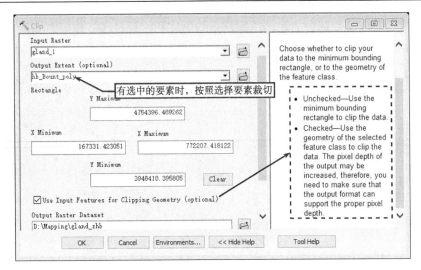

(a) 栅格【Clip】工具参数设置

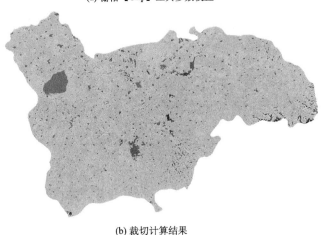

(b) 裁切计算结果

图 2-7-11　裁剪河北省张北县范围内的 30m 地表覆盖数据

2.7.4　基于拓扑规则的质量检测

在 Geodatabase 数据库中可以为要素数据集定义拓扑规则，以约束、规范该数据集中相关要素类及要素类中各要素间的空间关系。ArcMap 提供了基于拓扑规则的数据检验工具，可以根据规则快速发现数据中存在的质量问题。

1. 针对要素数据集的拓扑关系定义

实现基于拓扑规则的质量检测，首先需要定义同一要素类或不同要素类中各个要素间的拓扑关系规则。ArcMap 以要素数据集为基础，提供了专门的拓扑关系类用于表达和管理要素类及其拓扑关系。ArcMap 的拓扑关系定义流程如下。

（1）在 Geodatabase 中将需要建立拓扑关系的相关要素类组织到一个要素数据集中。

（2）在 ArcCatalog 或 Catalog View 中，右键选择拟定义拓扑关系的数据集，在弹出菜单中选择【New】→【New Topology】菜单项，打开"New Topology"拓扑关系定义向导对话框。

（3）根据流程向导，依次定义拓扑关系类名称，选择参与拓扑关系构建的要素类，为拓扑关系定义拓扑级别数量及每个要素类的约束级别等。

（4）关键的一步是定义拓扑规则。选择 "Add Rule" "Remove" 等按钮，可以添加、删除或加载相应的拓扑规则。

（5）所有规则定义完成后，定义向导将展示汇总后的规则定义信息，最后完成拓扑关系定义，一个拓扑关系类将被添加到所属的数据集中。

（6）拓扑关系类生成后，系统自动提示是否进行规则检验（Validate）。可以立即执行（或后期执行）拓扑检验，检查当前数据集的相关要素类是否符合拓扑规则约束条件。

（7）规则检验完成后可将生成的拓扑关系类拖拽到当前文档，并加载与拓扑关系相关的要素类，可以得到可视化的拓扑关系检测结果。

实验案例： 以练习数据中的地形图数据集为例，为该数据集中的等高线、线状要素、权属界线、建筑物等要素类定义拓扑规则。本案例共添加 6 条拓扑规则：权属界线和建筑物两个要素类均添加 Must Not Self-Intersect（不能自相交）、Must Not Have Dangles（不能有悬挂结点）两条规则；等高线添加 Must Not Self-Intersect、Must Not Overlap（不能压盖）两条规则。还可以根据要素特征或项目需求添加其他约束规则（图 2-7-12）。

2. 基于拓扑关系规则的错误修正

经过拓扑规则校验后，存在拓扑问题的相关要素将被分类记录，可以在 ArcMap 中利用 Topology 检验工具提供的管理和修正建议，并结合编辑工具进行错误修正。具体步骤如下。

（1）将需要编辑修改的拓扑关系类及其相关要素类同时加载到当前地图文档。

（2）调用【Topology】和【Editor】两个工具条。启用相关要素类编辑状态，选择【Topology】工具条上的【Error Inspector】工具项，调出 "Error Inspector" 对话框。

（3）在 "Show" 下拉列表框中选择需要修正的要素类及其拓扑错误类型，点击 "Search Now" 按钮，对话框将列出相关要素类中存在的所有错误项。

（4）在列表中右键选择需要处理的条目，弹出菜单中提供了【Simplify】【Mark as Exception】【Mark as Error】等菜单项，可用于对相关要素进行简化处理、标记例外和错误等。

（5）当不能直接处理较复杂的拓扑问题时，可以选择【Zoom To】或【Pan To】菜单项，可将相关要素缩放或移到视图范围，通过【Editor】等工具对相关要素进一步编辑修正。

（6）分类逐一修正或标识相关拓扑问题后，及时保存相关要素类，完成拓扑质量检查与修正。

另外，根据数据处理过程中发现的新问题，可以随时对拓扑关系类进行修正，补充和完善拓扑规则，并重新校验拓扑问题。具体操作如下。

（1）在 Catalog 中找到包含拓扑关系的要素数据集，右键选择该数据集中的拓扑关系类，在弹出菜单中选择【Properties】菜单项，调出 "Topology Properties" 对话框，可以查看当前拓扑关系类涉及的要素类、已经定义的拓扑规则和拓扑错误情况等。

（2）切换到 "Rules" 选项卡，可以对拓扑规则进行删除、增加等进一步修改，拓扑规则调整后需要重新执行拓扑校验操作。

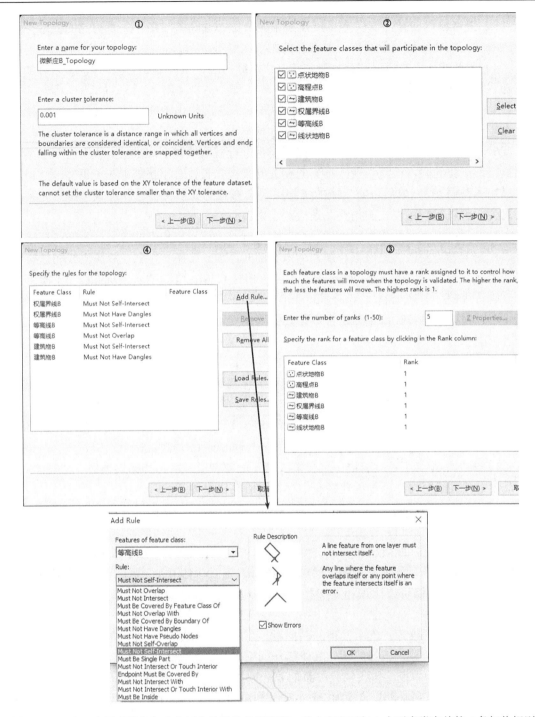

图 2-7-12　由 6 个要素类参与建立拓扑关系的关键流程，其中定义了与 3 个要素类有关的 6 条拓扑规则

（3）切换到"Errors"选项卡，点击"Generate Summary"按钮生成错误检测汇总报告，可以通过"Export To File"按钮将检测报告输出到文件，以和其他工作人员共享。

实验案例：以练习数据中的地形图数据集为例，利用前面练习建立的拓扑关系类设定的规则对数据质量进行校验后，查验要素拓扑错误的方式，并根据质量检测标准和要求进一步修改、完善拓扑关系规则（图 2-7-13 和图 2-7-14）。

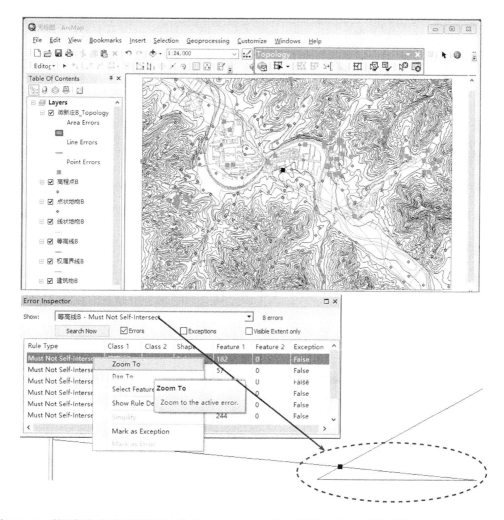

图 2-7-13　利用拓扑关系规则检测中的"Error Inspector"对话框查验、定位拓扑错误（线要素自相交）

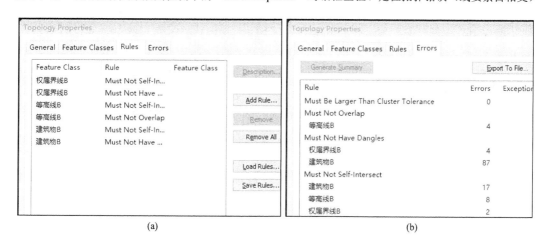

图 2-7-14　添加、修改和移除拓扑关系类属性中的拓扑规则（a）及查看拓扑规则检测结果中的错误统计（b）

2.7.5　基于属性数据统计的质量检测

在数据生产过程中，需要以手工方式或自动化方式为空间要素添加属性值，如等高线高程、要素类型码或名称等。录入过程中常常产生输入错误。可以通过属性值统计分析快速发现明显的逻辑错误，如非正常空值、0 值，或最小、最大等异常值。

如图 2-7-15 所示，对练习数据中的等高线要素类按照 Elevation 字段值（存储高程）从小到大排序，出现了部分要素高程为 0 的情况。由于该区域多数要素高程值都在 220m 以上，再结合 0 值等高线的分布位置，可初步认定为高程值输入错误，进一步确认后对高程值进行修改或其他处理。

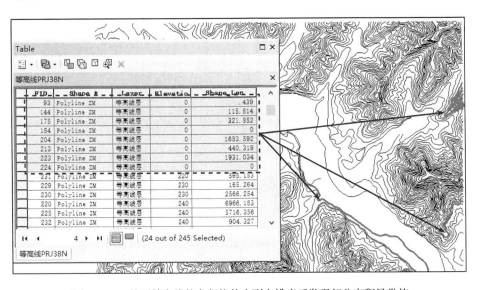

图 2-7-15　按照等高线的高程值从小到大排序后发现部分高程异常值

另外，通过要素长度、面积等空间属性也可以很好地发现数据异常输入等问题。具体方法如下。

（1）如果是 Geodatabase 中的要素类，则 Polyline 类型带有"Shape_Length"（长度值）字段，Polygon 类型带有"Shape_Length"和"Shape_Area"（面积）两个字段，可直接统计观察要素长度和面积。

（2）Shapefile 要素类没有自带的长度和面积字段，但可以通过自动计算生成空间特征值字段。以 Polyline 类型的 Shapefile 文件为例，首先，为该要素类添加一个 Float 或 Double 类型字段；其次，在要素属性浏览表的表头字段位置点击右键，使用菜单中提供的【Calculate Geometry】工具，为该字段自动填充要素长度或面积属性值（图 2-7-16）。

（3）对长度或面积字段进行排序操作，找出不符合逻辑的空间极小值和极大值进行专门分析，确定数据质量问题。例如，长度或面积为 0 或非常小的异常值要素一般属于碎线段或多边形，经确认后可以统一删除。

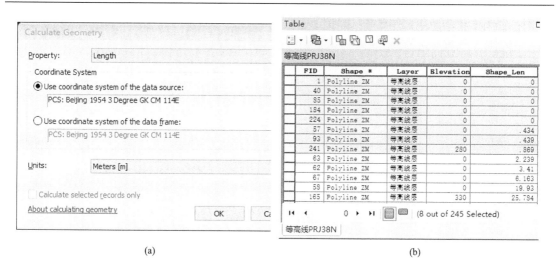

图 2-7-16　为 Shapefile 格式的等高线添加"Shape_Len"字段并计算要素长度赋值（a）及赋值后按长度值排序的结果（b）

2.7.6　基于数据渲染方式变换的质量检测

三维表达模式下观察地形数据，对于发现其中存在的地形专题异常值问题提供了很好的方式。例如，可以将地理要素从二维显示方式转变为三维显示，从而发现高程异常或错误。基于二三维数据渲染方式变换的等高线数据质量检查方法和流程如下。

（1）在 ArcMap 中观察等高线数据的高程值属性和二维图形，初步了解等高线数据的二维基本特征，如高程值的范围、区域中地形与其他自然人文社会要素的空间关系等。

（2）如果等高线数据本身已经是三维要素类型（Shape 字段值为 Polyline ZM），则不用进行三维要素变换，直接到 ArcScene 中观察即可。

（3）如果等高线数据是二维要素类型（Shape 字段值为 Polyline），则需要将数据从二维转换为三维类型。在 ArcToolbox 工具箱中选择【3D Analyst Tools】→【3D Features】→【Feature To 3D By Attribute】工具，调出"Feature To 3D By Attribute"对话框。

（4）选择转换要素类，定义转换结果要素类和高程字段，完成要素从二维向三维的维度转换。

（5）在 ArcScene 中将三维要素类添加到一个文档中，观察三维表达效果，通过地形特征的分析初步判读是否可能存在数据质量问题，并对疑似问题进行溯源修正。

实验案例：下面案例中有两套同一区域的带有高程值的等高线数据，从二维模式和高程值分布情况并未发现两套数据有明显质量问题，但当数据从二维转换为三维后，却发现其中一套数据的高程值赋值错位、混乱，说明高程赋值过程出了严重问题（图 2-7-17～图 2-7-19）。

自主练习：以自己生产的地形图矢量数据集为例，全面分析各要素类质量情况，通过定义对应的拓扑关系规则、属性统计观察、二三维视图转换对比等方法，对空间数据质量进行全面检查、校验，根据检查结果，选择合适的编辑、处理方法修改、完善数据，提升数据质量。

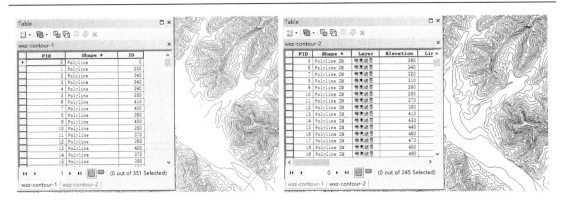

图 2-7-17　在 ArcMap 的二维数据视图中浏览同区域的两套等高线数据的图形和属性信息

图 2-7-18　根据等高线的高程属性（由 ID 字段存储），将二维等高线要素类转换为三维线要素

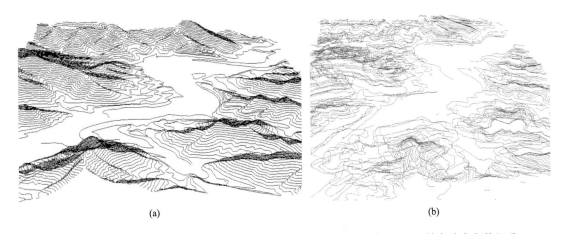

(a)　　　　　　　　　　　　　　　　　　　　(b)

图 2-7-19　在 ArcScene 三维视图中分别观察两个等高线数据，发现（b）等高线高程值混乱

实验 2-8　空间数据的符号化与图层渲染

空间数据往往带有很多专题属性，专题属性可以来自各类统计数据、实验数据、观察数据、地理调查资料等，通过对专题属性信息的分类、分级处理，选择适当的颜色系列、符号等以专题地图的形式表示出来，就是空间数据的符号化。图层是 GIS 软件中用于地理数据集显示机制的逻辑组织单位，图层并不存储地理数据，而是数据符号化方法与可视化状态的记录。除记录如何利用符号渲染和文本标注绘制数据集外，图层内容还包括引用数据集所在的数据源、定义要显示的要素子集查询、信息弹出规则及许多其他属性。

在 GIS 软件中，当空间数据被加载到地图中形成一个 Layer（图层）时，已经按照默认方式完成了空间数据的符号化过程。渲染器是 ArcGIS 用于绘制图层的显示方法的类型，主要用于完成图层的符号化。例如，基于唯一属性值的各种类别来填充面要素；用于显示数字高程模型数据的地貌晕渲；用于绘制各个要素统计信息的图表等。不同类型的数据对应不同的渲染器，如矢量数据渲染器、栅格数据渲染器等。因此，ArcGIS 中的图层符号化也称为图层渲染。

实验目的：帮助学生深入理解图层与数据源的关系，体会图层作为"数据的表现"的重要制图思想，掌握空间数据符号化与图层渲染方法。

相关实验：地图编制任务中的数据组织模式与方法、地图图层标注与注记类管理。

实验环境：ArcGIS Desktop 中的 ArcMap、ArcCatalog 等。

实验数据：河北省基础地理数据、河北省社会经济统计数据、石家庄区域 30m 分辨率数字高程数据、石家庄区域 30m 分辨率地表覆盖数据等。

实验内容：

（1）掌握矢量与栅格数据图层的常用渲染方法与基本流程。

（2）理解图层的内涵和图层文件的作用；掌握图层文件创建、管理和使用方法。

（3）理解图层组、图层包的作用，掌握它们的应用方法。

（4）理解符号库的作用，掌握符号库（样式文件）的管理方法，学会使用符号选择器。

1. 矢量数据的符号化渲染方法

1）唯一值分类符号化渲染

唯一值分类符号化用于描述一组具有不同类型属性值的要素，如按照土地利用代码进行土地分类渲染、按照行政区划代码进行行政区划渲染等。最终渲染结果是每个不同属性值代表的不同类别分别用不同的符号表示。ArcMap 提供了三种针对矢量数据要素类的唯一值划分方法："Unique values"方式（按照一个字段值进行唯一值分类和符号化）、"Unique values, many fields"方式（按照多个字段组合值进行唯一值分类和符号化）、"Match to symbols in a style"方式（通过属性字段值与样式文件定义的符号名称自动匹配，实现唯一值分类和符号化）。

利用"Unique values"方式进行唯一值分类符号化渲染的操作流程如下。

（1）在地图文档中添加待渲染的要素类，确定用于唯一值分类的字段项。

（2）在内容表中右键选择待渲染要素类，选择【Properties】菜单项，在弹出的"Layer Properties"对话框中切换至"Symbology"选项卡；选择左侧"Show"部分列出的"Categories"中的"Unique values"分类方法。

（3）在"Value Field"下拉列表中选择用于唯一值分类的字段项名称；点击"Add All Values"按钮，系统自动加载该字段中包含的所有分类值，并选择默认分类符号样式初步渲染。

（4）如果对默认分类符号渲染结果不满意，可重新选择"Color Ramp"下拉列表中的已有样式，也可双击列出的单个符号打开"Symbol Selector"窗口，为每一类型选择新符号样式。

（5）"Label"列是用于描述符号化渲染后的图例标注，默认为该分类字段值，也可以点击每个 Label 修改为更适于用户理解的标注方式。

（6）符号化渲染参数定义完毕后点击"确定"按钮，即可完成要素类的单一值符号化渲染。

实验案例：以实验数据中的河北省行政区数据为例，根据行政区的地区代码进行唯一值渲染，形成河北省 11 个地市的行政区划图层（图 2-8-1）。

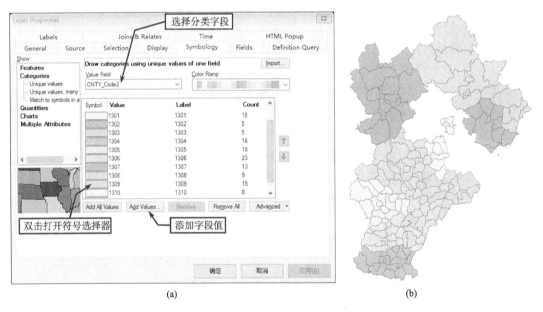

（a）　　　　　　　　　　　　　　　　　（b）

图 2-8-1　以地区代码字段为分类字段的 Unique values 符号化参数设置（a）及按地区代码进行唯一值渲染的结果（b）

2）数量分级符号化渲染

根据矢量要素类的数值型属性字段，可以采用数量分级符号化方法在地图上表示要素数量特征。ArcMap 提供了 Graduated colors（分级色彩）、Graduated symbols（分级符号）、Proportional symbols（比例符号）、Dot density（点密度）等数量分级符号化方法。下面以分级色彩符号化渲染为例说明实现的基本流程。

（1）将用于数量分级符号化的要素类添加到当前地图文档中。右键选择该图层并选择【Properties】菜单项，打开"Layer Properties"对话框，准备选择符号化方法并设置符号化参数。

（2）切换至"Symbology"选项卡，选择"Quantities"分组中的"Graduated colors"渲染方法。

（3）点击"Fields"框组中的"Value"下拉列表，选择要素类中包含的用于符号化渲染的数值型字段，系统将给出默认数值分类分级方法和分级数量，如 Natural Breaks（Jenks）5级。同时，系统为该分级方案随机提供分级颜色带的符号样式。

（4）如果系统给出的数据分级方法和划分数量等默认方案不能满足要求，可点击"Classify"按钮打开"Classification"对话框，重新选择数据分级方案或分级数量；也可根据数据特征手动调整"Break Values"（断点值）。设置完毕返回"Layer Properties"对话框。

（5）如果对系统提供的默认颜色样式不满意，也可以点击"Color Ramp"下拉菜单重新选择系统提供的系列颜色带；还可以通过双击 Symbol 列的每个符号打开"Symbol Selector"窗口，为每个分级颜色选择新的颜色。

（6）分级符号的 Label 标注风格也可以修改，右键选择列表中的任意一个分级系列，点击【Format Labels】菜单项打开"Number Format"对话框，对标注风格（数字位数、小数位数等）进行修改。

（7）所有参数设置完毕后返回"Layer Properties"对话框，点击"确定"按钮完成分级色彩符号化渲染的定义。

实验案例：以实验数据中的河北省行政区数据为例，根据"地区生产总值"数值字段进行分级符号化渲染，制作河北省县市地区生产总值分级渲染图层（图 2-8-2）。

3）统计图表渲染

当需要按照区域单元对比两组以上的数据特征时，可以根据要素类的数值型字段制作统计图表。ArcMap 提供了 Pie（饼图）、Bar/Column（条形图）、Stacked（堆栈图）等统计图表渲染方法。下面以饼图符号化为例说明基本流程。

（1）将用于统计图表渲染的要素类添加到当前地图文档。右键选择该要素类图层，在弹出的右键菜单中选择【Properties】菜单项打开"Layer Properties"对话框。

（2）切换至"Symbology"选项卡，选择"Charts"分组中的"Pie"统计图渲染方法。

（3）在"Field Selection"框组列出的可用字段中，选择用于生成饼图的字段添加至右边的制图数据列表中，系统给出默认的饼图样式和划分颜色。

（4）如果对系统给出的饼图样式不满意，可点击该对话框中的"Properties"按钮打开"Chart Symbol Editor"对话框，重新定义饼图风格。

（5）如果对饼图颜色不满意，可以点击"Color Scheme"下拉菜单重新选择颜色组；或者双击"Symbol"列的每个符号自定义新颜色。

（6）"Size"按钮用于打开"Pie Chart Size"对话框，可进一步设置饼图符号大小的数值意义，可以是固定大小饼图，或饼图大小与字段值总和相关。

（7）所有参数设置完毕后返回"Layer Properties"对话框，完成统计图表渲染。

实验案例：以实验数据中的河北省行政区数据为例，根据第一、第二、第三产业产值字段进行饼图符号化渲染，制作河北省各县市区三产产值的对比分析图层（饼图大小对应三产总值）（图 2-8-3）。

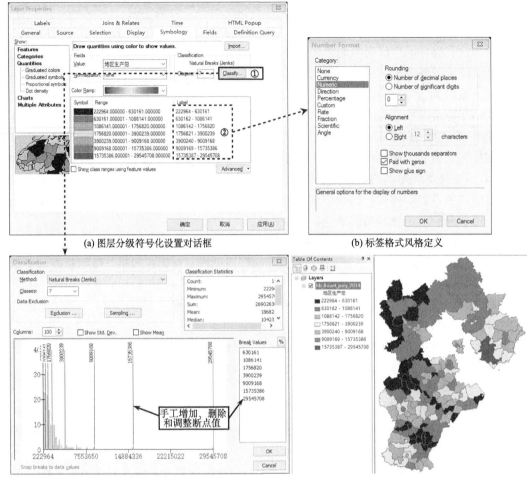

(a) 图层分级符号化设置对话框　　　　　　　　(b) 标签格式风格定义

(c) 数据分级方法采用自然断裂法，分级数量为7级　　　　(d) 分级符号化渲染结果

图 2-8-2　河北省县市地区多边形图层基于生产总值的分级符号化渲染过程

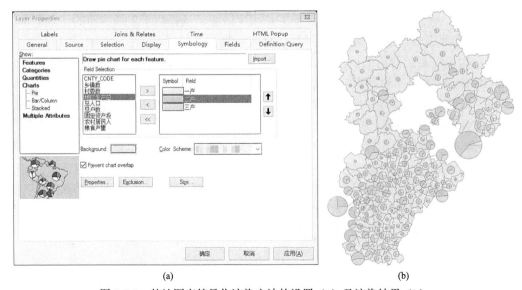

(a)　　　　　　　　　　　　　　　　(b)

图 2-8-3　统计图表符号化渲染方法的设置（a）及渲染结果（b）

自主练习：以实验数据中的县市数据为基础，通过数据融合方法，生成河北省地市分区数据，并进一步完成 11 个地市的第一、第二、第三产业统计饼图或柱图渲染的可视化。

2. 栅格数据可视化渲染方法

栅格数据集可在地图中以不同方式进行显示或渲染。渲染是一个显示数据的过程，包括 Stretched（拉伸）、Unique Values（唯一值）、Classified（分类分级）、Discrete Color（离散颜色）等方式。栅格数据集渲染方式取决于它包含的数据类型及要显示的内容。

1）唯一值渲染

"唯一值"用于分别显示栅格图层中的每个值。表示地表特定对象的离散类别适宜采用该方法，如专题栅格图层中土壤类型或土地利用类别。唯一值栅格渲染与矢量数据唯一值分类色彩符号法类似，都是利用不同颜色表示不同专题值类别。栅格唯一值渲染流程如下。

（1）在 ArcMap 当前文档中加载需要渲染的栅格数据集，如果该栅格值类型是离散值，系统将默认给出一种唯一值渲染方式，为每个不同栅格值分配一个不同颜色。

（2）在内容表中右键选择需要渲染的栅格图层，选择右键菜单中的【Properties】菜单项，打开"Layer Properties"对话框，并切换到"Symbol"选项卡，可以进一步修改默认的渲染方式。

（3）在左侧"Show"列表框中选择"Unique Values"渲染方法，在"Value Field"下拉列表框中选择栅格分类字段（只有 Value 值时将不可选）。

（4）"Color Scheme"部分是系统给出的默认颜色，如果对系统提供的颜色不满意，可点击"Color Scheme"下拉列表，重新选择新颜色系列；当栅格值的数量较小时，也可以双击"Symbol"列的每个颜色符号块儿，在打开的"Symbol Selector"窗口中选择新颜色样式。

（5）如果仅表示某几个数值的栅格像元分布，也可以右键选择需要移除的值符号列表项，在右键菜单中选择【Remove Values】即可移除该栅格值；也可通过"Add Values"按钮增加某个栅格值。

（6）所有选项定义完成后点击"确定"按钮，即可完成该栅格数据的专题分类渲染。

实验案例：以石家庄区域 30m 分辨率地表覆盖栅格数据为例进行栅格数据唯一值渲染，渲染方法和设置参数如图 2-8-4 所示。

2）分类分级渲染

分类分级渲染方法是将栅格像元值归组到不同类别并分级显示的专题栅格渲染方法，常应用于连续数值分布的现象描述（如地形高程、坡度、适宜性等）。具体方法是采用某种数据分级方法将某个专题数值的范围划分为较少数量的类别，并为每个类别分别设定不同颜色。数据分级方法包括 Manual（手动）、Equal Interval（等间隔）、Geometrical Interval（几何间隔）、Defined Interval（自定义间隔）、Quantile（分位数）、Natural Breaks（Jenks）（自然断裂）、Standard Deviation（标准差）等 7 种。栅格数据分类分级渲染的操作流程如下。

（1）在 ArcMap 文档中打开用于渲染的栅格数据，在内容表中右键选择需要渲染的栅格图层，选择弹出的【Layer Properties】菜单项，打开该图层的"Layer Properties"对话框。

（2）切换到"Symbol"选项卡，在"Show"列表框中选择"Classified"，多数情况下系统默认按照自然断裂法 5 级划分，可以根据数据特征调整分级数量。

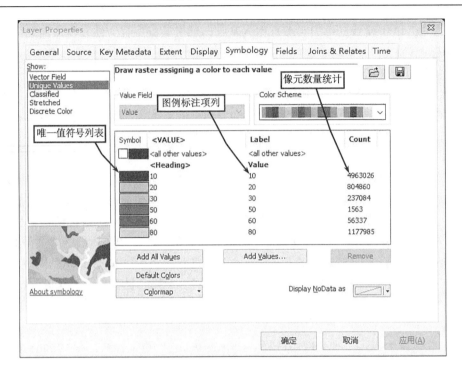

图2-8-4　栅格数据的单一值符号化渲染设置对话框（30m分辨率地表覆盖栅格数据）

（3）如果需要更换其他分级方法，可单击"Classify"按钮调出"Classification"对话框，进一步调整分类方法、分类级数或分级断点值等基本参数。

（4）用户可根据需要点击"Color Ramp"下拉列表，选择不同的颜色系列，或单独点击每个级别的颜色符号，改变各分类图例项颜色；"Label"标注方式也可以通过"Number Format"对话框进行修改。

（5）所有参数设置完毕后完成栅格数据的分级渲染。

实验案例：以石家庄区域30m分辨率数字高程栅格数据为例，进行高程分级渲染，采用自然断裂法划分7个分级的参数设置（图2-8-5）。

3）Colormap 渲染

Colormap与唯一值渲染方式类似，用预定义的一组颜色分别与每个栅格值对应（颜色对照表），一些有标准分类和表示方法的地理现象适宜采用此方式，以实现标准化制图目的。例如，全球30m分辨率地表覆盖数据就采用了内置Colormap的方式。带有Colormap的栅格数据采用一个与该栅格同名的"*.clr"文件存储颜色对照表，clr文件是文本文件，可通过字处理软件生成或修改。

在ArcMap中观察、定义或删除Colormap渲染方式的方法如下。

（1）为栅格数据图层导入导出Colormap信息。将内置Colormap的栅格数据加载到地图文档中后，该图层属性对话框的"Symbology"选项卡上会列出Colormap类型，并给出预定义的颜色对照表；用户可以重新导入新Colormap对照表，或将当前对照表导出为对照表文件（*.clr）。

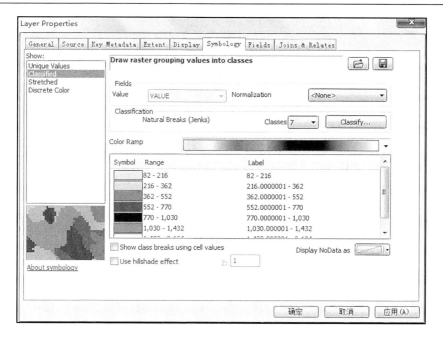

图 2-8-5　栅格分类分级符号化渲染设置对话框（以 30m 分辨率数字地形栅格数据为例）

（2）采用 Unique Values 渲染后的图层，其符号化属性选项卡对话框的下方会出现 "Colormap" 下拉菜单，可以将当前符号化结果导出为对照表文件，或为该栅格重新导入 Colormap 对照表以更新当前唯一值渲染结果。

（3）为分类后的栅格数据添加 Colormap。调用 ArcToolbox 工具箱中的【Add Colormap】 工具，在打开的 "Add Colormap" 对话框中，指定目标栅格数据并选择带有 Colormap 模板的参考栅格数据，或选择输入 Colormap 对照表文件，运行设置完成的工具即可为该栅格添加 Colormap 信息（生成同名的*.clr 文件）。

（4）删除栅格数据的 Colormap 信息。调用 ArcToolbox 工具箱中的【Delete Colormap】 工具，选择待删除 Colormap 对照表的目标栅格，运行工具即可进行删除操作；或直接删除同名的*.clr 文件。

实验案例： 实验数据中提供了石家庄市区域 30m 分辨率地表覆盖数据（两个版本，其中一个有 Colormap，一个没有 Colormap），在带有 Colormap 的栅格数据图层属性对话框中观察渲染颜色与栅格值的匹配情况。采用以下两种方法为缺少 Colormap 的栅格数据定义 Colormap 信息。

第一，利用 Unique Values 渲染方法，利用带有 Colormap 的参考栅格为当前没有 Colormap 的栅格数据导入 Colormap（图 2-8-6）。

第二，利用【Add Colormap】工具为栅格数据添加 Colormap，可采用模板栅格数据导入或*.clr 文件导入两种方式（图 2-8-7）。

自主练习： 自己下载全球 30m 分辨率地表覆盖数据，观察比较自己下载的原始数据和本实验中提供的地表覆盖样例数据，说明两个数据 Colormap 渲染方式的差别，解析这种差别的原因，分析两种方式的意义。

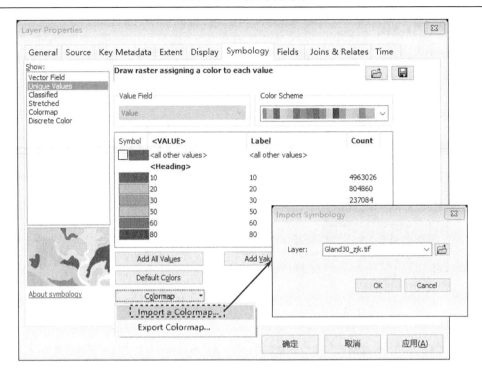

图 2-8-6　在 Unique Values 渲染方式中为栅格数据图层（Gland30_zjk0.tif）导入参考栅格（Gland30_zjk.tif）
中的 Colormap

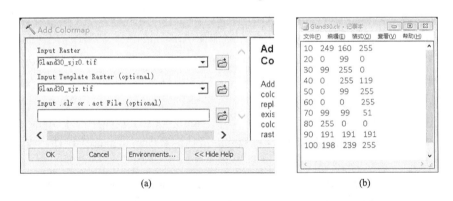

(a)　　　　　　　　　　　　　　　　　　(b)

图 2-8-7　利用【Add Colormap】工具为输入栅格添加 Colormap（a）及作为模板栅格的地表覆盖数据采用的
clr 文件的内容样例（b）

4）Discrete Color 渲染

Discrete Color 渲染方式与 Unique Vaues 渲染方式类似，是用一组随机颜色逐一渲染每个类型的栅格值，特别适合值数量较多的单一值类型。ArcMap 中 Discrete Color 渲染流程与唯一值、Colormap 等渲染方式基本相同。主要区别在于 Discrete Color 渲染只能按照 "Color Scheme"提供的颜色模板进行随机渲染，不能对渲染结果进行自定义手工调整。另外，Discrete Color 渲染的最大颜色数量是 255 个。

3. 图层文件及其相关应用

在地图制作过程中，经过精心设计和定义的图层信息有两种保存方式：一是随地图文档保存下来；二是存储为单独图层文件（*.lyr）。当某种数据符号化渲染方式需要在其他地图中重复使用时，图层文件就成为很好的符号化渲染信息传递载体。通过在一幅新地图中直接添加保存的图层文件，就可以将图层文件关联的数据源及其符号化信息快速导入新地图。

1）创建和保存图层文件

ArcMap 中创建图层文件的途径有两种：一种是直接生成一个新图层文件；另一种是将当前地图文档中已经做好符号化渲染等内容和风格设计的图层保存为图层文件。具体方法流程如下。

（1）新建图层文件。首先，在 Catalog View 中，找到准备存放图层文件的位置，点击右键选择【New】→【Layer】菜单项，打开"Create New Layer"对话框。其次，为新图层文件定义名称、选择引用的数据源、创建缩略图等。最后，确定是否采用相对路径方式存储图层文件（图 2-8-8）。

图 2-8-8 在 Catalog View 中基于
一个数据源新建图层文件

（2）将地图文档中的图层保存为图层文件。在 ArcMap 内容表中右键选择拟保存的图层，在弹出菜单中选择【Save As Layer File】菜单项，然后选择存储位置、定义图层文件名即可。

2）创建 Group Layer（图层组）

图层组：包含其他图层，有助于对地图中相关类型的图层进行组织，并且可用于定义高级绘制选项。可以根据特定的主题将一系列相关图层组织为图层组（例如，可以创建表面高程图层组，包括地貌晕渲、等值线和高程点等基本图层；或者创建由溪流线、河流和湖泊图层组成的水文图层组）。

ArcMap 中创建图层组并保存为文件的途径也有两种：一种是在当前地图文档中直接选择相关主题的图层创建图层组（Group Layer），然后将其存储为图层组文件；另一种是在 Catalog 中直接新建一个图层组文件，然后在该图层组文件的属性对话框中添加相关数据或图层。

图层组文件的扩展名与图层文件相同。在 Catalog View 中右键选择图层组，选择【Properties】菜单项打开图层组文件的属性对话框（图 2-8-9）。可在该对话框中增加、移除图层，或调整图层顺序；也可以选择某个图层，并点击对话框右侧的"Properties"按钮打开该图层的属性对话框。

3）创建图层包

图层文件或图层组文件虽然可以很方便地将图层设计内容导入新地图中，但需要特别注意维护图层和数据源之间的关系，否则图层不能正确打开。当需要与他人分享的不仅是图层设计内容，还有数据内容（数据源）时，可以使用图层包。

图层包是 ArcMap 用于将图层及其引用数据源一起打包分享的一种文件类型，其实质是一种压缩文件（*.lpk）。使用者可以直接使用 ArcMap 将图层包打开并用于新地图制作。具体操作流程如下。

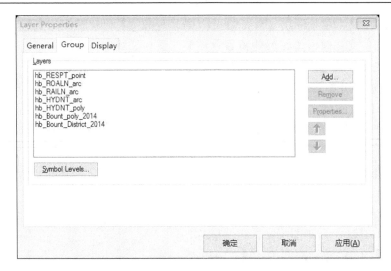

图 2-8-9　图层组文件属性对话框，其中，"Group"选项卡用于管理当前组中的图层

（1）在 ArcMap 中打开准备分享的数据，设计完成相关图层的符号化渲染，并定义标注、显示查询子集等其他必要的显示机制。

（2）选择所有用于打包的图层，在选中的图层上点击右键，选择【Create layer Package】菜单项，打开"Layer Package"对话框。

（3）在对话框的"Layer Package"部分，为图层包选择存储位置并定义图层包文件名。

（4）切换至对话框的"Item Description"部分，为图层包添加"Summary""Tags""Description"等条目描述内容。

（5）切换至对话框的"Additional Files"部分，为图层包添加数据源之外的其他必要文件。

（6）所有参数定义完毕后，选择对话框右上角的"Analyze"按钮，分析打包准备条件是否完备，如果存在没有完成的准备问题，则系统弹出信息提示框，按照提示修改完善后再分析。

（7）分析完毕没有问题后，点击对话框右上角的"Share"按钮，即可生成图层包分享文件。

实验案例： 实验数据提供了河北省基础地理信息数据集，选择其中的地市行政区多边形和县级行政区多边形，在 ArcMap 中分别为两个数据选择合适方法进行图层渲染，并生成一个图层包，注意给该图层包添加必要描述（Item Description）（图 2-8-10）。

4. 符号库与样式文件

地图符号是地图的语言，广义的符号还包括颜色和注记。ArcGIS 中的符号是包括点、线、填充、颜色和注记在内的通用概念；样式则是已经完成类型和风格定义的特定符号。例如，设计不同大小和颜色的圆圈符号作为一套符号样式，用于表达不同级别和类型的城镇要素。

1）基于样式文件的符号管理

ArcGIS 软件以样式库（样式文件）存储管理特定风格样式的各种符号。为了方便专题制图，ArcGIS 中将常用的各种符号样式按照不同主题分类存储于不同的样式库中，如最常用的

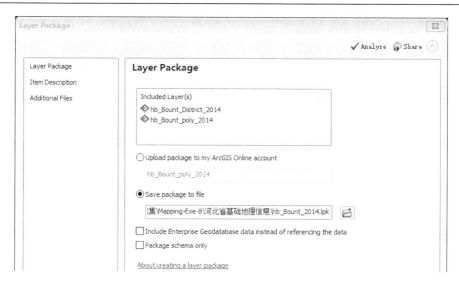

图 2-8-10　利用创建图层包工具创建一个包括两个图层的图层包文件

"ESRI.style""ESRI_Optimized.Style"等通用样式文件，以及"Meteorological.style""3D Buildings.style"等专题符号样式文件等。数据符号化渲染采用的符号样式可以直接从样式库中选择，或对已有的符号样式进行参数调整后应用。

每个样式文件中都有固定的分组，如 Fill Symbols（填充符号）、Line Symbols（线符号）、Marker Symbols（点/标记符号）、Text Symbols（文本符号）、Colors（颜色）、Color Ramps（颜色带）分组等。另外，样式库中还包括一些常用的地图版面元素的样式分组，如 North Arrows（指北针）、Scale Bars（比例尺）、Borders（边框）等。

操作管理样式文件的关键步骤如下。

（1）在 ArcMap 中选择【Customize】→【Style Manager】菜单项，调出"Style Manager"（样式管理器）对话框，可以看到当前 ArcMap 环境引用的样式文件。

（2）展开每个样式文件，可以观察其中包括的各个分组样式符号。其中，灰色文件夹样式的分组表示其中存储有符号样式，而白色文件夹样式分组中目前没有存储符号样式。

（3）可以通过对话框上的"Styles"功能按钮，调出"Style References"（样式文件引用）对话框，调整当前文档环境引用的样式文件。被引用样式文件中的符号样式将列到对应的符号选择器列表中。

（4）通过"Style References"对话框，还可以点击"Create New Style"按钮新建自己的样式文件，也可以点击"Add Style to List"按钮将自定义样式文件添加到引用列表中。

（5）在样式管理器中，可以右键选择某个分组中常用的符号样式，复制后粘贴至自己建立的样式文件中，以便于特定专题的制图应用。

实验案例：在 ArcMap 中通过"Style Manager"设置当前引用的样式文件为"ESRI.style""ESRI_Optimized.Style""Meteorological.style""3D Trees.style"，浏览查看各个样式文件中的分组及其中分别包括的符号样式（图 2-8-11）。

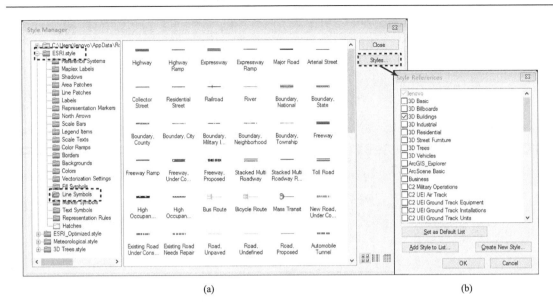

图 2-8-11　样式管理器对话框列出的 ESRI.style 样式文件中"Line Symbols"分组样式列表（a）及打开的样式引用列表对话框（b）

2）符号选择与符号编辑

在对矢量数据进行渲染时，需要使用"Symbol Selector"（符号选择器）选择合适的符号或在渲染器中挑选颜色带中适宜的颜色组合。对于栅格数据来说，则主要是利用颜色进行渲染和符号化表达。以矢量数据符号化渲染为例说明 ArcGIS 中的符号选择器使用方法。

（1）在 ArcMap 内容表中，点击某个图层当前样式符号图标，或者在图层属性对话框的"Symobology"选项卡对话框中，选择需要调整的符号图标，均可调出"Symbol Selector"对话框。

（2）"Symbol Selector"对话框将自动分组列出当前引用的所有样式文件中与该要素类型匹配的符号样式，用户可以直接从列表中寻找选择符号样式。

（3）如果知道某个符号样式的准确名称，或希望检索某个主题符号样式，可以通过对话框上的搜索栏进行关键词搜索。

（4）选择某个符号样式后，可以进一步调整符号的基本参数，如标记符号的颜色、大小、角度，填充符号的填充颜色、边框宽度、边框颜色等。最后点击"OK"按钮即可完成符号渲染或定义。

（5）仅仅调整当前符号样式基本参数还不能完全满足要求的情况下，可以选择"Edit Symbol"按钮，调出"Symbol Properties Editor"（符号属性编辑器）精细化设计符号样式。

（6）经过设计调整参数的自定义符号样式，可以通过"Save As"按钮存储到自定义的样式文件中，以便后期重复使用。

（7）在"Symbol Selector"对话框中，也可以通过"Style References"按钮调出"Style References"对话框，并进一步完成样式文件的管理。

实验案例：在 ArcMap 中选择不同类型的图层，利用符号选择器为该图层重新定义或修改当前渲染方式采用的符号样式（图 2-8-12）。

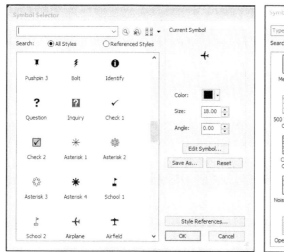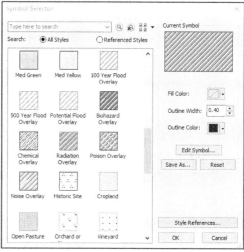

图 2-8-12　符号选择器将根据点、线、面图层的要素形态列出样式库中的对应符号,图中分别是点符号、填充符号

实验 2-9　地图图层标注与注记类管理

地图标注的文字注记用于对要素进行说明，如在地图上标注要素名称、类型代码等。注记有助于制图者和用图者之间有效地传递地图信息。GIS 软件可以将数据的属性内容以"Label"（标注）的方式呈现在图层中，与数据符号化渲染方式一样，Label 也是图层表现数据的一种重要形式。因此，GIS 软件提供的地图标注功能在地图设计与制版过程中非常有用。

实验目的： 帮助学生理解 GIS 软件的地图注记管理思想，掌握 ArcGIS 软件中有关地图图层标注的基本概念及常用的图层标注方法。

相关实验： 空间数据的符号化与图层渲染、地图布局与版面设计等。

实验环境： ArcGIS Desktop 中的 ArcMap、ArcCatalog 等。

实验数据： 河北省基础地理数据集，包括各城市、铁路、公路、河流、行政区等地理要素类。

关键概念： Label（标注）、标注类、标注引擎、Annotation（注记）。

实验内容：

（1）对点、线、面不同要素图层进行简单标注的方法。

（2）图层标注类的定义及基于要素属性的分类标注方法。

（3）利用要素类的多个属性字段或自定义文本构建复杂标注表达式的方法。

（4）掌握点、线、面不同类型要素图层标注的空间配置方法。

（5）使用标注工具条中的标注管理器等工具集中、高效管理地图标注的方法。

（6）将图层标注转换为数据库注记要素类的意义和流程。

2.9.1　对要素进行标注的基本方法

ArcGIS 中的标注是指依据要素属性值自动生成和放置地图要素描述文本的过程，是一种向地图添加文本的自动、快速方法。ArcMap 提供了"标准标注引擎"和"Maplex 标注引擎"，其中前者是默认标注引擎，后者则提供了放置标注的更多方式和专业功能。

作为图层表现数据内容的一种基本形式，要素类图层标注功能的实现主要涉及以下方面：是否标注要素、以什么形式标注要素、标注什么内容、标注的样式与风格、标注的空间配置规则等。ArcMap 中进行简单图层标注的关键步骤如下。

（1）在 ArcMap 中确定需要标注的图层及准备标注的属性项内容。

（2）在待标注图层上点击右键选择【Properties】菜单项，打开该图层的"Layer Properties"对话框并切换至"Labels"选项卡。

（3）勾选"Label features in this layer"选择项，默认标注方法是"Label all the features the same way"（所有要素采用相同标注方式）。另外，也可以选择"Define classes of features and label each class differently"（定义不同的分类标注方式）。

（4）在"Text String"部分的"Label Field"下拉列表中选择用于简单标注的字段项。

（5）在"Text Symbol"部分为标注文本定义样式风格，确定文本字体、大小、字色等参数。

（6）通过该对话框还可以设定较复杂的文本标注表达式，或配置标注位置规则等，后文将进一步详细说明。所有参数设置完毕后，完成图层标注。

实验案例：将实验数据中的河北省行政区多边形要素的县市名称属性标注在地图上，标注方式采用"所有要素采用相同的标注方式"（图 2-9-1）。

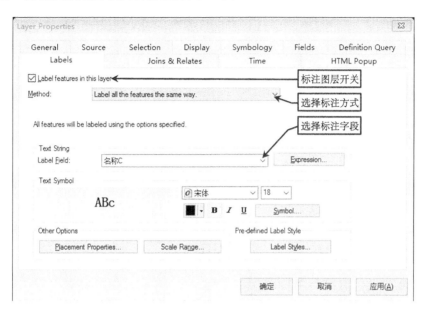

图 2-9-1　河北省行政区多边形要素类图层的行政区名称标注设置

2.9.2　基于要素属性的分类标注

当图层需要通过不同风格的标注区分要素类型或专题时，可以通过定义不同的标注类实现。分类标注的关键步骤如下。

（1）在图层属性对话框的"Labels"选项卡中选择"Define classes of features and label each class differently"的标注方式。

（2）根据要素属性内容确定分类标准，修改当前默认分类名称或点击"Add"按钮添加并命名新标注分类，也可以删除或重命名标注分类，依次定义和命名所有的标注分类。

（3）利用"SQL Query"按钮为每个分类分别定义筛选要素的查询条件；确定每个分类的标注字段或标注文本表达式。

（4）为每个标注分类定义不同的文本样式风格和位置标注方式等。

（5）所有标注分类定义完成后点击"确定"按钮，即可完成该图层的分类标注。

实验案例：将实验数据中的河北省行政区多边形要素的行政区名称按照"市辖区名称""市名称""县名称"进行分类标注，每种分类定义不同的标注风格（图 2-9-2）。

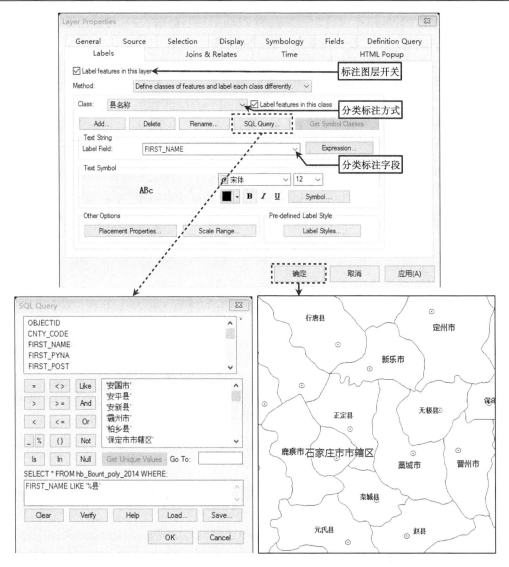

图 2-9-2　河北省行政区要素类按"市辖区名称""市名称""县名称"分类标注的定义过程
及标注结果样例

2.9.3　构建标注表达式

在简单标注方式中，一般只标注要素类的一个属性内容。为了更好地表达地图内容，还可以构建较为复杂的"Expression"（标注文本表达式）实现该要素类的复杂或个性化文本内容标注。表达式可用于组合多个属性字段值或基于自定义文本生成标注字符串。每个标注分类都应拥有自己的专有标注表达式。

例如，在行政区划图中，可以将行政区中文和英文（或拼音）名称字段进行组合标注，或将行政区名称与代码组合标注；在经济地图上，可将统计单元的统计指标数值与自定义数值单位文本进行组合标注。另外，还可使用 Python、VBScript 等脚本语言结合文本格式化标签进一步控制文本显示方式，如同一标注文本内的不同部分采用不同字体、颜色，或实现文本的多行显示等。

在图层属性对话框的"Label"选项卡中点击"Text String"部分的"Expression"按钮即可打开"Label Expression"（标注表达式设计）对话框。

实验案例：在上一实验案例完成的河北省不同行政区名称分类标注基础上，按照中文名称和拼音组合的表达式进行县名称标注类的定义。具体方法与要求：采用 VBScript 脚本进行分行显示，中文名称在上，拼音在下。标注表达式构建过程及标注结果样例如图 2-9-3 所示。

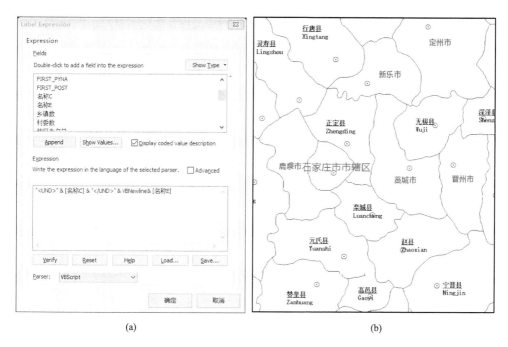

(a)　　　　　　　　　　　　(b)

图 2-9-3　按照上下两行组合两个字段内容的标注表达式构建（a）及县名称分类的组合标注结果样例（b）

2.9.4　标注的空间配置

标注的空间配置涉及同一图层内各要素标注文本之间、不同图层的标注文本之间，以及标注文本与被标注要素之间的各类空间配置关系处理。在 ArcMap 中，可以使用两种标注引擎实现标注的空间配置：标准标注引擎、Maplex 标注引擎。

1. 使用标准标注引擎放置标注

标准标注引擎在地图要素占据的可用空间中放置尽量多的标注。随着地图放大、缩小和平移，标准标注引擎可自动调整标注位置以充分利用可用空间。如需要对标注对象和位置进行更多控制，可使用优先级、权重、压盖和放置等参数进行调整，以满足大多数地图配置注记的要求。标准标注引擎对于不同类型的要素类图层有不同的标注设置方法。

1）点要素标注配置方法

点要素类图层的标注方式包括四种相互独立的空间配置选项：

Offset label horizontally around the point：围绕要素定位点的水平偏移标注。

Place label on top of the point：在要素定位点位置放置标注。

Place label at specified angles：以一个或一组具有优先顺序的角度放置标注。

Place label at an angle specified by a field：基于要素某个字段中存储的角度值放置标注。

"围绕要素定位点的水平偏移标注"方式是点要素标注的最常用方式，标准标注引擎为该标注方式提供了一组可选的参考放置模式。放置模式的概念图像表达以点要素位置及其四周邻域的 3×3 网格为基础，中心网格表示要素位置，四周 8 个方位的网格表示可选标记位置，"0、1、2、3" 4 个数字代表方位配置优先级。"0"表示此位置不放置注记；"1"表示注记的首选位置；"2"表示注记的第二个选择位置，依次类推（图 2-9-4）。

点要素标注的其他 3 种配置方式的关键是定义要素与标注文本的位置关系，并在可能的位置中按照优先级规则进行配置。例如，以指定角度放置标注同样可以自定义一组可选角度值，标准标注引擎尝试按顺序使用角度列表值放置标注。

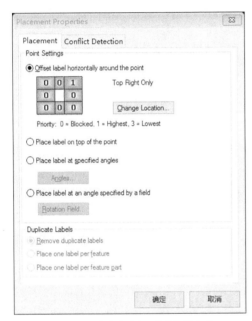

(a) 围绕要素定位点的水平偏移标注方式

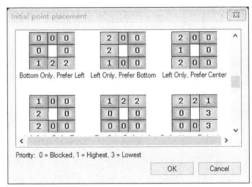

(b) 可选的标注空间配置模式

图 2-9-4　点要素标注空间配置对话框

2）线与多边形要素的标注配置方法

与点要素标注位置配置方法基本相同，线与多边形要素的标注位置配置如图 2-9-5 所示。

（1）线要素标注配置。线要素图层标注放置参数选项需要通过"Orientation"、"Position"和"Location"三个方面的参数综合定义，最终确定标注放置位置。

"Orientation"部分的四种方式用于控制标注方向。"Horizontal"将标注文本在页面方向上水平放置；"Parallel"将标注文本放置在依据线角度的平行直线上；"Curved"方式依据标注线的曲线方向放置标注；"Perpendicular"将标注从线角度平行位置旋转 90°放置。

"Position"部分的三种方式用于控制标注相对线要素的方位，提供"Above"（线上方）、"On the line"（线上）和"Below" 线下方三种标注方位。标注在线要素上下某侧方位时，可指定标注与线要素的垂直偏移距离，偏移零值时按照距离线要素半个文本高度处放置标注。

 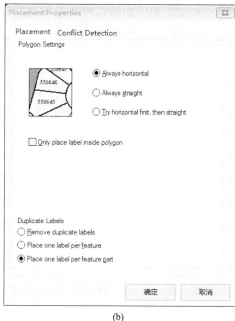

(a)　　　　　　　　　　　　　　　　　　(b)

图 2-9-5　线要素（a）与多边形要素（b）图层标注位置设置对话框

　　"Location"用于控制沿线要素的标注位置，包括"At Start"（在起点）、"At End"（在终点）或"At Best"（沿线最佳位置）。

　　（2）多边形要素的标注配置。多边形要素的标注配置包括三种独立标注放置选项："Always horizontal"（始终水平），标注总是以水平方式放置在相对于要素的最佳位置；"Always straight"（始终平直），每个标注按所标注多边形要素的最适合方向放置，无法平直放置时可以水平放置；"Try horizontal first, then straight"（先水平再平直），首先尝试按水平方式放置标注，无法水平放置时再平直放置。

2. 标注放置中的冲突检测

　　使用标准标注引擎放置标注时，在标注之间始终存在地图空间的竞争。通过设置冲突检测规则，可在多个标注争夺同一位置时确定放置哪些标注。

　　ArcMap 标注引擎支持的标注设置对话框中提供了标注放置规则设置接口。可以在图层属性对话框中的"Label"选项卡部分点击"Placement Properties"按钮，打开"Placement Properties"（标注放置属性）设置对话框。点、线、多边形三种要素类图层的标注放置属性对话框中"Placement"选项卡与类型相关，各有不同，但"Conflict Detection"选项卡都是相同的界面参数，以相同的方式配置和定义标注与要素之间的冲突规则（图 2-9-6）。

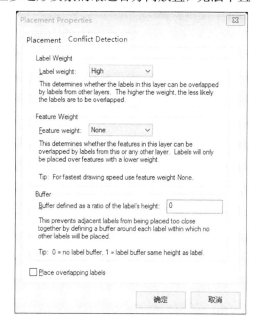

图 2-9-6　地图标注配置中的冲突检测规则设置

　　ArcMap 使用要素和标注权重等级系统来协调标注位置之间的冲突。该权重等级用于表明如果地图可用空间无法放置某个标注时，是否允许标注压盖特定要素类中的要素或其他标注。

　　标注权重分为"High、Medium、Low"（高、中、低）三种类型。默认情况下的要素标注权重为"高"；通常应将较重要的标注配置较高的标注权重。

　　要素权重分为"无"、"低"、"中"和"高"四种类型。一般规则是：要素不能被具有相等或较小权重的标注压盖。将点要素或线要素的要素权重设置为"高"，可确保不会在这些要素上放置标注。将面要素的要素权重设置为"高"，可确保不会在这些要素的轮廓上放置标注。增大要素权重将会增加 ArcMap 放置标注所需的处理时间，因此，除点要素和地理数据库注记要素外，其他要素类图层应谨慎使用要素权重。

2.9.5　使用标注工具条集中、高效管理地图标注

　　地图内容丰富、要素众多，复杂地图的标注往往是一个系统工程，需要统筹考虑图层内各要素标注之间的关系，也需要协调各图层之间的标注关系。基于图层属性的标注内容、标注风格和空间配置管理方式满足不了系统、高效管理地图所有标注的需求。因此，ArcMap 提供了集成管理标注文本的标注工具条（图 2-9-7）用于地图标注的统一管理。

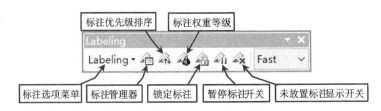

图 2-9-7　标注工具条及标注管理功能简介

1. 使用标注管理器统一管理图层标注

　　ArcMap 提供的"Label Manager"（标注管理器）可让制图者以专业制图的视角创建和管理地图中的标注分类，方便地集中浏览和修改地图中的所有标注类及其标注属性。使用标注管理器管理图层标注的主要操作步骤如下。

　　（1）选择标注工具条上的【Label Manager】（标注管理器）工具项，打开"Label Manager"对话框（图 2-9-8）。

　　（2）在该对话框中的"Label Classes"列表框中，浏览当前地图文档的焦点地图数据框中的可标注要素图层及其当前标注状态，处于勾选状态的图层标注类是显示标注的图层。

　　（3）选中每个标注图层时，可以为该图层添加新的标注类。

　　（4）每个图层下均列出了系统自动生成的默认标注类（名称为"Default"）和自定义标注类。

　　（5）通过选择每个图层中的标注类，可以统一管理该标注类的标注要素选择集、标注内容、标注样式风格、参考比例、位置配置规则等。

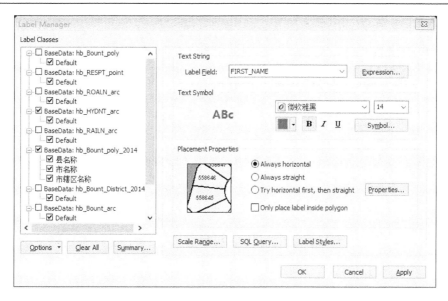

图 2-9-8　标注管理器对话框对地图文档中的图层标注类集中管理

2. 标注类的优先级及标注权重定义

标注优先级将影响标注在地图中的放置顺序。地图标注时首先放置优先级较高类别的标注文本，之后放置优先级较低的标注。当标注之间的位置产生冲突时，较低优先级的标注可能会被放置在备用位置或从地图中删除。标注权重和要素权重用于为标注和要素分配相对重要性。仅在标注和要素之间存在冲突（即压盖）时才会使用此权重，相关等级含义见本节前文介绍的"标注的空间配置"部分。

通过"Label"工具条上的【Label Priority Ranking】（标注优先级排序）和【Label Weight Ranking】（标注权重等级排序）两个工具，可以实现对所有图层及其标注类的集中管理，统一协调不同标注类的优先级，以及图层标注文本和要素的权重关系。当图层中不同标注类重要性不同时，可分别为每个标注类定义不同的标注优先级。例如，可以将行政区名称标注划分为三种标注分类，即市辖区名称、市名称和县名称，三个注记类的标注优先级依次降低（图 2-9-9）。

3. 使用 Maplex 标注引擎提高标注效果

Maplex 标注引擎使用与标准标注引擎相同的"标注管理器"，同时添加了标准标注用户界面中没有的更多标注放置选项和功能。

选择标注工具条上的【Labeling】→【Use Maplex Label Engine】菜单项，启用 Maplex 标注引擎。由于 Maplex 标注引擎支持更多的标注配置方式与功能，启用该引擎后的标注管理器界面也发生了变化（图 2-9-10），特别是"Placement Properties"提供了更丰富的位置配置功能。

Maplex 标注引擎提供的特殊功能包括：地块、河流和边界等特殊类型多边形的高级标注放置方式；街道、河流和等值线等特殊类型线要素的特殊标注放置方式；按照指定距离间隔沿线或在面内部重复放置标注；控制标注文字和字符的间距；将标注与投影经纬网对齐；标注缩写和截断、密集区域的字体缩小；控制是否可以超出要素范围标注、标注的最小要素，等等（图 2-9-10）。

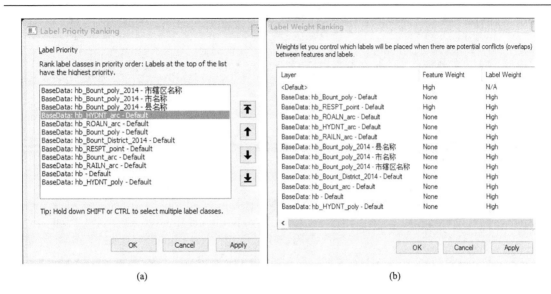

图 2-9-9　图层标注类优先级排序对话框（a）及要素权重等级排序对话框（b）

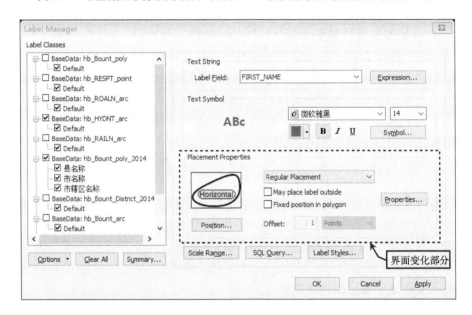

图 2-9-10　Maplex 标注引擎支持下的地图标注管理器对话框（选择多边形图层标注类的界面）

2.9.6　将图层标注转化为注记要素类

ArcMap 的标注在本质上是图层属性内容的一种可视化呈现，标注位置自动生成，只随图层或地图文档存储，不能针对单个标注编辑。如果每个标注文本的位置都需要准确定位，且需要单独处理部分或全部标注样式，应将标注文本存储为"Annotation"（注记）。ArcGIS以两种方式存储注记：地理数据库和地图文档。

如果要在多个地图中重复使用可编辑的标注文本，可创建一个新的地理数据库注记要素类并为其添加注记文本，或者将已配置好的图层标注文本转换为地理数据库的注记要素类。

地理数据库中存储注记要素类与点、线、多边形等要素类相似，所有注记要素都有地理位置、范围和属性，可以添加到任何地图中作为注记图层。注记与简单要素的不同在于注记有自己的符号系统。

地理数据库注记要素类存储的可以是标准注记，也可以是关联要素的注记（Feature Linked）。标准注记元素是以地理方式放置的文本，理论上不与要素关联；关联要素注记是特殊类型的注记，直接关联由地理数据库关系类注记的要素，当创建新要素，或移动、编辑、删除要素时，关联注记类会自动新建注记、调整注记的位置和文本内容或删除对应的注记。

将一个图层中的标注转为注记要素类的步骤如下。

（1）在 ArcMap 内容表中右键点击已经初步配置好标注的图层，选择弹出的【Convert Labels to Annotation】菜单项，打开“Convert Labels to Annotation”（标注转注记）对话框。

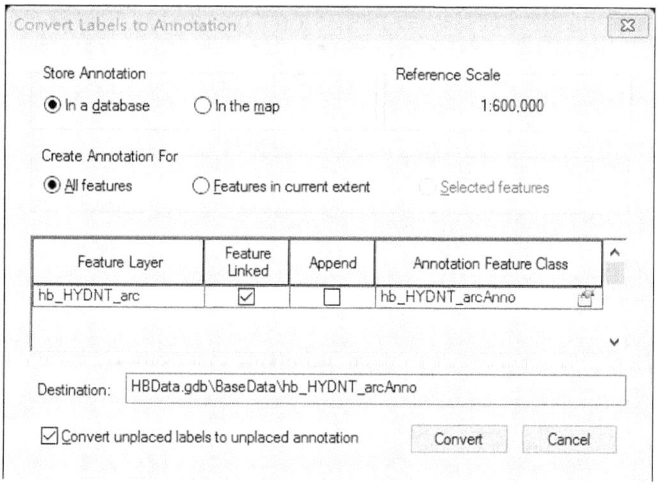

(a)

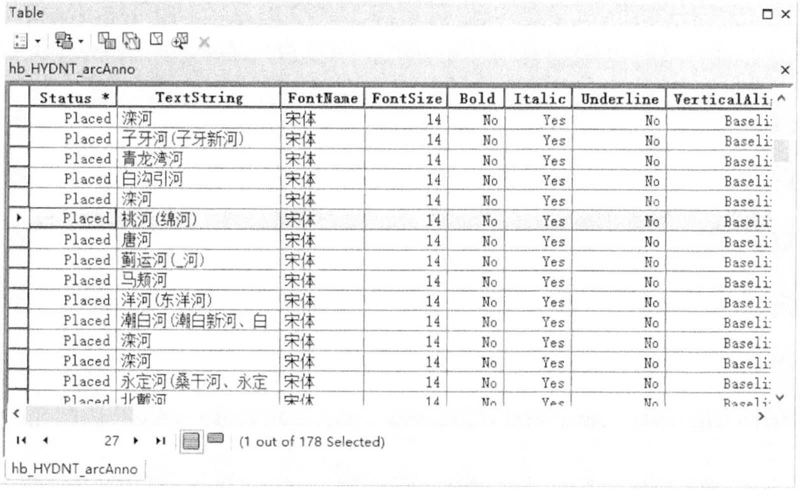

Status *	TextString	FontName	FontSize	Bold	Italic	Underline	VerticalAli
Placed	滦河	宋体	14	No	Yes	No	Baseli
Placed	子牙河(子牙新河)	宋体	14	No	Yes	No	Baseli
Placed	青龙湾河	宋体	14	No	Yes	No	Baseli
Placed	白沟引河	宋体	14	No	Yes	No	Baseli
Placed	滦河	宋体	14	No	Yes	No	Baseli
Placed	桃河(绵河)	宋体	14	No	Yes	No	Baseli
Placed	唐河	宋体	14	No	Yes	No	Baseli
Placed	蓟运河(_河)	宋体	14	No	Yes	No	Baseli
Placed	马颊河	宋体	14	No	Yes	No	Baseli
Placed	洋河(东洋河)	宋体	14	No	Yes	No	Baseli
Placed	潮白河(潮白新河、白	宋体	14	No	Yes	No	Baseli
Placed	滦河	宋体	14	No	Yes	No	Baseli
Placed	滦河	宋体	14	No	Yes	No	Baseli
Placed	永定河(桑干河、永定	宋体	14	No	Yes	No	Baseli
Placed	北戴河	宋体	14	No	Yes	No	Baseli

(b)

图 2-9-11　河北省水系图层的名称标注转换为注记要素类的对话框参数设置（a）及转化后的 Annotation 要素浏览表（b）

（2）在对话框的"Store Annotation"部分勾选转换结果存储方式："In a database"（注记存储于地理数据库中）、"In the map"（注记存储于地图文档中）。

（3）确定转换标注的要素范围参数："All features"（所有要素）、"Features in current extent"（当前视图范围的要素）、"Selected features"（选中的要素）。

（4）确定是否创建关联要素注记、要素追加方式、注记类名称、存储数据库等参数；"Convert unplaced labels to unplaced annotation"选择项，用于确定是否将未放置的标注转为"未放置的注记"。

（5）所有参数定义完毕即可进行转换，转换结果可以添加至其他地图中直接使用（图 2-9-11）。

综合练习：以河北省普通地图的编制为目的，利用标准标注引擎和 Maplex 标注引擎，对河北省行政区、城市、水系、交通等各要素图层进行标注定义，实现如图 2-9-12 所示的表达效果。同时，将配置较好的图层标注转换为注记要素类存储于数据源所在的地理数据库中。

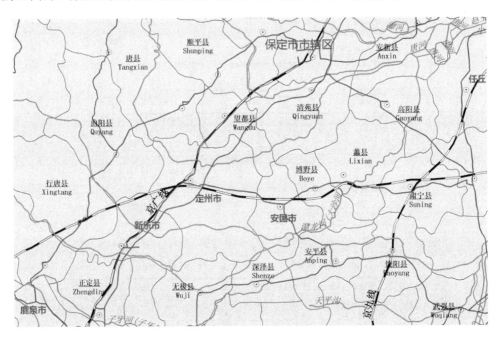

图 2-9-12　以普通地图编制为目的进行地图各要素图层标注的成果局部区域示例

实验 2-10　基于制图表达规则的图层渲染

制图表达（Representation）是美国环境系统研究所（Environmental Systems Research Institute，ESRI）公司设计的一套基于规则的高级制图思想和方法，在 ArcMap 中，地图设计者借助制图表达实现图层的高级渲染和数据符号化，既可以满足高质量的制图规范要求，批量改进要素显示效果，又能够灵活应对特殊要素的例外表达。

实验目的：帮助学生理解制图表达的基本概念和逻辑，通过点、线、多边形不同要素类的制图表达设计和典型制图表达案例，使学生掌握制图表达的基本设计方法和操作流程。

相关实验：空间数据管理与可视化系列实验中的"空间数据的符号化与图层渲染"，GIS 原理系列实验中的"地理数据库设计与数据组织管理"。

实验环境：ArcGIS Desktop 中的 ArcMap、ArcCatalog 等。

实验数据：河北省某区域地形图数据、河北省基础地理信息数据。

实验内容：

（1）创建与管理制图表达；点、线、多边形要素类的制图表达规划设计。

（2）编辑特定要素制图表达实现规则覆盖。

（3）基于映射字段实现要素制图表达规则覆盖。

（4）使用地理处理工具处理和优化制图表达：优化符号系统、处理复杂要素、查找图像冲突。

基于制图表达思想，ESRI 为 ArcGIS 桌面制图方法设计了一套专门的概念和数据组织模型；使用制图表达可将符号信息与要素几何共同存储在要素类中，从而允许用户对要素的外观进行自定义。ArcMap 软件中实现了有关制图表达的数据存储、管理和可视化方法，提供了各种针对要素处理和批量化计算的工具。

2.10.1　制图表达的内涵与相关概念

从本质上说，制图表达与数据符号化一样，是地理数据（要素）的可视化表现方法。因此，制图表达是图层描绘数据的机制，即数据的表现形式。

1. 制图表达的内涵

制图表达的实现借助于一系列表达规则，通过规则定义要素类中的要素在地图上的绘制方式，并与要素数据一同存储在地理数据库中，因此制图表达也成了要素类的属性。制图表达以一种灵活的、基于规则的结构对数据进行符号化，而不必修改基础要素几何信息。一个要素类可同时支持多个制图表达设计，因此，可在不存储数据副本的情况下从单个数据库获取多个地图产品。

另外，制图表达在提供基于规则的符号系统组织结构的同时，还保留了很大灵活性，可在必要时修改单个或部分要素的制图表达，以覆盖制图表达规则的默认参数设置或几何效果。修改后的要素制图表达规则同样在地理数据库中存储和维护。

图 2-10-1 给出了 ArcMap 中对制图表达的设计思想，可以配合制图表达的基本概念讲解

并结合后续的实例分析，深入理解制图表达的概念内涵及其设计逻辑。

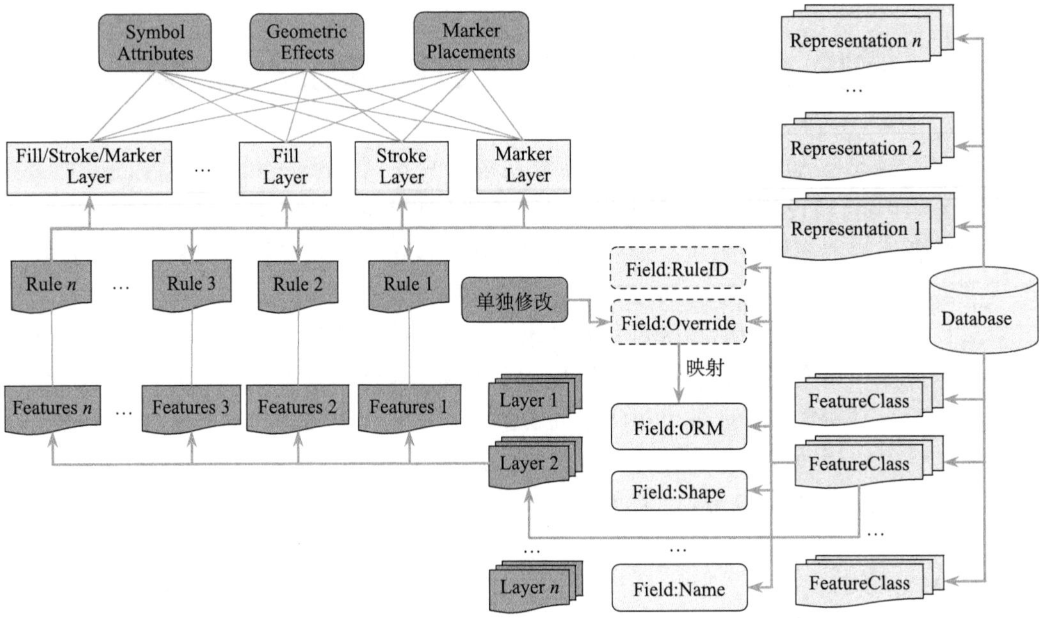

图 2-10-1　制图表达的基本概念和设计逻辑及其与地理数据库数据组织逻辑的关系导图

2. 相关基本概念

（1）制图表达规则：包含描述规则的符号图层和几何效果，定义制图表达中一组相关要素的绘制方式。规则除了随地理数据库存储外，也可存储在样式中，以便在其他制图表达中共享和重复使用规则。

（2）制图表达规则符号图层：符号图层表达规则的基本结构单元，包括 Fill Layer（填充图层）、Stroke Layer（笔画图层）和 Marker Layer（标记图层）。一个规则至少具有一个符号图层，但可以使用多个符号图层实现复杂规则描述。

（3）几何效果：是制图表达规则的可选组成部分，用于在不更改基础要素几何信息的情况下动态修改要素绘制的几何形态。在表达规则中可将几何效果仅应用于一个符号图层，也可以全局方式应用于所有符号图层；几何效果将按顺序绘制。

（4）标记放置样式：用于定义标记相对于要素几何的绘制方式。表达规则中的标记图层必须定义标记放置样式，带有标记图层的笔画图层和填充图层也必须定义标记放置样式。

（5）制图表达覆盖：是对制图表达规则的特定修改，用于解决表达规则不能有效处理的例外要素的绘制；与规则一样，覆盖信息也在地理数据库中存储和维护。覆盖包括符号参数覆盖和几何覆盖（形状覆盖）。

（6）制图表达标记：类似于常规点符号，但制图表达标记用矢量结构构建。ArcMap 提供了标记编辑器，可直接编辑、设计制图表达标记，提升符号绘制效果。

制图表达的基本概念之间具有紧密的相互关系，可结合图 2-10-2 和图 2-10-3 给出的制图表达操作界面上的各个界面元素，初步了解各个基本概念的内涵和功能，再结合后续实验深入理解制图表达的设计思想及其应用逻辑体系。

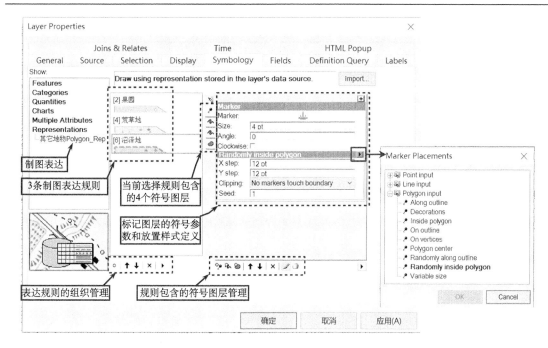

图 2-10-2　多边形要素类图层属性对话框"Symbology"选项卡中的制图表达设计界面（标记图层及放置规则定义）

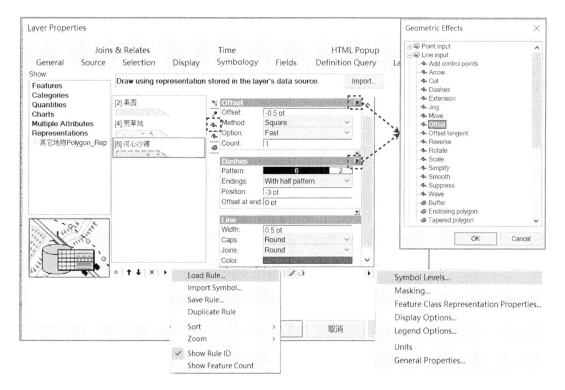

图 2-10-3　多边形要素类图层属性对话框"Symbology"选项卡中的制图表达设计界面（规则管理、符号控制与笔画图层的几何效果定义）

2.10.2　要素类的整体制图表达

制图表达是要素类的一个属性。任何类型地理数据库中的要素类都可包含制图表达。制图表达以地理数据库工作空间扩展的形式实现，并且由地理数据库管理。

创建制图表达会向要素类中添加两个默认字段：RuleID 字段是一个整型字段，用于保存对每个要素的制图表达规则的引用；Override 字段是一个 BLOB 字段，用于保存特定于要素的制图表达规则的覆盖值。制图表达规则本身将存储于地理数据库系统表中。

1. 制图表达的定义与设计

1）创建与管理制图表达

与要素类加载到地图中以某种符号化方式渲染形成图层的过程类似，制图表达也是要素类表现为图层的高级符号化方式，所不同的是制图表达规则和效果随要素类存储于数据库中。要素类的制图表达指定和存储了一系列符号化规则，用于指定要素类中的各个要素的绘制方式。一个要素类可拥有多个制图表达，因此，同一要素类能够根据不同的地图表达用途显示为不同的方式。

（1）图层符号化转换为制图表达。创建要素类制图表达的最常用方法是将要素图层符号化的结果转换为制图表达，符号化系统中的各个符号类别自动转换为对应的表达规则（Rules），之后可根据需要添加、移除或修改表达规则。具体操作方法：通过 ArcMap 的内容表窗口中某图层的右键菜单列表，对该图层的符号化系统进行转换，创建图层所属的要素类制图表达，图 2-10-4 为 "Convert Symbology to Representation" 对话框。

转换过程中，ArcMap 将自动创建的表达规则分配给每个符号样式所对应的相应要素；转换完成后还可根据需要移除或修改生成的制图表达规则，或添加新规则。转换完成后，图层属性对话框的 "Symbology" 选项卡中就增加了 Representations 类型，该类中包括了新转换成功的制图表达。

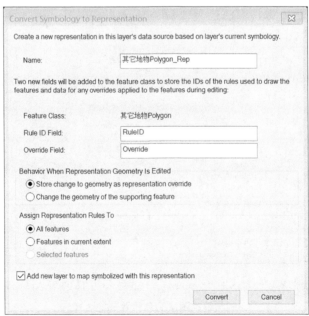

图 2-10-4　图层符号化转换为制图表达

（2）在要素类属性窗口中管理制图表达。制图表达作为关联要素类的属性进行管理。在 ArcCatalog 或 ArcMap 的 Catalog View 窗口中，选择包括制图表达的要素类，打开其属性对话框并切换至制图表达选项卡（图 2-10-5），可看到该要素类包括的制图表达列表；可以在这里创建新制图表达，或移除重命名当前已有的制图表达。也可以选择某个制图表达并点击右侧 "Properties" 按钮，打开要素类制图表达属性对话框，进一步管理该制图表达包含的规则。

图 2-10-5   在要素类属性对话框中观察生成的制图表达

2）创建与管理制图表达规则

制图表达规则由一个或多个使用基本符号类型（标记、线或填充）定义的符号图层构建的标记、线或填充样式组成。一条制图表达规则可以包括一个或多个符号图层，并可以为各个图层添加各种几何效果以创建复杂的制图表达。制图表达规则与地理数据一同存储在地理数据库中。对制图表达规则所做的更改将出现在引用该要素类制图表达的所有地图中。

通过 ArcCatalog 访问要素类属性对话框，或通过 ArcMap 访问图层属性对话框，都可以查看和管理该要素类的制图表达规则（图 2-10-6）。可以将符号样式导入制图表达生成表达规则，或直接加载样式库中已有的规则（图 2-10-7），也可以将设计好的规则存入样式文件，以方便后续重复利用。

2. 点要素类的制图表达设计

点要素用标记符号进行符号化，生成的制图表达规则也相对简单，点要素的制图规则一般情况下可以包括一个或多个标记图层。为了提高标记符号的绘制效果，ArcMap 还提供了标记编辑器，用于在规则设计过程中设计新标记符号或对标记符号进行修改。

通过点要素类符号化生成制图表达并进行优化设计的步骤如下。

（1）将经过初步符号化设计的点要素类图层的标记符号系统转换为制图表达。

（2）打开点要素类图层属性对话框，切换至 "Symbology" 选项卡，选择新生成的制图表达，可以看到由符号系统的各个符号对应转换而成的各条规则。

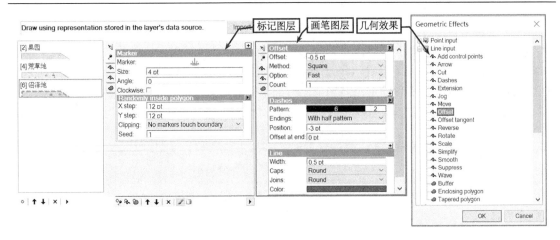

图 2-10-6　通过要素类属性对话框查看和管理该要素类包括的制图表达规则

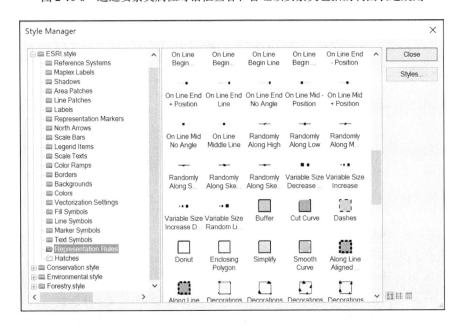

图 2-10-7　样式管理器中存储的制图表达规则（ESRI.style 文件）

（3）选择其中的一个制图规则，右侧将列出该规则包括的标记符号图层及其标记符号各项参数，包括 Size（标记大小），Angle（旋转角度），Clockwise 是否顺时针角度描述，标记放置样式的 X、Y Offset（X、Y 方向偏移值）等。

（4）点击参数区域底部的"Add new mark layer"图标，可以为该规则增加符号标记图层，组合设计复杂标记效果，也可选择移除符号图层按钮移除无用图层等。

（5）点击参数区域顶部的符号图标，可以打开"Representation Marker Selector"（制图表达标记选择器）对话框，点击对话框右侧的"Properties"按钮，可以进一步打开"Marker Editor"（标记编辑器）对话框，用于精细化修改当前标记形状。

（6）标记符号修改完毕后，逐一确定关闭相关对话框，退至图层属性对话框，点击"应用"按钮即可将修改后的表达规则应用至相关要素，或直接点击"确定"按钮应用修改规则并关闭图层属性对话框。

　　说明：标记编辑器用于创建和修改制图表达标记，其中的大部分工具与制图表达工具条上的工具相同。选择和修改标记的功能与选择和修改要素制图表达也基本类似；而且制图表达标记本身还可以包括一个以上的符号图层，每个图层都可以添加各自的几何效果和标记放置样式。

　　实验案例：练习数据中的点要素类中包括了人行桥等不同类型的要素，将点要素图层符号化结果转化为制图表达；针对人行桥符号绘制特点，进一步修改表达规则中的标记符号参数和放置规则，并通过标记编辑器优化标记形态，为人行桥符号设计一套良好的制图表达规则（图 2-10-8）。

　　自主练习：根据人行桥制图表达规则设计的思路，参照地形图扫描影像底图的样式，为输水渡槽、过水涵洞、独立石、独立房、抽水井、塔形建筑等制作不同的表达规则。

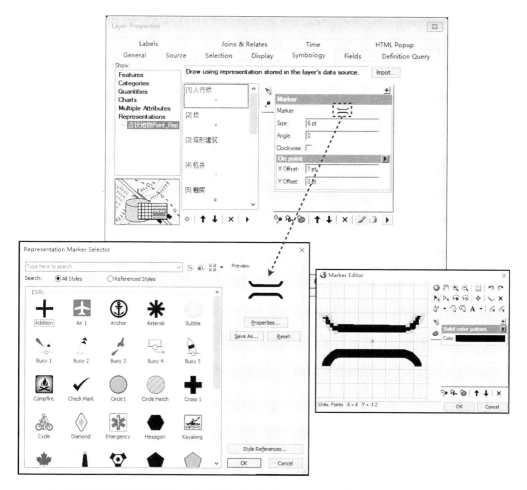

图 2-10-8　点要素图层符号化结果转化为制图表达后，进一步访问表达规则，并通过标记编辑器对规则中的标记进行修改、优化

3. 线要素类的制图表达设计

　　线要素制图规则可包括笔画和标记符号图层，其中至少一个是笔画图层。笔画图层的主

要参数是线宽、端点样式、连接方式和线颜色，常见的几何效果包括 Arrow（箭头）、Buffer（缓冲）、Dashes（虚线）、Offset（偏移）、Smooth（光滑）等。

如果线要素制图规则中还包括标记图层，则除了标记符号本身参数与放置样式外，还可以为标记符号添加依据线几何信息的放置规则，如 Alone line（沿线放置）、Randomly alone line（随机沿线放置）、On line（线上放置）、On vertices（沿节点放置）等。

1）虚线制图表达规则设计

地图制图中，线要素需要设计不同的线型，考虑线与线之间的连接方式等。例如，交通线绘制时经常需要将道路中心线绘制成虚线、实线、双线等线型；在交通线的十字交叉、T 形路口，或与其他要素连接的位置，交通线之间需要有不同的相互融合方式等。以虚线型为例的制图表达规则设计步骤如下。

（1）将经过初步符号化设计的线要素类图层符号系统转换为制图表达。

（2）打开要素类图层属性对话框，切换至"Symbology"选项卡，选择新生成的制图表达。

（3）选择制图表达中准备设计为虚线（或已初步设计完成）的制图表达规则，右侧将列出该线要素规则包括的符号图层。

（4）选择规则中的线符号图层，为虚线设置线宽、端点样式、连接方式和线颜色基本参数。

（5）如果当前线符号图层已经添加了 Dashes（虚线）几何效果，则直接修改 Pattern（绘制比例模式）等参数即可；如果还未添加虚线效果，则点击线符号参数右侧的"+"按钮，打开"Geometric Effects"对话框，为线符号添加虚线几何效果，进一步定义 Pattern 等参数。

对于双线或带有标记符号的篱笆、电力线等线符号效果，可以在线要素制图规则中添加标记符号图层进行组合设计，这时需要为标记符号添加依据线几何信息的放置规则。

另外，当一个制图表达中包括多个制图规则时，可以点击制图规则设置部分的右下角弹出菜单，选择"Symbol Levels"菜单项，打开"Symbol Levels"对话框进一步设置各个规则对应的符号绘制层次和顺序，确定相互邻接的同类要素采用的符号是否以连接（Join）或融合（Merge）方式绘制等。

实验案例：选择微新庄地形图数据，为交通线要素类设计制图表达（图 2-10-9）。具体要求：分别按照双线道路、大车路、小路、河堤路四种类型进行符号化，并转化为制图表达的四个制图规则；双线道路规则采用分别是黑白颜色的两个宽度不同的实线符号层组合绘制，为双线道路符号定义 Join 方式，保证两条道路连接处一体化显示；大车路、小路和河堤路分别采用红、黑和蓝三种颜色的线符号表达，并增加短画线（Dashes）几何效果，线末端采用半模式（With half pattern）绘制，保证十字交叉和 T 形连接线在连接处形成完整的虚线单元。

2）光滑线制图表达规则设计

为了提升地图制图效果，在不修改线要素几何坐标的情况下，可以在误差允许范围内通过制图表达规则对某些线要素进行光滑处理。例如，光滑处理后的地形图等高线给地形图带来更好的表达效果。ArcMap 制图表达中包括"Smooth"光滑效果，它是通过设置平面容差根据线要素创建一条动态贝塞尔曲线。光滑线要素的制图表达规则设计操作步骤如下。

（1）将经过初步符号化设计的待光滑处理的线要素类图层符号系统转换为制图表达。

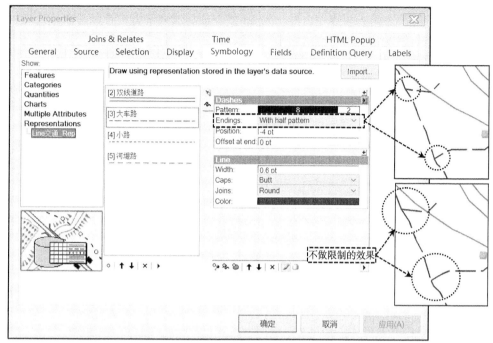

(a) 大车路末端不做限制和采用半模式绘制的效果对比

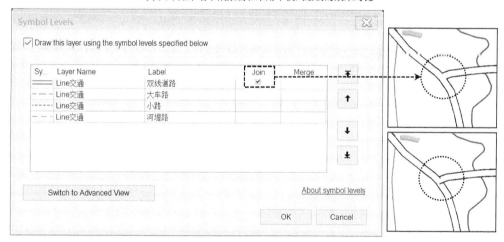

(b) 双线道路非Join和Join模式效果对比

图 2-10-9　交通线制图表达设计

（2）打开要素类图层属性对话框，切换至"Symbology"选项卡，选择新生成的制图表达。

（3）选择制图表达中需要增加光滑处理几何效果的制图规则，选择该规则中的线符号图层（Stoke line layer），点击符号规则设置部分的"+"按钮，打开"Geometric Effects"对话框。

（4）在"Geometric Effects"对话框中的"Line input"分组中，为该规则中的线符号图层选择"Smooth"添加光滑线几何效果，完成后点击"确定"按钮，回退到图层属性对话框的制图表达参数设置界面。

（5）为光滑效果定义平面容差，默认为 1pt，完成后线要素将进行光滑表达处理。

（6）当一个制图表达中的所有规则都有相同的几何效果时，可以添加为全局几何效果，这样就不用为每个规则分别定义效果了。

实验案例：为微新庄地形图数据中的等高线要素类定义制图表达并添加光滑效果（图 2-10-10）。具体要求：定义计曲线、首曲线两个制图规则，分别按照 1.2pt、0.8pt 的线宽和不同线颜色设计，并为两条规则添加"Smooth"全局几何效果。

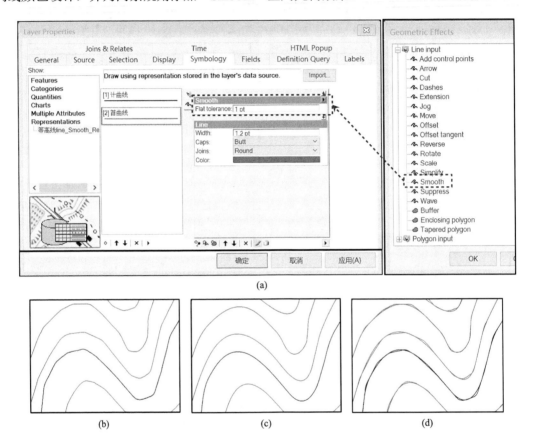

(a)

(b)　　　　　　　　(c)　　　　　　　　(d)

图 2-10-10　通过制图表达实现等高线的光滑处理效果

(b)、(c)及(d)分别是光滑前、光滑后及前后叠加的效果对比图

自主练习：根据虚线和光滑线的制图规则设计思路，参照地形图扫描影像地图的样式，为地形图上的权属界线（村界线）制作点画线；通过增加或修改制图规则中的标记图层参数和几何效果，优化通信线、堤坝、铁丝网等符号样式。

4. 多边形要素类的制图表达设计

多边形要素类的制图表达主要在于设计特定的多边形边界和内部填充样式。多边形要素制图规则可包括填充图层、笔画图层或标记图层，其中至少一个是填充符号层。填充图层可以使用三种填充模式：Solid Color（纯色填充模式）、Hatch（晕线模式）和 Gradient（渐变色模式）；填充符号层也可以添加常见的几何效果，如 Buffer、Offset、Move 等。

另外，标记符号图层需要定义依据多边形几何形态信息的标记放置样式，如用于沿边线绘制的 Alone outline（沿边线分布）、Randomly alone outline（随机沿边线分布）、On outline（边线上分布）、On vertices（节点上分布）等，用于填充多边形内部区域的 Inside polygon（内部填充）、Randomly inside polygon（内部随机填充）、Polygon center（中心填充）等。

1）标记符号填充的制图规则设计

使用标记符号填充的制图规则样式至少由标记符号、线符号和填充符号三种类型的符号图层组成。标记符号填充的制图表达设计的关键操作步骤如下。

（1）将经过初步标记填充符号化设计的多边形要素类图层符号系统转换为制图表达，打开要素类图层属性对话框，切换至"Symbology"选项卡，选择制图表达中需要进一步设计的某条制图规则。

（2）制图规则中的填充图层设计。一般在从符号化转换为制图表达过程中，系统已根据符号样式选择了一种填充模式（默认是纯色填充模式）；选择填充图层参数框右侧的三角图标按钮，可以根据需要调整填充模式。

（3）用于多边形边线样式表达的线符号图层设计方法与线要素制图规则中基本一样，不再赘述。

(a)

(b)　　　　　　　(c)　　　　　　　(d)

图 2-10-11　通过标记符号填充多边形的规则设计

(b)、(c)和(d)分别是果园、荒草地和河心沙滩的规则效果图

（4）用于填充的标记符号图层设计。将参数列表区域切换至标记符号图层，除了标记符号本身的参数和几何效果设计外，为标记符号选择内部随机填充模式，并定义随机种子、绘制步长和符号在边界处的裁切方式等。

实验案例：为练习数据提供的地形图数据中描述土地类型的多边形要素类定义制图表达（图 2-10-11）。其中，河心沙滩样式规则的具体要求：标记填充均采用内部随机填充模式，不允许标记接触多边形边界，边界用双虚线表达。

自主练习：按照实验案例的方法和实验案例结果给出的果园、荒草地样式效果，自行设计果园、荒草地两种填充样式的规则。

2）建筑物立体效果制图表达规则设计

采用多边形制图表达可以建立建筑物的阴影效果，使其呈现出立体视觉效果。设计这种制图表达规则的基本思路是，通过两层多边形要素以不同颜色填充后再进行移位叠加。具体规则实现步骤如下。

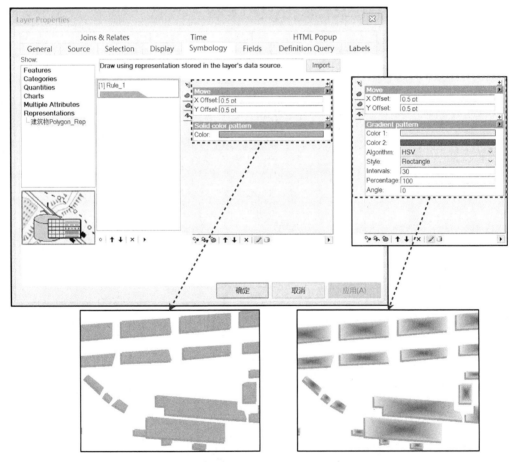

图 2-10-12　建筑物立体效果的制图表达规则设计

下面的左、右两图分别是平房顶和尖房顶的立体规则效果图

（1）将建筑物多边形所在的要素类进行填充符号化渲染后，使用符号系统转换为制图表达的方式生成建筑物初步制图表达设计。打开要素类图层属性对话框，切换至"Symbology"

选项卡,选择用于建筑物立体设计的制图规则。

(2)初步生成的制图规则中只有一个填充图层,为该规则增加一个新的填充图层用作阴影设计。

(3)选择一个填充图层作为建筑物顶面渲染,为其设定填充颜色,同时为其添加偏移(Move)效果,偏移距离可以使用 X、Y 方向各 0.5pt。

(4)选择另一图层作为阴影填充符号图层,设定阴影颜色为浅灰色,不添加偏移效果。

(5)设置完成经过制图表达渲染,建筑物即可显示出立体阴影视觉效果。

上述方法生成的建筑物立体效果的房顶还是平房顶,如果希望在立体阴影效果基础上再增加尖房顶的显示效果,则需要将建筑物顶面颜色填充模式进一步调整为渐变色,并通过反复调整两个颜色、渐变间隔、渐变样式等参数,获得最佳的尖房顶立体效果。

实验案例: 为练习数据提供的建筑物多边形要素类定义制图表达,使其通过阴影显示立体感,并带有尖房顶的视觉效果(图 2-10-12)。

2.10.3 编辑要素制图表达

要素类制图表达是利用规则渲染每个要素的整体符号化行为。但是,有时需要针对要素类中的少量特殊要素指定规则例外,或通过修改特定要素的制图表达属性和几何效果,解决特殊数据表达问题。例如,需要高亮显示某个特殊要素以突出其特殊地位,或通过微调单个要素的绘制几何解决制图表达引起的要素显示冲突等。因此,要素制图表达是应用于单个要素的制图表达规则的实例,制图者在不破坏制图表达规则结构的情况下,可以在编辑过程中为各个要素的制图表达指定例外或覆盖。

1. 编辑特定要素制图表达实现规则覆盖

制图表达工具条中的各种编辑工具用于修改单个要素制图表达规则的属性或几何,这些更改将作为覆盖值保存到属性表的"Override"字段中或指定的某个显式字段中。具体操作步骤如下。

(1)启用带有制图表达的图层编辑状态,调出【Representation】工具条(图 2-10-13)。

(2)启用待编辑要素所在图层的可选择状态,用【Representation】工具条上的"Select Tool"(选择)或"Lasso Select Tool"(套索选择)工具选择拟编辑的目标要素,这时工具条上的添加节点、扭曲、平行移动、擦除、旋转、调整大小等工具变为可用状态。

(3)在图层可编辑状态下,也可以直接使用"Direct Select Tool"(选择)或"Lasso Direct Select Tool"(套索直接选择工具)选择要素制图表达几何效果的节点,同时移动一个或多个折点,实现对表达几何的整形处理。

(4)在要素被选中的情况下,点击【Representation】工具条上的【Representation Properties】工具,弹出的"Representation Properties"对话框中显示当前选择要素的制图规则中各个符号图层的属性和几何效果参数值。

(5)利用各个编辑工具编辑表达规则几何,可以看到"Representation Properties"对话框中对应的参数或几何效果数值随编辑过程动态变化。

(6)也可以通过"Representation Properties"对话框直接修改表达规则各个参数的数值,以实现制图规则覆盖;修改过的参数项右侧将出现一个画笔图标,表示该规则的参数默认值已经被修改并覆盖。

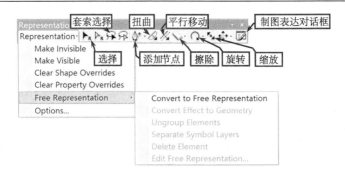

图 2-10-13　地图制图表达工具条

（7）如果需要在制图表达中隐藏选中的要素，可以在"Representation Properties"对话框中取消"Visibility"单选框的选择状态，该要素在制图表达中将不再显示。

实验案例：利用【Representation】工具条上的各种工具对前面实验生成的制图表达要素进行修改。例如，通过【Resize】工具调整填充标记的大小和绘制步长参数（图 2-10-14）。

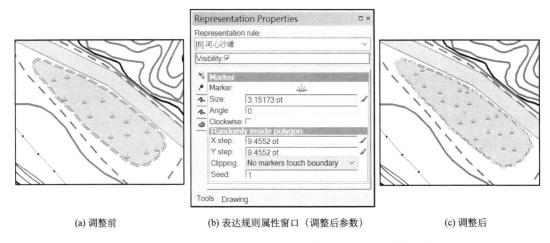

（a）调整前　　　　　　（b）表达规则属性窗口（调整后参数）　　　　　　（c）调整后

图 2-10-14　利用【Resize】工具调整填充标记大小和绘制步长

2. 基于映射字段实现要素制图表达规则覆盖

默认情况下，对单个要素制图表达的修改结果将存储在 Override 字段中并覆盖默认规则参数，在某些情况下也可以将修改信息映射到数据库中该要素类的一个特定字段，以方便利用已有的数据资料，或利用数据库查询计算方法进行批量修改。例如，有的要素类在数据生产时就录入了要素相对某个方向的旋转角度（如房屋、涵洞口的朝向），则可以将制图表达规则中该标记符号图层的符号旋转角度参数映射为要素类的旋转角度存储字段。

基于映射字段实现要素制图表达规则覆盖的操作方法与流程如下。

（1）应保证待处理的要素类中拥有可以作为制图表达规则覆盖映射的字段项（注意字段类型匹配），并已经拥有有效的字段值；如果没有对应的字段，应该添加映射字段，并进行字段赋值。

（2）在 ArcMap 的 Catalog View 窗口，选择需进行映射设置的要素类并打开其属性对话框。

（3）选择需要定义映射字段的制图表达，点击右侧"Properties"按钮打开"Feature Class Representation Properties"对话框，选择需要处理的制图规则，并选择需要处理的符号图层。

（4）默认状态下，该规则中的符号图层属性参数列表按照"Display default values"模式显示，点击参数区域下方的数据库图标，切换至"Display field override"模式；如果以前没有做过覆盖映射，所有参数将显示为制图表达规则生成时指定的默认覆盖字段（<Override Field>）。

（5）点击拟修改为映射字段的符号参数或几何效果项，在下拉列表中选择拟映射的覆盖字段，修改后的符号参数项右侧将出现数据库图标，表示该参数默认规则值将由自定义的映射字段值覆盖。

（6）修改完成后，该制图表达规则中对应的符号参数项将按照映射字段值进行表达渲染，但其他参数仍按照默认规则属性表达。

实验案例： 练习数据中的点要素类拥有 Angle 字段项，其中的部分过水涵洞要素添加了角度值（表示该涵洞口与沟渠的连接方向），利用过水涵洞要素的 Angle 字段值作为表达覆盖映射字段，修改已经完成的点要素制图表达规则，使过水涵洞的旋转角度按照 Angle 字段值进行表达（图 2-10-15）；应用表达覆盖映射字段后，打开要素类属性表观察过水涵洞要素的相关字段值并与表达效果进行对比（图 2-10-16）。

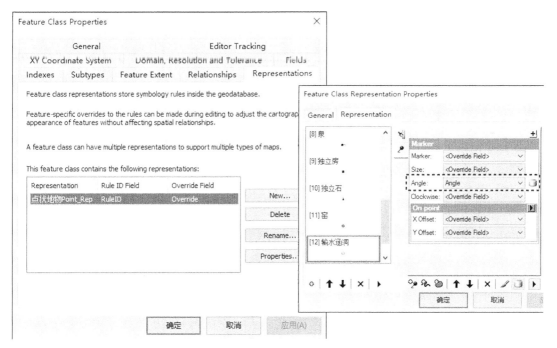

图 2-10-15　为制图表达规则指定覆盖映射字段

将输水涵洞规则中的标记旋转角度参数的覆盖字段映射为其所属点要素类的 Angle 字段

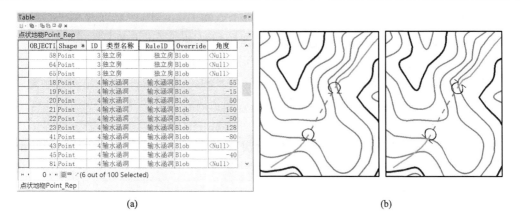

图 2-10-16　在要素类属性表中观察覆盖映射字段（a）及默认规则参数值和覆盖字段值作用下的符号绘制效果对比（b）

自主练习：利用制图表达工具条上的旋转工具，进一步修改过水涵洞的旋转角度，在要素制图表达属性框中观察角度规则参数值及要素类属性表 Angle 字段值的变化情况，体会制图表达覆盖的作用机理。

2.10.4　使用地理处理工具处理和优化制图表达

1. 使用地理处理工具优化符号系统

ArcGIS 除了提供制图表达工具条，以方便针对特定要素的自定义规则修改之外，还提供了一组优化或辅助提高制图表达效果的工具，如 Calculate Line Caps（计算线端头）、Align Marker To Stroke Or Fill（对齐标记符号）、Disperse Markers（散列标记符号）等。

对齐标记符号工具用于将邻近线或多边形要素的标记符号沿线或多边形边界进行排列、对齐。该工具的使用前提是需要对齐的点要素类带有标记符号制图表达规则，用于参照的要素类则带有线符号或填充符号制图表达规则。使用对齐标记符号工具的具体步骤如下。

（1）准备好拟对齐的完成制图表达的点要素类和参考要素类，如果只需要对齐部分要素，则需要使用 SQL 查询或手工选择方式选中目标要素。

（2）选择 ArcToolbox 工具箱中的【Cartography Tools】→【Cartographic Refinement】→【Align Marker To Stroke Or Fill】，打开对齐标记工具对话框。

（3）选择运算所需的拟对齐的点要素类（带有标记符号制图表达规则）和参照要素类（带有线符号或填充符号制图表达规则）。

（4）定义对齐过程中的"Search Distance"（搜索距离）和"Marker Orientation"（标记对齐方向）参数。

（5）运行工具完成对齐运算（如果参与计算的要素类中有处于选择状态的要素，则仅仅选择要素参与运算）。计算结果的点要素类标记符号制图表达规则中的角度属性值被覆盖。

实验案例：选择练习数据提供的点状要素中的人行桥，按照人行桥与输水干渠走向垂直放置的要求，利用对齐标记工具对人行桥要素进行制图表达规则内容的修改（图 2-10-17）。

自主练习：参照实验案例方法，利用对齐标记工具对输水渡槽要素进行制图表达规则内容的修改，要求将输水渡槽平行放置到输水干渠的中心线上（参照图 2-10-17 中的渡槽放置效果）。

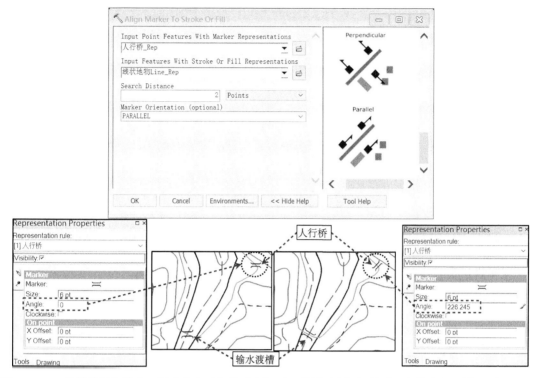

图 2-10-17　分别按照与输水干渠垂直和平行的对齐规则，利用对齐标记符号工具修改人行桥和渡槽规则中的角度参数值，优化绘制效果

　　注意： 尽管可以对单个要素的制图表达进行修改并覆盖默认规则值，但应尽可能少用覆盖以使表达模型简单和高效；地图上如果存在了大量制图表达规则的覆盖，则意味着当前这组制图规则并不具有普适性，应该重新进行规则设计和评估。

2. 使用地理处理工具处理复杂要素

　　在复杂制图过程中，有时需要借助地理处理工具处理复杂要素的生成或制图规则设计。例如，根据公路与铁路、道路与河流的位置关系自动生成过河桥梁和隧道等。

　　利用道路与河流关系创建桥梁的条件包括：相关要素类应组织存储于一个要素数据集中；创建桥梁前首先要完成道路和河流相关的要素类制图表达设计；当一个线状要素类中包括道路和河流等多个要素子类时，使用道路和河流选择集生成的图层文件参与计算有时得不到理想的计算结果，需要将河流和交通要素单独筛选出来并分别输出为独立要素类（至少河流需要生成独立要素类，道路可以采用 SQL 表达式控制参与计算要素的方式处理）。

　　基于道路与河流制图表达的几何位置关系自动生成过河桥梁的步骤如下。

　　（1）在一个要素数据集中准备好参与创建桥梁的河流和道路要素类，并完成两个要素类制图表达设计。

　　（2）选择 ArcToolbox 工具箱中的【Cartography Tools】→【Cartographic Refinement】→【Create Overpass】，打开"Create Overpass"（创建桥梁）工具对话框。

　　（3）在对话框的"Input Above Features With Representations"部分选择道路（上层要素）

图层，在"Input Below Features With Representations"部分选择河流（下层要素）。

（4）定义"Margin Along"（桥梁延伸边距）和"Margin Across"（覆盖边距）参数，可分别设置为 2 磅和 1 磅。

（5）指定"Output Overpass Feature Class"（输出桥面多边形要素类）和"Output Mask Relationship Class"（输出掩膜关系类）两个新生成要素类和关系类的名称，存入道路和河流所在的要素数据集。

（6）指定"Expression（optional）"（参与计算表达式）。这一可选项针对参与计算的道路要素类，如果添加表达式，则只有符合条件的道路要素参与创建桥梁，可以减少计算量度。

（7）指定"Output Decoration Feature Class（optional）"（输出桥梁符号整饰要素类）的存储位置和名称，存入道路和河流要素类所在的要素数据集中。

（8）分别设置"Wing Type（optional）"桥梁尾翼类型、"Wing Tick Length（optional）"翼梢长度等参数。

（9）完成所有参数设置后，点击"OK"按钮运行该工具，生成桥梁相关的各个要素类和关系类。

（10）新生成的几个要素类将被添加到当前地图中，修改桥梁符号整饰要素类的符号设置以满足地图对桥梁符号的样式需求。

（11）打开河流图层的图层属性对话框，切换至"Symbology"选项卡，选择河流要素使用的制图表达规则，单击规则参数区域右下角的三角图标按钮，在弹出的菜单项中选择"Masking"（掩膜）菜单项，再在"Masking"对话框中勾选新生成的掩膜关系类复选框。

（12）完成所有设置后，从地图中移除桥面多边形要素类，仅保留桥梁符号整饰要素类即可生成过河桥梁的制图效果。

实验案例：根据练习数据中提供的线状要素中的河流和道路要素，为双线道路通过双线河流的区域添加过河桥梁（图 2-10-18 和图 2-10-19）。

3. 使用地理处理工具查找图形冲突

由于参与制图的各个图层都进行了制图表达设计，并且已对部分数据运行了一系列地理处理工具，制图表达的结果很有可能产生几何效果冲突。因此，制图表达的最后一步是检查每个图层内部和相关图层之间的符号化数据在什么位置出现了重叠。ArcMap 提供的"Detect Graphic Conflict"（检测图形冲突）工具可以用来直观地定位表达效果重叠的位置。使用该工具的步骤如下。

（1）将需要检测的带有制图表达的相关图层添加至地图中。

（2）选择 ArcToolbox 工具箱中的【Cartography Tools】→【Graphic Conflict】→【Detect Graphic Conflict】，打开检测图形冲突工具对话框。

（3）分别选择待检测的"Input Layer"（输入图层）和"Conflict Layer"（冲突图层），这两个图层也可以是相同要素类，这时检测的是图层内部要素之间的表达几何冲突。

（4）系统默认给出 "Output Feature Class"（输出要素类）参数结果，用于定义检测结果的存储位置和名称，也可以进一步修改存储位置和名称。

（5）定义"Conflict Distance（optional）"（冲突距离）和"Line Connection Allowance（optional）"（线连接容许值）两个计算支持参数，这两个参数可根据地图制图要求设定。例如，冲突距离值为 2 Points 表示，在当前地图地理处理环境中设置的参考比例下，符号化要

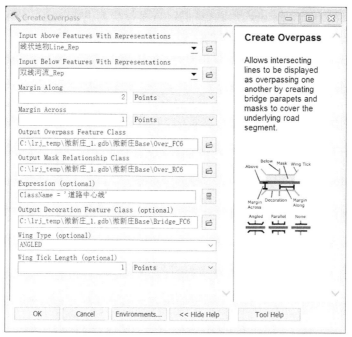

图 2-10-18　利用创建桥梁工具为双线道路通过双线河流的区域添加过河桥梁的操作对话框

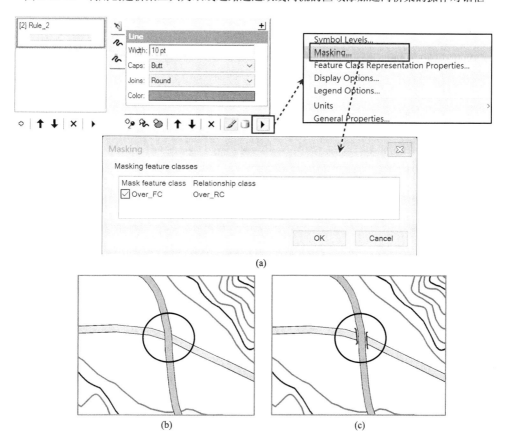

(a)

(b)　　　　　　　　　　　　(c)

图 2-10-19　利用创建桥梁工具生成桥梁要素类及关系类后，通过关系类为河流要素指定掩膜
（b）和（c）分别是完成设置前后的效果

素间的距离小于页面距离2 Points（含重叠）的区域将被检测出来；如果使用0值的冲突距离，则仅检测参考比例下显示时有图形重叠的区域。

（6）完成参数设置后点击"OK"按钮运行工具，计算结果将自动加载到当前地图中，可以通过输出要素类定位冲突区域，并利用制图表达编辑工具对冲突要素进行几何效果修改，以消除冲突，优化表达效果。

实验案例：使用检测图形冲突工具识别立体化表达的建筑物与双线河流的冲突，发现重叠或距离小于阈值的区域；利用前面学习的制图表达修改工具对冲突区域进行修改，优化表达效果（图2-10-20）。

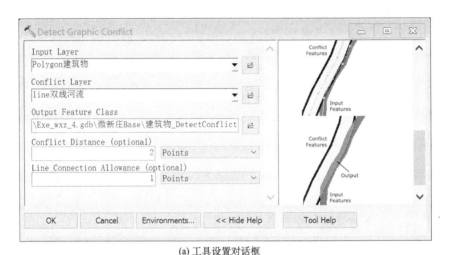

(a) 工具设置对话框

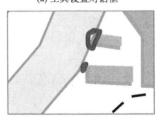
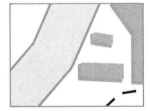

(b) 检测前的图形效果　　　　(c) 检测后的冲突指示标志　　　(d) 修改制图表达几何解决冲突后的效果

图 2-10-20　利用检测图形冲突工具检查建筑物与河流表达效果的冲突情况

自主练习：使用检测图形冲突工具识别上述练习中完成制图表达设计的各图层的几何效果冲突情况，并对冲突逐一进行修改，优化制图表达的效果。

扩展练习：基于本实验学习的制图表达思想和技巧，尝试对河北省基础地理信息数据中的河流要素类进行制图表达设计，实现河流从源头到下游由细变粗的渐变效果，为河北省地图制图提供参考。

实验 2-11 地图布局与版面设计

GIS 软件的基本功能之一就是将数据可视化或空间分析计算的成果以地图方式呈现。从地理数据到成果地图，其中包含了地图主题凝练、表达内容筛选、图例与比例尺等辅助元素设计、其他地图说明信息配置，以及地图输出版面的整体布局与设计等相关内容。基于 GIS 软件中的布局与版面设计功能可以帮助地图设计者很好地实现上述制图目的和要求。

实验目的： 本实验有助于学生将地图布局与版面设计的思想、理论和原则应用于制图实践，掌握基于 GIS 软件的地图布局与版面设计的方法和技巧，使学生能够科学、规范地完成地图编制与成果输出。

实验环境： ArcGIS Desktop 中的 ArcMap。

相关实验： 空间数据管理与可视化系列实验的"地图成果输出与分享""模板制图与数据驱动页面制图"。

实验数据： 河北省基础地理数据（县级行政区、城市、交通、河流等）；张家口地区 30m 分辨率地表覆盖数据；某区域地形图矢量数据。

实验内容：

（1）地图版面的制图范围定义与页面设置。

（2）图名、图例、比例尺、指北针等各种辅助地图元素设计。

（3）统计图表等其他嵌入对象设计。

（4）数据框架联动设计。

（5）坐标网格定义方法。

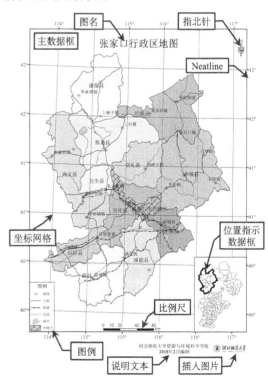

图 2-11-1 Layout View 下常用地图的版面元素

ArcMap 可以在两种视图下对地图进行操作：Data View（数据视图）和 Layout View（布局视图）。进行数据采集、编辑、分析等工作时，多在数据视图下处理 Data Frame（数据框）中的图层及相关要素。每个数据框对应一个 Map（地图）；制图成果可以包括一个或多个相关的地图。当对最终成果进行制版输出时，需切换至布局视图下完成地图及辅助说明元素的布局。在布局视图设计地图成果时常用的框架元素如图 2-11-1 所示。

1. 数据框范围的定义与裁切

默认情况下，每个数据框对应的地图范围就是其包括的所有图层数据内容（要素、栅格等）构成的最大覆盖范围。当数据框内容的覆盖范围大于制图范围时，可以采用以下方式进行调整：根据制图范围的几何或属性条件重新筛选或裁切原始数据，由生成的新数据重新构建数据框；根据空间或属性条件查询生成要素类子集并构建新图层（仅适用于要素类）；也可以直接通过数据框属性对话框中的范围定义功能进行设计。本实验介绍数据框的范围定义功能。

1）数据框范围的定义

地图设计者可能需要按照不同的情景控制数据框的地图范围。ArcMap 提供了以下几种常用的数据框地图范围控制选项。

（1）Automatic（自动）模式。数据框的数据范围不受限制，当前的地图显示范围主要受地图比例的影响；缩放地图时，如果页面上的数据框大小保持不变，则地图显示范围会发生变化。

（2）Fixed Scale（固定比例）模式。数据框的数据范围不受限制，但需按照固定的地图比例进行浏览，因此地图内容只能在当前设定的视图比例下平移，不能进行地图缩放。

（3）Fixed Extent（固定范围）模式。通过专门定义地图上、下、左、右的地理边界，使地图范围保持不变。该模式下的数据框地图导航受限，无法进行平移、缩放或使用地图书签，适用于只关注数据框中的部分区域地理数据的情况。具体可以使用以下方式定义数据框的固定范围。①Current Visible Extent。将当前可见视图范围的矩形作为该数据框的固定地图范围边界。使用这种方式前，用户应首先将当前数据框中准备制图的区域移至窗口中心，并调整至合适的显示比例，然后将当前视图范围矩形定义为数据框的固定范围。②Outline of Features。该方式是将特定图层中的所有要素（或可见要素、选择要素）的集合构成的最大外包矩形定义为数据框的固定范围。③Outline of Selected Graphic（s）。将数据框（数据视图或焦点数据框）中处于选择状态的图形集合构成的最大外包矩形定义为数据框的固定范围。④Custom Extent。通过直接给定一组由 Top、Bottom、Left、Right（上、下、左、右）边界坐标组成的矩形范围，进而定义数据框的固定范围。

定义数据框显示范围的主要操作步骤如下。

（1）在 ArcMap 中组织好准备参与地图制版的数据框，并确定数据框范围的定义方式。

（2）在内容表中右键选择需要定义范围的数据框，在弹出菜单中选择【Properties】，或在数据视图中点击右键选择【Data Frame Properties】菜单项，打开该数据框的属性对话框。

（3）切换至"Data Frame"选项卡，在"Extent"参数定义部分，默认的数据框范围是"Automatic"，不需要进一步的参数定义。

（4）如果选择"Fixed Scale"方式，对话框中将增加比例尺选择和输入控件，可以选择系统提供的常用比例尺，也可以直接输入合适的比例尺。

（5）如果选择"Fixed Extent"方式，对话框中将增加输入边界坐标信息的控件和"Specify Extent"按钮。用户可以直接输入上、下、左、右范围的四至坐标值，也可以点击"Specify Extent"按钮打开"Data Frame-Fixed Extent"对话框，进一步定义裁切边界几何信息。

实验案例：利用河北省基础地理信息数据制作地图，测试数据框范围的定义方式。图 2-11-2 是选择固定范围模式的定义，具体选择"Outline of Selected Graphic（s）"方式定义数据框的固定范围。

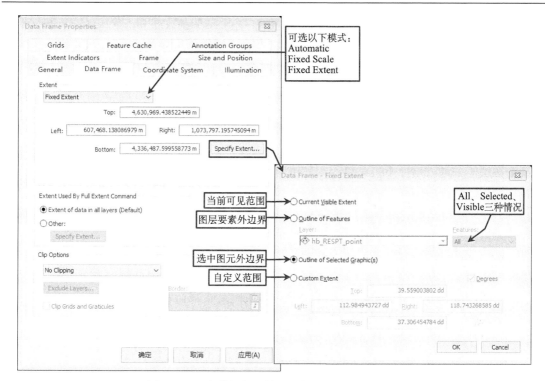

图 2-11-2　在数据框属性对话框中定义数据框范围

当前为"Fixed Extent"模式可以直接输入范围边界坐标，也可以点击"Specify Extent"按钮打开"Fixed Extent"对话框从 4 种方式中进一步选择

2）数据框的裁切

在地图编制的过程中，除了通过数据框的范围定义确定地图的表达区域外，有时候还需要对数据框进一步裁切，满足最终成果地图的边界表达需要。ArcMap 提供了四种几何边界的定义方法，用于数据框的裁切。这四种方法与定义数据框固定范围的四种方法相同，只是数据框固定范围的定义采用的是外包矩形范围，裁切则使用的是几何边界。①Current Visible Extent。基于当前视图范围定义数据框裁切范围。特别适合数据框范围在"Automatic"模式下，自由交互式调整视图比例、范围和地图中心等，灵活地完成地图设计。②Outline of Features。按照数据框中某个图层中所有要素、可见要素或处于选择状态的要素几何建构的最大几何外边界定义数据框裁切范围。特别适合基于已经制作完成的大区域范围地图，快速生成该区域内的特定空间单元的分块或分区地图。例如，由制作完成的全国地图生成各省区地图，由省区地图生成各县市地图，或由各县市地图生成乡镇地图等。③Outline of Selected Graphic（s）。根据当前数据视图窗口中处于选择状态的图形边界定义数据框裁切范围。这种方式要求设计者首先在数据视图中绘制参考图形（矩形、圆形或自由多边形等），然后利用几何信息定义地图裁切范围。适于针对特别关注的地理区域的交互式制图。④Custom Extent。通过直接输入一组由上、下、左、右边界坐标组成的矩形范围，定义数据框的裁切范围。适于具有明确边界坐标范围值的区域制图。

根据上述四种利用特定几何参考信息定义数据框裁切边界的操作步骤如下。

（1）打开需要定义裁切方式的数据框属性对话框。

（2）切换至"Data Frame"选项卡，在"Clip Options"参数部分，默认情况下数据框是"No Clipping"方式（没有裁切），点击用于裁切方式定义的下拉菜单，选择"Clip to shape"裁切方式，这时"Specify Shape""Exclude Layers"等与裁切方式有关的按钮和选择项变成可用状态。

（3）点击"Specify Shape"按钮，打开"Data Frame Clipping"对话框。该对话框中可以选择四种数据框显示范围（裁切）定义方式。

（4）选择"Outline of Features"方式时，需要在"Layer"下拉表中选择当前数据框中的某个图层，并通过后面下拉菜单确定使用所有要素或当前选择要素集合构成的最外边界作为裁切范围。

（5）定义"Outline of Selected Graphic（s）"方式时，需要在数据视图中选中一个或多个图形元素，将选择图形的外边界作为裁切范围。

（6）"Exclude Layers"按钮用于指定数据框裁切显示时的例外图层，实现仅裁切部分图层的制图效果。

（7）"Clip Grids and Graticules"选择项可以决定是否裁切版面视图中定义的坐标网格。

实验案例：完成河北省行政区划地图数据框范围定义后，以"Outline of Features"裁切方式制作某个地市的行政区划地图（图 2-11-3）。

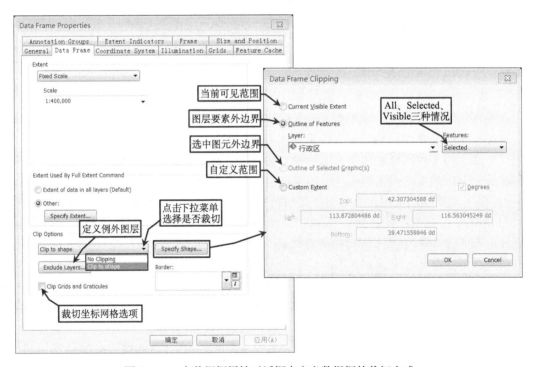

图 2-11-3　在数据框属性对话框中定义数据框的裁切方式

"No Clipping"方式表示数据框的内容全部显示，没有裁切；"Clip to shape"方式表示按照某个几何形状对数据框显示范围进行裁切，可进一步定义四种裁切方式

2. 地图输出的版面设计

1）页面与打印设置

进行地图输出版面设计时应该切换至版面视图，并按照地图用途、比例尺等要求定义页面尺寸。当页面尺寸固定不变时，需要调整各数据框的地图视图比例尺，以适应页面大小；当地图比例尺固定时，则需要调整页面大小和布局方式，以适应地图大小。页面与打印设置的主要步骤如下。

（1）在布局视图窗口的页面空白处点右键，在右键弹出菜单中选择【Page and Print Setup】菜单项，打开地图页面和打印设置对话框（图 2-11-4）。

（2）用户可以在对话框中的"Paper"部分，基于已安装的打印机驱动程序获得标准页面相关参数，直接定义页面大小和版式方向等。

图 2-11-4 地图页面和打印设置对话框

（3）也可通过对话框中"Map Page Size"部分的参数定义，选择不依赖打印机驱动的页面设置，根据地图比例尺和相关元素布局方案自由定义页面（去掉"Use Printer Paper Settings"选择项）。

（4）"Scale Map Elements proportionally to changes in Page size"选项用于控制地图元素是否自动调整比例以适应纸张尺寸的变化。

（5）单击"OK"按钮，完成设置。

2）边框样式与底色设置

ArcMap 布局视图支持由一个或多个数据框构建地图，各数据框可分别设置边框和背景风格。

（1）在布局视图中，右键点击需要设置的数据框并选择【Properties】菜单项，打开"Data Frame Properties"对话框，切换至"Frame"选项卡[图 2-11-5（a）]。

（2）在"Border""Background""Drop Shadow"三部分各自的下拉列表中，可以分别选择系统预定义的边框、背景和阴影模板样式；也可以点击每个下拉列表右侧的"Style Selector"或"Style Properties"按钮，打开样式选择器或符号参数设置对话框，选择预定义样式或精细调整当前选择样式的颜色、宽度、线条风格等[图 2-11-5（b）]。

3）数据框范围指示器设计

当成果地图中包含若干数据框时，ArcMap 可以根据两个数据框的范围定义并生成 Extent Indicators（范围指示器）。其中一个数据框作为 OverView 图（总图），用于指示另一数据框的数据范围和位置。OverView 图中的定位框位置与形状将随着被指示的数据框范围的变化而自动调整。具体操作步骤如下。

（1）在 ArcMap 中添加两个数据框，给两个数据框分别添加必要的基础地理信息图层，使得两个数据框的数据范围具有空间上的包含与被包含关系。数据范围大的数据框作为 OverView 图，用于指示范围小的数据框边界和位置。

（2）在 ArcMap 版面视图中，右键点击 OverView 图对应的数据框，选择【Properties】菜单项，打开"Data Frame Properties"对话框，并切换至"Extent Indicators"选项卡。

（3）在"Other data frames"选项组列表框中选择被指示的数据框，添加到右边列表框；可以进一步点击下方的"Frame"按钮，打开"Frame Properties"对话框，定义合适的指示器显示风格。

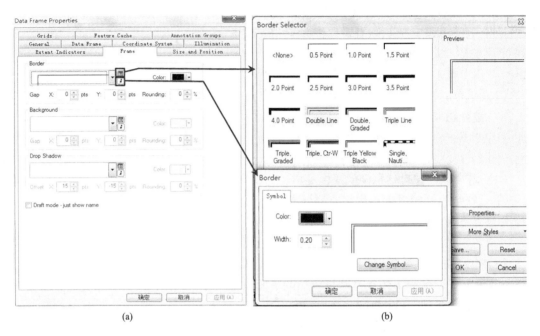

图 2-11-5　　数据框属性对话框中的图框设置（a）及图框样式选择器和参数设置对话框（b）

（4）当需要在一个 OverView 图上指示多个数据框的位置和形状时，可以按照上述步骤逐一添加各个数据框，并分别设置不同的边框风格，用于区分不同的位置关系描述。

（5）单击"确定"，完成数据框之间的范围指示器设计和定义。

实验案例：以河北省地图数据框为 OverView 图，为张家口地图添加范围指示器（图 2-11-6）。

4）绘制坐标格网

在 ArcMap 的布局视图中，可以为每个数据框添加参考坐标格网。具体包括三种模式的坐标格网：用于小比例尺地图的经纬线格网、用于中小比例尺地图的投影坐标格网（如地形图上的公里格网）和用于简单空间位置索引的参考格网。下面以经纬格网为例说明坐标格网的生成方法。

（1）打开需要在版面视图中显示经纬格网的数据框属性对话框，切换至"Grids"选项卡。

（2）单击"New Grid"按钮，启用"Grids and Graticules Wizard"对话框（坐标格网绘制向导）。

（3）选择"Graticule：divides map by meridians and parallels"单选钮，在 Grid 文本框中输入坐标格网的名称。

图 2-11-6　在河北地图上为张家口地图添加 Extent Indicator

（4）单击"下一步"按钮，设置"Appearance"（格网外观样式）、"Intervals"（格网间隔）。

（5）单击"下一步"按钮，设置"Axes and labels"（格网标注线和标注字体）、"Graticule Border"（格网线外的轮廓线）、"Graticule Properties"（格网静态与动态属性）等系列参数。

（6）所有参数定义完毕单击"Finish"按钮返回数据框属性对话框，生成的格网显示在列表中，单击"Finish"按钮关闭对话框，坐标格网将出现在版面视图中对应的数据框上。

实验案例： 利用坐标格网生成向导为河北省地图生成经纬网格，经纬线绘制间隔 2°（图 2-11-7）。

3. 地图辅助说明元素设计

数据框是地图绘制的核心和主要内容，一幅完整地图不仅应该包含反映地理数据的线划及色彩要素，还应包含与地理数据相关的一系列辅助说明地图元素，如图名、图例、比例尺、指北针、统计图表等。

1）地图图名设计

（1）在 ArcMap 窗口选择【Insert】→【Title】，即可在布局视图页面上出现用于输入地图名称的文本框。

（2）在图名文本框中输入地图图名，并将文本框拖放到合适的版面位置，调整文本框大小，或右键选择文本框点击【Properties】菜单项，打开 Title 属性对话框，详细调整图名字符字体、大小等参数。

2）通用图例设计

ArcMap 中的图例是针对数据框中相关图层符号化结果的解释信息，因此图例是对应数据框的，并与图层符号化信息相关联。一幅地图可以包括多个图层，可以对每个图层的符号化均生成图例说明。当一幅地图中图层较多时，也可以只选择主要图层生成图例，次要图层或者很容易理解的图层可忽略图例说明。生成图例及图例详细定义的主要步骤如下。

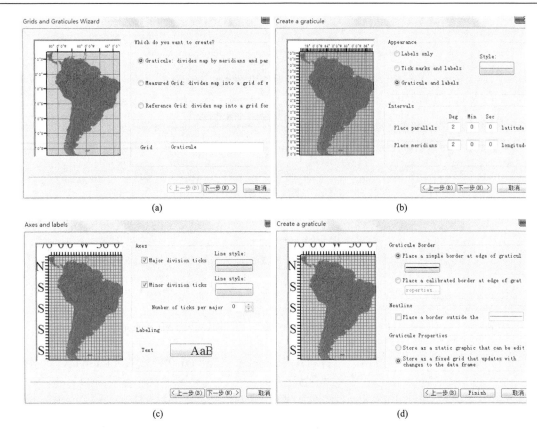

图 2-11-7　利用坐标格网生成向导生成经纬格网的基本流程

（1）激活需要生成图例的数据框，在 ArcMap 窗口菜单条上点击【Insert】→【Legend】菜单项，打开"Legend Wizard"对话框，选择"Map Layers"列表中用于生成图例的数据层，将其添加到"Legend Items"列表中。

（2）跟随向导，逐步完成"Legend title"（图例标题）、"Legend Frame"（图例框架样式）、图例元素排列模式等一系列参数的设定。

（3）图例生成之后，还可以通过右键点击该图例，选择【Properties】菜单项，打开"Legend Properties"对话框，进一步调整图例的风格和样式。

3）个性化图例设计

除了一般地图的图例制作方式外，有时候需要根据地图内容和主题设计相对个性化的图例。例如，对图例进行分类分组、排序，修改图例标签的描述文本，筛选显示的图例项等。

个性化的图例设计不仅仅是在图例生成阶段的设计，与图例显示的方式、布局和文本描述等有关的内容，可以在图层符号化的参数设计阶段就开始设计定制。图例生成阶段重点是设计和定义图例的显示风格，如文本字体、图例项的具体样式、图例项之间相邻位置关系等。针对分类符号化图层生成图例时，只显示部分类型符号或自定义分类符号分组的图例设计步骤如下。

（1）在符号化设计阶段为符号化信息进行分类。打开对应图层的属性对话框并切换至"Symbology"选项卡；默认情况下矢量数据图层分类符号化的所有符号条目将归在一个

"Heading"标记分组中，该"Heading"分组以符号化字段命名。

（2）右键选择任意一个符号条目，在弹出菜单中选择【Move to Heading】→【New Heading】菜单项，为符号化信息定义用于分组的一个或多个 Heading 标记（后续图例设计中用于选择显示分组）。

（3）将该图层的各个符号条目分别移入不同的 Heading 标记组中，完成符号化信息组织调整，确认相关信息并关闭图层属性对话框，调整结果将显示在内容表中。

（4）激活需要生成图例的数据框，利用图例生成向导为相关图层生成图例。

（5）在版面视图中，右键选择生成的图例元素，点击弹出菜单中的【Properties】菜单项，打开"Legend Properties"对话框。

（6）切换至"Items"选项卡，选择拟进一步修改样式的图层项并点击"Style"按钮，打开"Legend Item Selector"进行图例样式风格的详细定义。

实验案例：在设计地形图时，对采用分类符号化渲染的等高线图层生成图例，默认情况下生成包括首曲线、间曲线和计曲线在内的三个图例符号。通过对图层符号化参数中的 Heading 分类进行调整设计，图例中仅保留首曲线符号项（图 2-11-8 和图 2-11-9）。

图 2-11-8　符号化渲染设计阶段，在图层属性对话框的"Symbology"选项卡页面，通过 Heading 为符号进行分类（分组）

4）地图比例尺设计

ArcMap 可以为布局视图中的每个地图数据框添加数字比例尺和图形比例尺。两种比例尺都可以随地图的视图比例缩放自动调整变化。用户可以选择添加某种风格的比例尺，或同时放置两种比例尺。下面以图形比例尺为例进行说明。

（1）在 ArcMap 窗口主菜单条上点击【Insert】→【Scale Bar】菜单命令，打开"Scale Bar Selector"（比例尺样式选择对话框）。

（2）在比例尺样式选择对话框中选择合适的比例尺样式，如"Alternating Scale Bar1"。

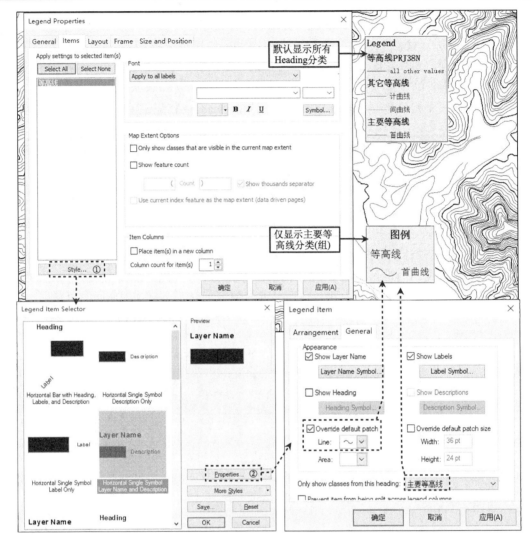

图 2-11-9　选择仅仅在图例中显示来自于"主要等高线"Heading 分类（组）的图例项，并采用 S 形曲线
表示图例符号

（3）单击"Properties"按钮打开"Scale Bar"设置对话框，可以对图形比例尺的外观形态进行详细设置。例如，根据比例尺调整时变化模式不同，可以分别对比例尺的 Division value（分划数值）、Number of divisions（分划数量）、Number of subdivisions（子分划数量）等进行调整。

（4）When resizing 下拉框用于选择比例尺符号随地图数据框视图比例变化的调整模式。Adjust width 模式下，当数据框比例尺变化时，比例尺符号将保持分化值不变而自动调整宽度；Adjust division value，调整分化值；Adjust number of divisions，调整分划数量；Adjust divisions and division value，同时调整分划数量与分划值。

（5）另外，还可以对 Division Units（分划单位）、Label Position（数值单位标注位置）、Gap（标注与比例尺图形间距）等参数进行设置。

（6）切换到"Numbers and Marks"选项卡，可以对比例尺数字标注与分隔符做进一步设置；或切换至"Format"选项卡，对标注文本、比例尺图形的风格进行设置。

图 2-11-10 是在布局视图中插入图形比例尺的关键界面，包括样式的选择和详细参数的定义。关于数字式比例尺的设置与制作不再描述，请自行学习与实验。

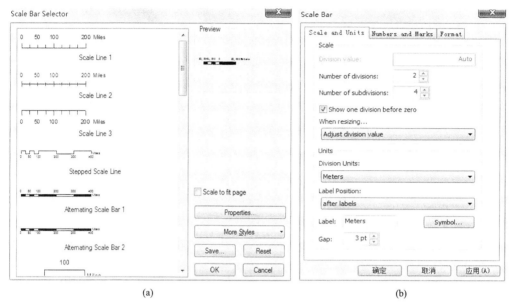

图 2-11-10　比例尺样式选择器（a）及比例尺样式风格的详细参数设置（b）

5）地图指北针设计

与图例、比例尺等地图布局元素一样，指北针也是与特定数据框关联的。在布局视图中为某个地图数据框添加指北针的关键步骤如下。

（1）在 ArcMap 布局视图下，单击【Insert】→【North Arrow】菜单，打开"North Arrow Selector"对话框。

（2）在系统所提供的指北针类型中选择一种与地图风格匹配的类型。

（3）单击对话框的"Properties"按钮，根据需要对指北针大小、颜色、旋转角度等进行设置。

（4）完成指北针设置后，点击"OK"按钮，可以再移动指北针到合适的位置。

4. 其他嵌入对象的设计

地图中经常需要配置一些与主题有关的统计图表、统计报告、图片、文字描述等，这些内容可以以图形对象的方式加入 Layout 视图中。例如，可以直接嵌入 Microsoft Word、Excel 对象。另外，ArcMap 提供了专门的报表和统计图生成工具。这里以创建统计图为例说明嵌入对象的添加过程。

（1）在 ArcMap 窗口选择【View】→【Graphs】→【Create】菜单，打开"Create Graph Wizard"对话框。

（2）在"Graph type"下拉列表中选择统计图形类型，如"Horizontal Bar"；在"Layer/Table"下拉列表中选择用于创建统计图形的数据源，并在"Value field"下拉列表中选择制图字段，另外还可以对 x 轴标注字段、坐标轴位置、柱形、柱色等进行详细设置，并可修改当前数据系列名称。

（3）如果制作多数据系列统计图，可以点击"Add"按钮添加"New Series"（新系列）。

（4）定义完毕，点击"Next"按钮跟随统计图生成向导，可完成统计图绘制。

（5）如果需要把生成的统计图放入当前布局视图中，可以在已经生成的统计图窗口中单击右键，选择【Add to Layout】菜单项，统计图即可添加到当前地图文档的布局窗口，移动统计图至合适的页面位置即可。

实验案例：利用实验数据中的河北省地理数据制作河北地图，基于地市多边形要素类图层生成"第二产业产值"和"第三产业产值"对比统计图，并添加至地图文档的布局视图中（图 2-11-11）。

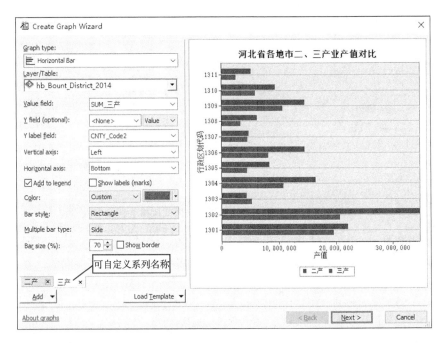

图 2-11-11　基于河北省地市行政区多边形属性数据中第二、三产业产值生成统计图的向导对话框

自主练习：利用河北省基础地理信息数据和张家口地区的 30m 分辨率地表覆盖数据制作河北省行政区划地图、张家口地表覆盖图。每幅地图都需要配置图名、比例尺、指北针和图例，行政区划图应配置专题图表；坐标网格采用经纬网格，坐标值显示方式为十进制，保留1 位小数。

实验 2-12　地图成果输出与分享

将制图成果以更为通用的成果形式向其他用户输出和分享，是地图制图成果交流的必要方式。例如，将设计好的地图页面输出为 JPEG、TIF、BMP 等图片格式文件，或转为 PDF 格式文件、EPS 印刷制版格式文件等，有的时候还需要将附带原始数据的制图成果一起输出分享给其他用户。各类 GIS 和制图软件均提供了不同形式的成果输出和格式转换方法。

实验目的：掌握利用 ArcMap 将制图成果生成缩略图的方法；掌握以图片、PDF、EMF、印刷版式等文件格式转换输出制图成果的方法；掌握以地图包方式输出带数据成果图的原理和方法。

相关实验：空间数据管理与可视化系列实验的"地图编制任务中的数据组织模式与方法""地图布局与版面设计""模板制图与数据驱动页面制图"。

实验数据：中国日降水量栅格数据、中国省级行政区与河北省基础地理信息矢量数据等。

实验环境：ArcGIS Desktop、Adobe Reader 等 PDF 文件浏览器、图片浏览器。

实验内容：

（1）生成地图文档的缩略图。

（2）将地图文档数据视图输出为 JPEG、TIFF 等图片文件格式。

（3）将地图文档布局页面输出为 PDF、EMF、EPS 等文件格式。

（4）将地图文档及其相关数据源输出为地图包。

1. 为文档生成地图缩略图

地图文档（或 Globe 和 Scene 文档）可具有用于对文档布局进行概要说明的缩略图，以帮助用户在不完全打开地图文档的情况下快速浏览地图的概貌。文档缩略图存储于地图文档中，而不是项目元数据中，因此生成缩略图是通过在 ArcMap 中设置相关地图文档的属性实现的，具体步骤如下。

（1）在 ArcMap 中打开要创建缩略图的地图文档，点击菜单【File】→【Map Document Properties】，打开"Map Document Properties"（地图文档属性）对话框。

（2）单击"Make Thumbnail"（创建缩略图）按钮，可生成该文档的缩略图（图 2-12-1）。

（3）文档已经具有缩略图时，可点击"Delete Thumbnail"（删除缩略图）按钮移除现有缩略图，再单击生成缩略图按钮为文档创建新的缩略图。

图 2-12-1　通过地图文档属性对话框设置缩略图

（4）打开 ArcCatalog，通过文档缩略图查看模式浏览实习数据中的各个地图文档，对比带缩略图和不带缩略图文档的显示效果差异。

2. 将地图转换为常用文件格式

在 ArcMap 中可以将当前数据视图显示范围的地图内容或布局视图中设计的地图成果进行打印或输出为文件。基于打印机或绘图机硬拷贝进行输出时，关键是选择和设置与地图版面相适应的打印机；将数据视图内容或布局视图的地图成果转换成通用格式的图形、图像文件时，关键是选择合适的输出格式、定义满足需要的栅格采样分辨率，以及确定是否输出附带的地理参考或图层信息。ArcMap 支持包括下述文件格式在内的多种常用输出格式。

EMF（Windows 增强型图元文件）：属于本地 Windows 图形文件，内容既可以包含矢量数据，又可以包含栅格数据，非常适于嵌入 Word 等 Windows 文档。

EPS （Encapsulated PostScript）：PostScript 是高端图形文件、制图和打印的出版行业标准，EPS 文件通过 PostScript 页面描述语言描述矢量和栅格对象。

PDF（便携文档格式）：PDF 文件可在不同的平台中查看和打印，常用于在 Web 上分发文档，并且此格式现在属于文档交换的 ISO 官方标准。ArcMap 导出的 PDF 文件在许多图形应用程序中均可编辑，并能够保留地图的地理配准信息、注记、标注和要素属性数据等地理信息。

TIFF（标记图像文件格式）：最适合导入图像编辑应用程序，属于 GIS 软件支持的常用栅格数据格式。ArcMap 导出的 TIFF 文件支持在 GeoTIFF 标记中或在独立坐标文件中存储地理配准信息。

JPEG（联合图像专家组格式）：是经过有损压缩的图像文件，通常比许多其他图像格式小很多，将 ArcMap 数据视图内容导出的 JPEG 文件还可同时生成一个坐标文件，可用作地理配准栅格数据。

PNG（可移植网络图形格式）：属于通用无损压缩型栅格格式，支持 24 位颜色。通常 PNG 是最佳的地图栅格格式，将 ArcMap 数据视图内容导出的 PNG 文件还可同时生成一个坐标文件，可用作地理配准栅格数据。

1）将数据视图显示范围的地图内容输出为常用文件格式

ArcMap 支持将当前数据视图显示范围内的地图内容进行直接打印或输出为常用的图形、图像文件。输出为文件时需要提供的重点参数包括：文件格式、存储路径及文件名、输出分辨率、输出质量等。以 PNG 格式为例，将数据视图中的地图内容输出为文件的关键步骤如下。

（1）在 ArcMap 数据视图窗口中激活待输出的地图数据框，设计完成图层的符号化、标注等可视化效果，并将待输出的数据调整到合适的比例并移至视图中心。

（2）单击 ArcMap 菜单【File】→【Export Map】，打开"Export"对话框。

（3）确定保存文件的目录位置和文件名，选择保存输出文件类型。

（4）在输出文件对话框的"General"选项卡中，给定目标文件的"Resolution"（分辨率）。输出结果分辨率越高，结果图像越清晰，但文件大小和处理时间也会显著增加。EMF、EPS、PDF 等矢量导出格式的默认分辨率为 300dpi，TIFF、JPEG、PNG 等图像导出格式的默认分辨率为 96dpi，建议输出成果的分辨率在 300dpi 以上。

（5）导出矢量格式文件时，如果地图中包含栅格数据或具有透明度的矢量图层，还可以控制"Output Image Quality"（输出图像质量）及栅格重采样量，以在图像质量、文件大小和处理时间之间达到平衡。

（6）除了共同的输出参数之外，不同数据格式还有一些特殊的输出选项。例如，PDF格式在输出时可以通过"Format"选项卡选择 RGB 或 CKYK 颜色模式；还可以通过"Advanced"选项卡确定导出地图的地理配准信息、图层和属性参数项。JPEG、PNG 数据格式则支持附带"World File"（世界坐标文件）输出。

（7）输出参数设置完成后，点击"保存"按钮即可完成相关文件格式的地图输出。

2）将布局视图的设计成果输出为常用文件格式

更多的情况下，制图者需要将基于 ArcMap 布局视图设计好的地图成果进行打印，或输出为一些常用的文件格式。布局视图与数据视图内容输出的方式基本相同，差异之处有两方面：一方面是，导出文件是否附带坐标文件以支持地理参考，仅支持在数据视图下导出 JPEG、PNG 格式文件可以附带世界坐标文件；另一方面是输出内容，数据视图仅输出当前焦点数据框内的显示范围内容，布局视图则输出所有页面范围内的内容。将布局视图成果输出为文件格式的关键步骤如下。

（1）设计好地图文档的页面布局后，在 ArcMap 中单击【File】→【Export Map】菜单项，打开"Export"对话框，确定保存文件的目录位置和文件名，并选择保存输出的文件格式。

（2）在输出对话框的"General"选项卡中，给定目标文件的分辨率（Resolution），对于矢量格式，还可以进一步确定输出图像质量和栅格重采样量等参数。

（3）输出 PDF 时可选择 RGB 或 CKYK 颜色模式、是否导出地理配准信息、图层和属性参数项等。

（4）输出参数设置完成后，点击"保存"按钮即可完成相关文件格式的地图输出。

实验案例：将实验数据集中的中国日降水量分布图导出为分辨率 300dpi 的 PDF 文件，影像质量重采样比例设为 1∶1（Best 模式），输出结果附带地理参考信息，并包括图层和属性值；输出后在 Adobe Acrobat 或 Adobe Reader 软件中浏览输出结果，查看附带的地图信息情况（图 2-12-2）。

自主练习：在数据视图下练习将一幅坐标系统参数设置正确的河北省行政区地图输出为不同格式的地图文件：①导出为 JPEG 和 PNG 数据格式，附带"World File"。②导出为两种TIFF 数据格式，一种采用附带"World File"方式，另一种采用"Write GeoTIFF Tags"方式，并对比两种输出结果的共性和差异。③导出为 PDF 数据格式，输出结果附带地理参考信息，并包括图层和属性值，在 Adobe Acrobat 或 Adobe Reader 软件中观察输出结果，查看附带的地图信息情况。

3. 输出地图包

地图包文件（*.mpk）的实质是一个数据压缩包，包含地图文档及该文档所包含地图图层的引用数据（存储在一个地理数据库中）。将成果输出为地图包的方式，可方便地与其他用户共享完整的地图文档和相关数据源。生成地图包的主要步骤如下。

（1）在已经完成地图设计的情况下，在 ArcMap 主菜单中单击【File】→【Share as】→【Map Package】，调出"Map Package"（创建地图包）对话框。

（2）在"Map Package"参数设计部分，选择定义存储地图包的位置和文件名，也可以上传到 ArcGIS Online 账户。

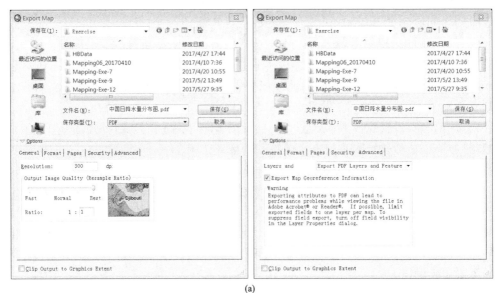

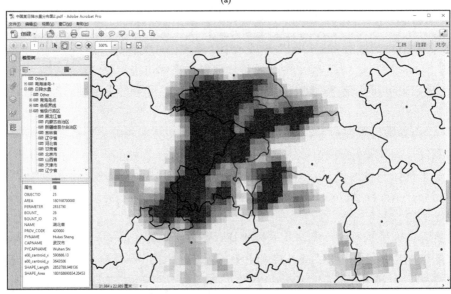

(b)

图 2-12-2　将中国降水量分布图输出为附带地理参考信息的 PDF 文件（a）；浏览附带空间参考及图层、属性等信息的输出结果（b）

（3）在"Item Description"参数设计部分，填写输出地图包必需填写的"Summary"（总结）、"Tags"（标签）等必要的地图文档描述信息。

（4）在"Additional Files"参数设计部分，选择想要包括在地图包中一并分享输出的附加文件，如详细的制图说明文档、相关技术报告、图表等。

（5）完成相关参数设置后，单击对话框右上角的"Analyze"按钮，分析验证地图包输出设置是否存在错误或问题。只有验证并解决所有错误后，才能将地图包输出到磁盘或 ArcGIS Online。

（6）如果分析发现问题，系统会显示包含问题列表的"Prepare"（准备）窗口。右键单击每条消息获取详细信息及建议的修复方法。

（7）根据建议方法逐一修正问题后重新进行分析，分析结果完全正确无误后，点击"Share"按钮完成输出地图包。

（8）找到输出的地图包，向其他用户分享输出成果，在安装有 ArcGIS 桌面系统的计算机中直接双击运行地图包，系统即可自解压后并调用 ArcMap 程序打开其中的地图文档。

实验案例：将实验数据集中的中国日降水量分布图地图文档及其相关数据输出为地图包（图 2-12-3）。输出完成后尝试读取地图包观察输出结果，并与他人分享地图成果。

图 2-12-3　将中国降水量分布图输出为地图包的参数定义对话框（a）和（b）及输出之前的地图内容完整性及逻辑分析结果（c）

自主练习：按照上述方法，为自己制作的中国省级行政区地图、河北省地图或地形图等文档创建地图包与其他同学分享。

实验 2-13　模板制图与数据驱动页面制图

基于地图模板制图与利用数据驱动页面工具批量制图的目的都是规范制图样式、提高制图效率，快速生成同一区域的不同专题系列图或同一专题的不同分区图。

实验目的：理解模板的作用、管理方式，理解数据驱动页面工具的基本原理，掌握基于模板制图和数据驱动页面制图的基本流程。

相关实验：空间数据管理与可视化系列实验中的"地图布局与版面设计""地图成果输出与分享"。

实验数据：包括行政区划要素在内的中国和河北省区域部分基础地理信息的矢量数据、30m 分辨率地表覆盖和数字高程栅格数据、中国区域日降水栅格数据。

实验环境：ArcGIS Desktop。

实验内容：

（1）使用系统提供的地图模板制作地图。

（2）创建自定义地图模板。

（3）基于数据驱动页面工具制作简单系列图。

（4）基于数据驱动页面工具制作带区位索引图的系列图。

1. 基于地图模板的专题制图

地图模板的本质是一个可用于创建新文档的标准化地图文档（*.mxd）。地图模板可以包含底图图层，一般定义了某种常用的页面布局，便于重复使用或实现标准化布局。地图模板通过设计好的统一制图样式，简化制版设计流程，多用于快速生成同一区域的不同专题系列图。

1）使用系统提供的地图模板

ArcGIS 系统自带了全球、七大洲、美国等区域范围或国家的地图模板，并且提供了模板中使用的标准化基础底图数据。制图者可以充分利用这些模板制作相关区域地图，简化设计制图过程。流程如下。

（1）在 ArcMap 的快速启动窗口中，或选择【File】→【New】菜单项（或点击标准工具条上的【New】工具项）打开的对话框中，均会包括"Templates"分组，其中的下一级分组"Traditional Layouts"中包括了关联系统自带底图数据源的世界地图和美国地图模板。

（2）选择需要的模板，点击"OK"按钮即可自动打开该模板文档。

（3）制图人在该模板基础上，通过添加新数据、调整设计风格即可完成一幅基于模板版式的地图制图工作。

实验案例：利用标准世界地图模板创建 Mollweide（摩尔威德）投影的世界地图；根据生成地图文档，观察系统模板所包含图层的数据源引用，体会地图模板的内涵和价值（图 2-13-1 和图 2-13-2）。

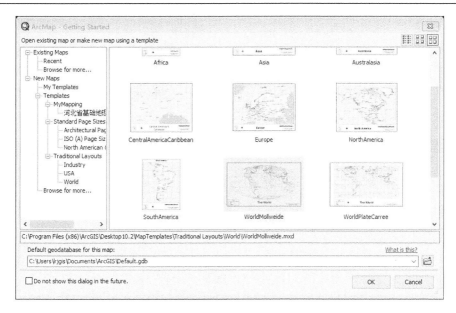

图 2-13-1　快速启动对话框中列出的世界和各大洲的地图模板列表

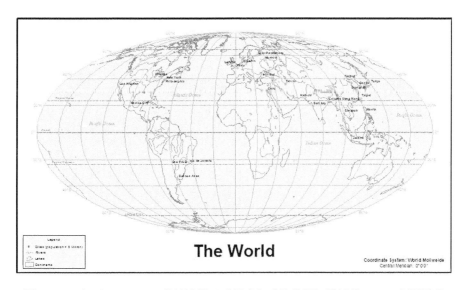

图 2-13-2　打开 Mollweide 世界地图（采用摩尔威德投影）模板的 Layout 视图效果

2）创建自定义地图模板

任何地图文档（.mxd）都可用作地图模板，如果需要经常按照某种版式设计风格进行制图，制图者可以根据需要把做好的地图设计文档存储为地图模板。创建自定义地图模板的方法如下。

（1）创建新地图模板时，只需将设计好的地图文档保存或复制到用户配置文件的特定文件夹（ArcMap 安装文件的 MapTemplates 文件夹）。

（2）如果自定义的地图模板较多时，也可以在系统模板文件夹下进一步定义不同分类文件夹，并根据地图模板的特点和功能分别放入不同的子文件夹之内，系统即可自动识别类型分组。

（3）如果自己创建的地图模板需要带有底图数据，最好将底图数据一起存储在模板位置，并设定好模板内图层引用底图数据的相对路径存储关系，防止模板打开时找不到数据源。

实验案例：观察系统模板管理与存储方式，并基于自己制作的地图文档创建自定义模板，模板文档应该创建缩略图；利用自己创建的地图模板生成新地图文档并进行专题地图设计（图2-13-3和图2-13-4）。

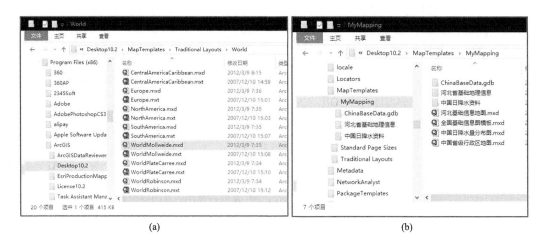

图2-13-3 在文件资源管理器中观察系统模板（a）和自定义模板（b）的管理方式

图2-13-4 新建地图文档时选择使用自定义地图模板（位于"MyMapping"分组）

2. 数据驱动页面的系列专题制图

数据驱动页面制图是以设计完成的某个地图文档样式为地图输出模板，以覆盖整个制图区域范围的某个多边形要素类包括的各要素为索引，根据每个要素范围逐一确定每个制图单元，自动为每个索引要素生成一幅相应地图，创建该区域内基于各个索引要素分区的系列地图。该工具常用于大区域内小分区地图册制图。

数据驱动页面制图包括两个关键点：一是设计系列图的标准版式风格；二是确定用于生成系列图的索引要素图层。主要操作流程如下。

1）简单系列图的生成步骤

（1）打开或新建地图文档，载入生成系列图所需的基础数据，在地图布局视图中，根据系列图版式要求设计页面大小，添加公共版面元素：图名、图例、比例尺、指北针、制图说明等。

（2）在 ArcMap 中选择【Customize】→【Toolbars】→【Data Driven Pages】菜单项，启动数据驱动页面制图工具条，单击工具条的【Data Driven Page Set Up】工具项，启动设置对话框。

（3）在对话框的"Definition"选项卡中勾选"Enable Data Driven Pages"（启用数据驱动页面）选择项，"Index Layer"（索引图层）部分的相关选项变为可用状态。

（4）设置、选择生成系列图所需的基本参数："Data Frame"（基础数据框）、"Layer"（索引图层）、"Name Field"（划分单元依据的字段）、"Sort Field"（页面排序字段）。

（5）切换到"Extent"选项卡，可以按照三种模式设定"Map Extent"（输出地图范围）参数：①"Best Fit"。每页地图的范围根据页面参数自动最佳匹配。②"Center And Maintain Current Scale"。每页地图在页面上居中并保持当前固定比例。③"Data Driven Scale"。根据索引图中与输出比例相关的字段内容设定每个页面地图比例。

（6）选择数据驱动页面工具条上的"Page Text"（页面文本）功能，为系列图插入各页面的名称、页面序号或由索引图层属性数据驱动的每个页面文本等。

（7）页面显示范围的裁切设置。如果每个页面希望只显示索引要素范围内的地图内容，可以在数据驱动页面参数设置完成后，调用数据框属性对话框，在"Data Frame"选项卡的"Clip Options"部分，选择 "Clip to current data driven page extent"（按照当前数据驱动页面范围）裁切模式。

（8）输出系列图。选择【File】→【Export Map】菜单项，选择输出的文件类型，定义存储路径、文件名、输出分辨率等信息，参数设定完毕后执行输出即可。输出 PDF 文件类型时，在"Pages"选项卡还可以定义输出的页面范围等信息。

2）带区位索引图的系列图

如果希望为每个页面上的地图配备区位索引图，可以结合"地图布局与版面设计"实验教程提供的步骤完成。

（1）在已经完成系列图布局设计的地图文档中插入一个新数据框作为区位索引图数据框。

（2）拷贝或添加用于制作区位指示索引的相关图层或数据源到区位索引图数据框中。

（3）在索引图数据框属性对话框中，选择"Extent Indicators"选项卡，添加需要指示区位信息的数据框。

（4）后续按照数据驱动页面制图流程完成系列图生成，每个输出的页面地图都将带有前面设计好的区位索引图，并且索引图数据框会根据每个页面地图的数据范围自动更新索引图示。

实验案例： 实验数据中提供了覆盖整个张家口地区的 30m 地表覆盖栅格数据和张家口分县市行政区划矢量数据，根据数据驱动页面制图方法，设计输出一套张家口地区各县市地表覆盖专题系列地图（图 2-13-5～图 2-13-7）。

　　自主练习：实验数据中提供了 30m 数字高程栅格数据和张家口分县市行政区划矢量数据，根据上述数据驱动页面制图流程，设计完成张家口地区各县市地形地貌专题系列图地图文档，并按照 PDF 和 JPEG 格式分别输出一套成果地图。

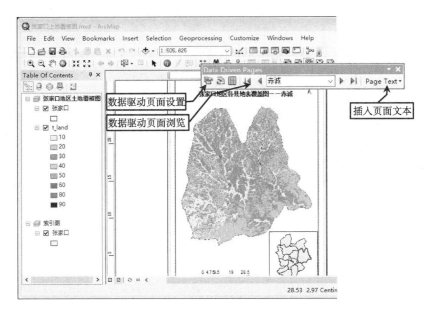

图 2-13-5　根据一个代表性页面设计系列图标准版式（带区位索引图），并启用数据驱动页面制图工具

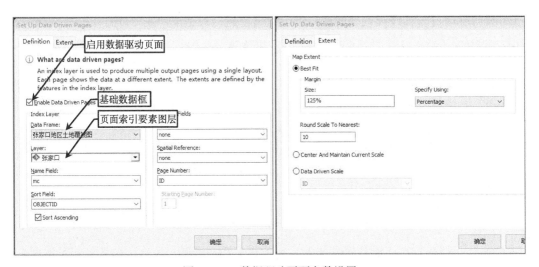

图 2-13-6　数据驱动页面参数设置
"张家口地区土地覆被图"数据框作为页面裁切的基础数据框，"张家口"图层作为索引图层

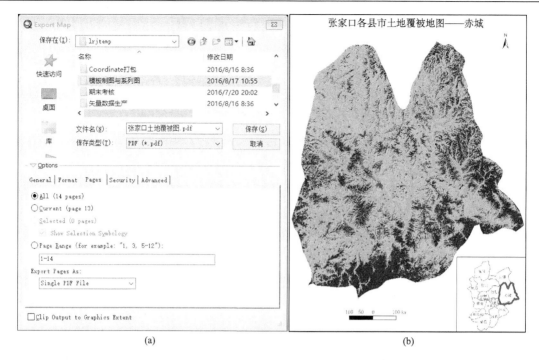

(a)　　　　　　　　　　　　　　　　　(b)

图 2-13-7　数据驱动页面设置完成后，按 PDF 格式输出的参数设置（a）及输出赤城页面样例（b）

第三部分 地理信息系统原理系列实验

实验 3-1 深入理解常用的空间数据结构

空间数据结构相关的理论与方法是实现地理信息存储、管理和分析计算的基础。深入理解 GIS 软件中常用的矢量、栅格和 TIN 等空间数据结构，有助于学生更好地理解空间数据的组织管理模式，也能够提升其对地理分析和计算的驾驭能力。在计算机地图制图的相关实验中，设计了关于空间数据文件及数据库结构的观察、浏览实习，但没有深入体验数据内容的组织与管理。本实验侧重对数据结构的观察、分析和理解，以软件的数据浏览、操作等基本工具为纽带，帮助实验者理解不同数据结构的基本原理及其在 GIS 数据组织中的价值。

实验目的：通过软件的数据编辑、管理等功能，展示矢量、栅格和 TIN 数据结构的实现方式，帮助学生理解常见空间数据结构的基本概念和原理。

相关实验：空间数据管理与可视化系列实验中的"地图编制任务中的数据组织模式与方法"、GIS 原理系列实验中的"地理数据库设计与数据组织管理"。

实验数据：矢量结构的河北省基础地理信息数据、矢量结构的地形图数据、某区域 30m 分辨率的地表覆盖栅格数据、某区域 30m 分辨率的 DEM 栅格数据、中国区域降水栅格数据。

实验环境：ArcGIS Desktop、（ArcMap、ArcCatalog）、文本处理软件。

实验内容：

（1）在 ArcGIS Desktop 观察矢量数据的空间与属性信息表达。

（2）基于文本处理软件观察文本型矢量数据交换格式文件的内部组织结构。

（3）基于 ArcGIS Desktop 观察 Shapefile 和 Geodatabase 建立的矢量数据空间索引。

（4）基于 ArcGIS Desktop 观察栅格数据基本属性和像元值特征。

（5）文本型栅格数据内部组织结构的观察。

（6）栅格数据压缩与影像金字塔初步体验。

3.1.1 矢量数据结构

矢量数据结构采用记录坐标的方式描述地理要素，采用一个或多个坐标对表示点、线、面不同形态地理要素的空间位置，并附带属性信息，同时通过数据结构设计实现空间关系的表达。

1. 观察矢量数据的空间几何表达

1）二维矢量要素的空间几何表达

ArcGIS 的矢量数据是由点、线、多边形等要素组成的，它们都包括由一个或多个坐标点组成的几何形状。有的复杂要素则是由多部分几何形状组成的。例如，激光雷达形成的点云数据往往采用"MultiPoint"（多点）类型要素类存储，线和多边形要素类中也经常出现由多个几何形状组成的"Multipart Polyline"复杂线或"Multipart Polygon"复杂多边形要素。在ArcMap 中，可以在"Edit Sketch"模式下观察组成点、线、多边形要素的几何形状坐标详细信息。具体操作步骤如下。

（1）启用待观察要素图层的编辑状态，鼠标双击拟观察要素，开启要素的"Edit Sketch"编辑模式，系统自动打开【Edit Vertices】工具条；这种状态下可以观察到每个"Vertices"（节点）坐标值。

（2）点击【Editor】→【Sketch Properties】工具项，可以打开"Edit Sketch Properties"对话框，浏览每个节点坐标的具体信息，每个节点的编号和 X、Y、Z（二维坐标无 Z 值）信息构成一条记录。

（3）使用【Edit Vertices】→【Modify Sketch Vertices】工具项，可以点选或框选节点坐标，数据视图中选中的坐标点也会同时在"Edit Sketch Properties"对话框中选中对应节点信息记录。

（4）如果查看由多部分几何形状组成的复杂要素，在"Edit Sketch Properties"对话框中还可以看到"Part 0""Part 1"……等构成要素的各部分几何形状的节点记录集合。

（5）在【Edit Vertices】→【Modify Sketch Vertices】工具状态下，利用"Shift"+鼠标左键组合点选或框选的方式，可以选择来自不同几何形状的节点，在"Edit Sketch Properties"对话框中可以看到同时选中的不同部分几何的节点坐标信息记录。

实验案例：观察点、线、面不同类型矢量数据的空间几何信息表达；观察多部分几何组成的复杂多边形（如廊坊行政区）几何坐标表达与组织方式，体会矢量数据结构的内涵（图 3-1-1）。

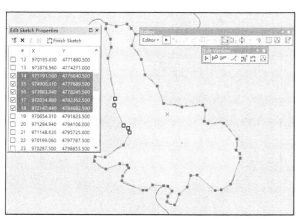

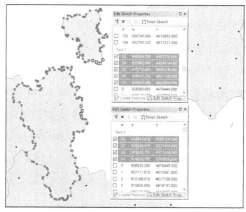

(a) 简单多边形节点信息　　　　　　　　　　(b) 多部分几何构成的复杂多边形节点信息

图 3-1-1　在要素"Edit Sketch Properties"编辑模式下观察几何节点信息

2）带有 Z 值或 M 值的矢量数据多维几何表达

ArcGIS 可以创建坐标系统中包含测量（M）值或 Z 值的多维数据。数据中包含 M 值时，允许在要素节点坐标处存储属性值。如果对数据使用线性参考或动态分段应用，则其坐标中必须包含 M 值。

Z 值用于表示特定表面位置的高程或其他属性。数字高程模型中的 Z 值表示高程;在其他类型的地形表面模型中,Z 值可以表示某些特定的地形属性(如降水量、温度、$PM_{2.5}$ 浓度、人口数量等表面测量值)。如果要构建数字高程模型或创建其他专题的地形三维表面,则坐标中必须包含 Z 值。

观察带有 Z 值或 M 值的矢量数据几何表达的方法步骤与观察二维矢量要素的方法完全相同,只是根据要素所附带的多维信息不同,在"Edit Sketch Properties"对话框中除了列出"X、Y"坐标信息外,还可能列出要素的"Z"或"M"值信息。

实验案例:利用练习数据中提供的地形图三维等高线矢量数据,观察三维几何要素形状的坐标表达与组织方式(图 3-1-2)。

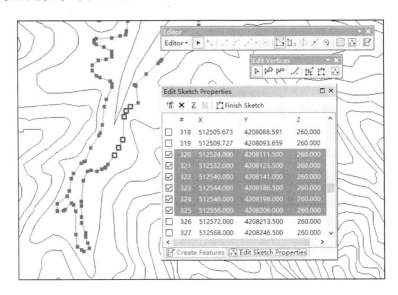

图 3-1-2　在要素"Edit Sketch Properties"编辑模式下观察

三维等高线几何的"X、Y、Z"节点坐标信息

2. 浏览矢量数据的属性信息

矢量数据带有丰富的属性信息。在 ArcMap 中可以实现单要素属性信息的逐一浏览,也可以通过浏览表方式同时浏览当前图层所有要素(或选中要素)的属性信息。

1)单要素属性浏览

使用 ArcMap 提供的【Identify】工具,可以通过点击方式选择浏览被点击要素的空间和属性信息。具体使用方法如下。

(1)在 ArcMap 当前文档的焦点数据框中添加待浏览查询属性信息的相关要素类图层。

(2)选择【Standard】→【Identify】工具并点击待查询的要素,弹出的"Identify"对话框中将显示点击位置的相关对象属性信息。

(3)"Identify"对话框中的"Identify from"下拉列表框中给出了四种查看模式:"Top-most layer"、"Visible layers"、"Selectable layers"和"All layers"。①"Top-most layer":查看当前数据框中最上层图层的点击位置处的要素属性信息。②"Visible layers":查看当前数据框所有可见图层的点击位置处的要素属性信息。③"Selectable layers":查看当前数据框所有可选择图层的点击位置处的要素属性信息。④ "All layers"：查看当前数据框所有图层的点击位置处的要素属性信息。

（4）【Identify】工具有可能同时选中点击位置的多个要素，这时"Identify"对话框结果列表框中会列出所有被选择要素（主显示字段），用户可以点击各个要素分别浏览各要素的属性信息。

2）多要素属性浏览

利用属性浏览表可以集中浏览多个要素的属性信息，有助于对比要素的属性特征。ArcMap 的属性表浏览模式可以观察到要素的几何类型属性，还可以在一个窗口中切换浏览多个图层属性信息。

（1）在 ArcMap 数据视图的内容表中，右键选择待浏览的要素图层，选择【Open Attribute Table】菜单项，打开该图层的 "Table"（属性浏览表），可以同时浏览多条要素的属性信息。

（2）属性浏览表中的属性信息与地图视图窗口中的几何信息是联动的，在属性浏览表中选中的要素会在地图窗口中同时被选中，反之亦然。

（3）后续重复步骤(1)可以将更多要素图层的属性表将添加到当前表格窗口中。点击窗口下方的要素图层名称选项卡，可以切换浏览多个图层的属性信息。

（4）属性表可以在 "Show All Records" 模式下显示浏览所有要素记录，也可以切换至 "Show Selected Records" 模式，仅显示浏览当前选择的要素记录。可以使用属性表底部的记录滚动条逐一滚动浏览每条要素的属性，滚动条后面给出当前图层的要素总数及当前选中要素的数量。

（5）属性浏览表提供了相关工具用于调整表格显示内容和风格。例如，右键选择表格字段头弹出功能菜单，可以按字段值排序、开关字段显示等；浏览表顶部 "Table Options" 下拉菜单中的【Appearance】菜单项，用于打开 "Table Appearance" 对话框进一步调整浏览表显示风格。

（6）除了可以浏览数据生产者自己定义的属性字段信息外，在属性浏览表中还可以看到 "FID"（要素唯一标识码）、"Shape"（要素几何类型）等系统字段信息。

实验案例：浏览练习数据中提供的矢量数据属性信息。在不同情景下对比观察"Identify"对话框中的显示内容（图 3-1-3）；通过属性浏览表浏览要素类属性信息，注意属性浏览与图形的联动，并尝试调整优化属性浏览表的显示内容和风格（图 3-1-4）。

3. 观察文本型矢量数据交换格式文件的内部组织结构

许多 GIS 软件都提供了文本型矢量数据交换格式文件，用于早期的数据共享。文本型交换格式能够直接通过文本编辑软件打开阅读，有助于理解如何通过文件组织实现特定的空间数据结构。

MapInfo 软件提供的文本交换格式文件是包括扩展名为 Mif 和 Mid 的一对同名文件，Mif 文件是空间几何信息的描述文件，Mid 文件是属性信息的描述文件，两者的几何和属性数据按照记录存储顺序一一对应。

（1）Mif 文件的主要结构包括文件头和数据描述两部分。文件头部分包括格式版本、字符集、分隔符、坐标系统和属性字段信息等几部分；数据描述部分包括数据描述的起始标志、要素类型标识符和要素节点坐标数量、节点坐标信息等。

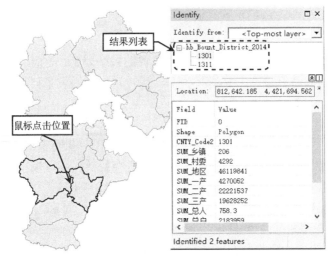

图 3-1-3　利用"Identify"对话框浏览要素的属性信息

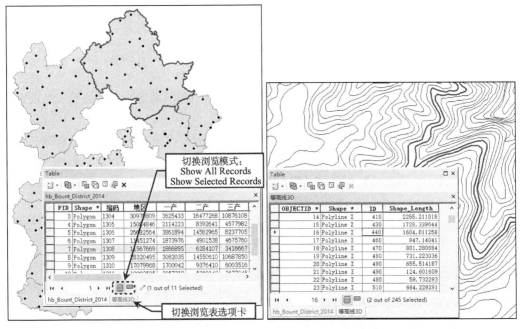

(a) 二维矢量多边形要素属性浏览　　　　　　　(b) 带有Z值的矢量线要素属性浏览

图 3-1-4　通过属性浏览表浏览图层要素属性信息

（2）Mid 文件没有文件头部分，文件内容直接开始逐一记录每个要素的属性值列表，记录的顺序与 Mif 文件的数据描述部分的要素几何信息描述顺序完全一致。

实验案例： 用记事本等文本处理软件打开练习数据中提供的 MapInfo 交换格式数据文件，观察 Mif 和 Mid 文件的内容，理解如何通过文件组织实现空间数据结构（图 3-1-5）。

4. 矢量数据的空间索引

ArcGIS 使用空间索引来提高要素类的空间查询性能。识别要素、通过点选或框选来选择要素及平移和缩放都需要 ArcMap 使用空间索引来查找要素。在地理数据库中创建空间要素类或导入数据以创建要素类时，将为要素类创建空间索引。不同类型的地理数据库采用不同的空间索引。

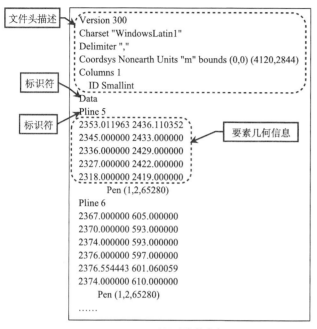
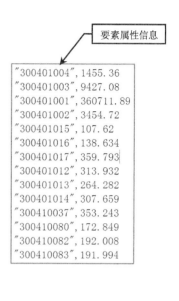

(a) Mif文件内容   (b) 包含两个属性字段的Mid文件内容

图 3-1-5 利用文本处理软件浏览 MapInfo 交换格式数据内容

    以下几种地理数据库中的要素类使用基于格网的空间索引：Personal Geodatabase、File Geodatabase，基于 DB2、Oracle[要素类包含 Esri ST_Geometry 或二进制几何字段]、SQL Server（要素类包含二进制几何字段）的地理数据库。以下几种地理数据库中的要素类使用 R 树空间索引：基于 Oracle[要素类包含 Oracle Spatial（SDO_Geometry）字段]、Informix 或 PostgreSQL 的地理数据库。SQL Server 地理数据库中包含几何或地理存储字段的要素类使用经过修改后的 B 树空间索引。

    实验案例：以观察个人版地理数据库为例，查看如何组织和存储格网空间索引，深入理解 GIS 数据组织中的空间索引实现原理（图 3-1-6）。

图 3-1-6 个人版地理数据库中组织和存储格网空间索引样例

3.1.2　栅格数据结构

计算机地图制图部分的实验中已经对栅格数据的基本属性有过简单介绍。这里将从数据结构原理的角度进一步介绍栅格数据文件的属性信息、栅格像元的表现形式和内容组织方式等。

1. 栅格数据集基本属性及像元值观察浏览

在 Catalog 窗口中通过打开栅格数据集属性对话框,浏览该栅格数据集的基本属性信息。利用【Identify】工具可以观察栅格像元值、栅格符号化后的颜色值(Stretched value 或 Color Index)、NoData 值等。浏览栅格数据集的基本信息及像元值观察的基本实验步骤如下。

(1)在栅格数据集属性对话框中浏览数据集的像元大小、行列数、文件格式、波段数、数据类型(像素类型)、数据深度、栅格值统计数据、坐标系统等信息。

(2)像元大小量算。在 ArcMap 数据视图中利用【Measure】量算工具测量像元的实际大小。

(3)利用【Identify】工具点击不同位置的栅格,观察栅格像元值(Pixel value)和颜色拉伸值(Stretched value)或颜色代码值(Color Index)的变化。

(4)观察栅格像元值的数据特征与像元值类型和位深度的关系。可以通过将栅格数据转换为不同像元值类型和位深度的其他栅格,对比分析像元值类型和像元值深度对像元值存储的影响。

(5)利用【Identify】工具点击无效值区域内的栅格,观察 NoData 栅格像元值的表达。

实验案例:利用【Identify】工具浏览实验数据集中提供的降水栅格数据的栅格数值信息,观察有效栅格像元值和 NoData 值,体会栅格数据结构的基本原理(图 3-1-7)。

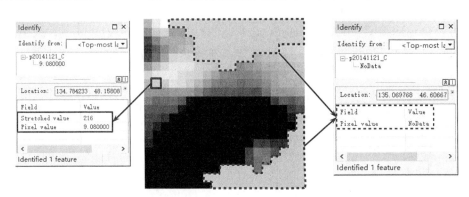

图 3-1-7　利用【Identify】工具观察有效栅格像元值和 NoData 值

2. 文本型栅格数据的内部结构观察

文本型栅格数据对于观察理解栅格数据结构特征及其数据组织方式具有很好的价值。许多栅格数据采用 ASCII 码方式存储为纯文本文件,以方便数据共享。例如,温度、降水、大气颗粒物浓度等气象指标数据经常采用 ASCII 码的文本型栅格存储。没有文本型栅格时,也可以通过 ArcMap 中的数据格式转换工具将其他格式的栅格数据转换为 ASCII 文件。将 Grid 格式栅格数据转换为 ASCII 文件并进行数据内容组织观察的操作步骤如下。

（1）在 ArcToolbox 中选择【Conversion Tools】→【From Raster】→【Raster to ASCII】打开 "Raster to ASCII" 对话框。

（2）在 "Raster to ASCII" 对话框中，分别选择待转换的栅格数据文件和定义输出结果存储路径及栅格文本文件名。

（3）转换完成后利用记事本等文本处理软件即可打开结果文本文件。

（4）浏览分析打开的栅格文本文件，识别文件头部分的行列数、起始坐标值、像元大小、NoData 值等基本栅格信息；在栅格数据内容部分，识别栅格区域中的有效值与 NoData 值。

实验案例：利用文本处理软件打开实验数据集中提供的降水栅格数据（TXT 文件格式），观察降水栅格数据集的内部组织方式，体会栅格数据组织的基本原理（图 3-1-8）。

3. 栅格数据压缩

栅格数据压缩可以减小栅格文件大小，节省磁盘空间，改善网络传输性能。但是，由于压缩后的栅格数据必须解压缩后才能绘制到屏幕上，栅格压缩程度越高，解压缩所需时间越长。ArcGIS 可以存储以下格式的压缩数据：IMG、JPEG、JPEG 2000、TIFF、Esri Grid，或地理数据库中的压缩数据。ArcGIS 支持的数据压缩方式包括有损压缩（JPEG 和 JPEG 2000）或无损压缩（LZ77、PackBits、LZW、RLE 和 CCITT）。如果栅格数据集的像素值将用于进一步的空间分析或派生其他数据产品，则应选择无损压缩或无压缩方式存储。LZ77 是 ArcGIS 默认的无损压缩方式，文件地理数据库和企业级地理数据库均使用 LZ77 压缩方式。

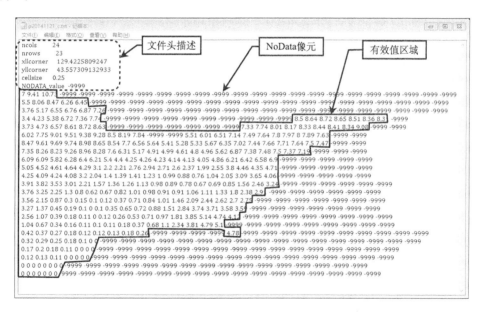

图 3-1-8　中国降水栅格文本数据的内容组织结构

1）观察、比较压缩与无压缩的栅格数据

浏览栅格数据集的属性信息对话框，在对话框的 "Raster Information"（栅格信息）部分，"Compression" 项中将显示当前栅格数据集采用的压缩方式。如图 3-1-9 所示，该栅格数据集采用了 LZ77 方式的压缩。当栅格数据没有压缩时，"Compression"项中将显示"None"。

　　实验案例：实验数据集中提供了一组 30m 空间分辨率的地表覆盖栅格数据，包括无压缩栅格和采用 LZ77、LZW、RLE、PackBits 等压缩方式的栅格，逐一浏览观察每个栅格数据集的属性信息，查看无压缩栅格和不同压缩方式栅格的相关信息。在 Windows 资源管理器中对比无压缩栅格和不同压缩格式栅格的数据量，体会压缩比的内涵。

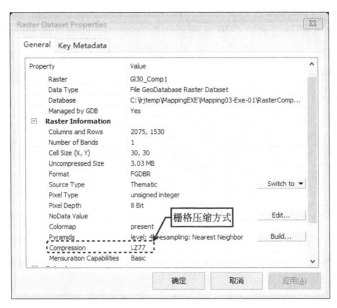

图 3-1-9　通过栅格数据集的属性信息对话框观察栅格数据的压缩方式

　　2）栅格数据压缩环境设置与压缩处理

　　在栅格数据处理与分析、栅格数据格式转换等栅格工具运算过程中，可以通过环境设置中的压缩方式参数，确定输出结果栅格的压缩方式。以栅格数据【Clip】工具为例，将一个文件型栅格数据按照某个图形范围进行裁切，结果栅格按照 RLE 压缩方式进行存储的操作步骤如下。

　　（1）启动 ArcMap，在当前地图文档中添加待裁切的栅格数据集和用于控制裁切边界的多边形要素类。

　　（2）在 ArcToolbox 中选择【Data Management Tools】→【Raster】→【Raster Processing】→【Clip】工具，打开"Clip"（栅格数据裁切工具）对话框。

　　（3）选择输入"Clip"对话框中的"Input Raster"（输入栅格）、"Output Extent（optional）"（裁切范围）和"Output Raster Dataset"（输出栅格）等关键参数项。

　　（4）点击"Clip"对话框中的"Environments"按钮，打开"Environment Settings"对话框，展开"Raster Storage"参数部分，在"Compression"参数区为输出结果选择"RLE"压缩方式。

　　（5）环境参数设置完毕返回"Clip"对话框，点击"确定"按钮执行 Clip 运算。

　　（6）在 Catalog View 中找到结果栅格，查看验证栅格数据集属性对话框中的压缩方式信息。

另外，栅格数据格式转换的操作过程中也可以重新定义压缩方式。具体可以使用【Data Management Tools】→【Raster】→【Raster Dataset】→【Copy Raster】工具（或在"Catalog View"窗口中右键选择待转换的栅格数据集，选择右键菜单中的【Export】→【Raster To Different Format】菜单项）完成该功能。

实验案例：实验数据集中提供了一幅 30m 分辨率的无压缩 DEM 栅格数据，采用数据格式转换或栅格裁切工具，生成采用 LZ77、LZW、RLE、PackBits 等压缩方式的 DEM 栅格（图 3-1-10）。

4. 栅格金字塔

栅格金字塔是原始栅格数据集的一组不同空间分辨率的缩减采样版本，可用于改善数据浏览性能。金字塔各个连续图层均以 2：1 比例进行缩减采样。栅格金字塔的数据组织方式，可以支持 GIS 软件通过仅检索使用指定分辨率的数据加快栅格显示速度。栅格数据集越大，创建金字塔的时间就越长，但可以为将来数据访问节省更多的时间。

1）查看栅格金字塔的创建情况

可以通过栅格数据集属性对话框查看是否已经创建金字塔，以及金字塔等级和重采样方法等基本信息。具体步骤如下。

（1）右键单击选择"Catalog"窗口中的栅格数据集，然后单击【Properties】菜单项，打开栅格数据集属性对话框。

（2）在对话框的"Raster Information"（栅格信息）部分，"Pyramids"项中将显示当前已构建的金字塔信息（等级数、重采样方法）；如果该项显示"absent"（无内容），表示尚未构建栅格金字塔。

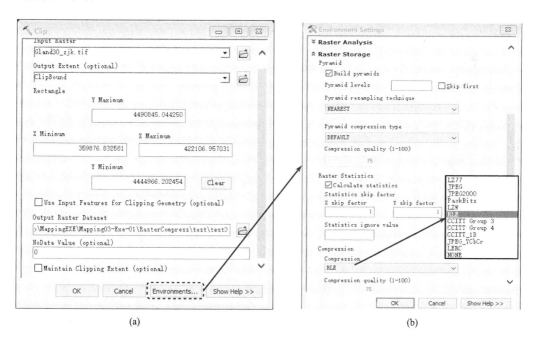

(a)   (b)

图 3-1-10 栅格数据裁切工具（a）中环境参数的设置及计算结果栅格的压缩方式定义（b）

2）创建、修改或删除栅格金字塔

可以在多种工作情境下创建、修改或删除栅格金字塔。例如，当添加没有金字塔的栅格数据集到地图文档中时，ArcMap 系统会弹出对话框，询问是否创建金字塔；可以通过【Build Pyramids】工具创建、修改或删除栅格金字塔信息；甚至可以在 Windows 资源管理器中删除金字塔文件，达到删除金字塔信息的目的。下面说明【Build Pyramids】工具创建、修改或删除栅格金字塔信息的用法。

（1）在 Catalog 中右键单击待创建栅格金字塔的栅格数据集，选择弹出的【Build Pyramids】菜单项，打开 "Build Pyramids" 对话框（或者在栅格数据集属性对话框中，点击 "Pyramids" 项右侧的 "Build" 按钮打开）。

（2）对话框中的 "Pyramid levels（optional）" 参数，用于确定栅格金字塔等级数。"–1" 为默认输入值，将根据金字塔生成规则创建完整金字塔；输入 "0" 将删除当前栅格金字塔信息；输入（0，29]范围的数值，将按照输入值数量创建金字塔；输入 "≥30" 的数值等同于输入 "–1"，将按规则创建完整金字塔。

（3）进一步定义 "Pyramid resampling technique（optional）"（重采样方法）、"Pyramid compression type（optional）"（压缩方式）等参数。

（4）所有参数定义完毕点击 "OK" 按钮，完成金字塔创建、修改或删除运算。

（5）在 Windows 资源管理器中观察金字塔信息存储文件。带有金字塔信息的栅格数据将生成一个扩展名为 "OVR" 的同名文件。

实验案例：采用不同的方式修改、删除和重新定义实验数据集提供的 DEM 和地表覆盖栅格数据的金字塔信息，生成一组无栅格金字塔、标准完整金字塔和系列自定义数量金字塔的栅格数据（图 3-1-11）；在资源管理器中观察同一栅格的金字塔等级数量与金字塔文件数据量大小的关系。

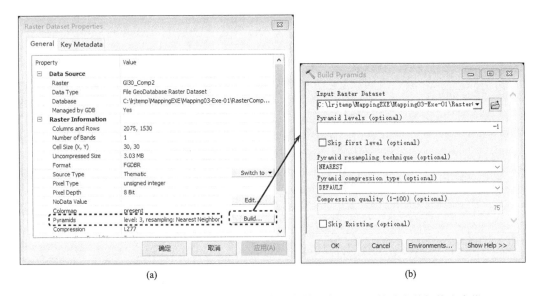

图 3-1-11　栅格数据集属性对话框中的栅格金字塔参数定义（a）及构建完整栅格金字塔（b）

实验 3-2 地理数据库设计与数据组织管理

地理数据库是地理数据组织的容器，科学合理的数据组织管理，有助于提升数据查询检索和数据计算的效率，方便数据抽取与数据共享。高质量数据组织管理的前提是基于数据应用目的的数据库设计。如何根据 GIS 地理数据库的特点和功能，合理进行数据概况表达、确定明确的数据分类、定义合适的数据尺度与粒度，是地理数据库设计应该考虑和解决的问题。本实验重在提供一个地理数据库设计的基本思路和实现方法，并练习数据库设计与实现过程中的常用数据组织管理的 GIS 工具。在实验练习的基础上，要达到地理数据库设计的高水平，还需要长期的实践经验积累和系统训练。

实验目的：体会地理数据库设计的重要性，理解地理数据库设计的基本思路，掌握地理数据库设计与实现过程中的常用数据组织管理工具。

相关实验：空间数据管理与可视化系列实验中的"地图编制任务中的数据组织模式与方法"。

实验数据：以 Shapefile 文件格式存储的河北省基础地理信息数据；以 E00 格式存储的中国基础地理信息数据；30m 分辨率的地表覆盖栅格和数字高程栅格数据集；基于县域统计单元的河北省社会经济统计数据。

实验环境：ArcGIS Desktop10.4 以上版本软件。

实验内容：

（1）以实验数据集提供的不同类型和格式的实验数据为基础，完成初步的地理数据库设计。

（2）以要素数据集管理不同空间描述范围和内容主题的矢量数据。

（3）将 Excel 数据表格导入地理数据库。

（4）将栅格数据文件导入地理数据库；创建和管理镶嵌数据集。

（5）建立空间数据之间的连接关系，包括通过属性连接表和通过空间关系连接表。

3.2.1 设计与创建地理数据库

进行地理数据库设计首先需要确定使用的数据专题，然后指定各专题图层的内容和表现形式。地理数据库设计包括以下方面的内容：确定各数据表达主题如何呈现地理要素（如点、线、面还是栅格）及要素的表格属性；如何将数据编排成数据集，如要素类、属性、栅格数据集等；拟实现的 GIS 数据行为（如拓扑、网络和栅格目录），并定义各数据集间的空间和属性关系。

1. 设计地理数据库

地理数据库设计是保证地理数据库实现预定管理目标的基础，也是数据库具有更好的扩展性和效率的保障。地理数据库设计的主要步骤如下。

（1）确定要使用 GIS 创建和管理的信息产品。地理数据库设计应反映拟组织的专题制图与 GIS 分析等工作内容。另外，要考虑使用的数据源，产品呈现的维度及数字底图的比例等。

（2）根据信息需求确定主要的数据表达专题。应全面定义每个数据表达专题的关键方面，用以支持每个数据集的用途。包括数据精度和采集方案，指定专题的显示方式；图层之间的集成显示与综合建模分析。

（3）指定比例范围及每个数据专题在每个比例下的空间表示。为每个预定的专题地图比例关联对应的地理要素表示形式。地理表示通常在不同的专题地图比例之间发生变化（如从面变成线或点）。可以使用影像金字塔对栅格数据重采样；或为不同的地图比例采集地理要素的表示形式。

（4）将不同的表示形式组织为地理数据集。对于建模为点、线和面要素类的离散要素，可以采用拓扑、网络或地形等高级数据类型来建模数据集各要素间的关系。对于栅格数据集，可以选择镶嵌集和目录集来管理非常大的集合。

（5）为描述性的属性信息定义表格结构和行为。确定各个属性项的类型和存储精度、属性域、关系和子类型；确定关系类的表格关系和关联。

（6）定义数据集的空间行为、空间关系和完整性规则。可以为要素添加空间行为和功能，也可以使用拓扑和网络数据模型、镶嵌数据集等突出要素或区域的空间关系特征。

（7）根据地理数据库设计的描述框架进行地理数据库设计实验，测试预定的制图需求和建模分析目标，对数据库设计进行优化与改进，最终完成地理数据库的设计架构。

实验案例：设计地理数据库，用于支持 1∶3000 万中国政区地图、1∶500 万河北政区地图制图，京津冀地表覆盖与数字高程制图；同时支持较小行政区或小流域单元空间建模与分析。涉及数据源包括 E00 格式中国基础地理信息数据、Shapefile 格式河北省基础地理信息数据、30m 分辨率地表覆盖栅格和数字地形栅格数据、基于地市和县域两级统计单元的社会经济发展属性数据。

2. 创建地理数据库

ArcGIS 支持以三种方式创建地理数据库：Personal Geodatabase（个人地理数据库）、File Geodatabase（文件型地理数据库）和 SDE Geodatabase（企业级地理数据库）。个人地理数据库以 Microsoft Access 数据库格式存储空间数据，数据文件最大为 2 GB，不支持并发访问，可作为数据库设计测试使用。文件型地理数据库在文件系统中以文件夹形式存储，每个数据集都以文件形式保存，文件大小最多可扩展至 1TB。企业级地理数据库也称为多用户地理数据库，在大小和用户数量方面没有限制，使用 Oracle、Microsoft SQL Server 或 PostgreSQL 等存储于关系数据库中。

创建的地理数据库要能够实现设计的基本目标和功能，有必要理解地理数据库的数据组织逻辑。表是地理数据库中的关键概念和数据组织单元。地理数据库中的属性基于一系列简单且必要的关系数据概念在表中进行管理，表和关系在 ArcGIS 中的作用与在传统数据库应用程序中的作用同样重要。可以用表中的行存储所有地理对象的属性，包括在"形状"列中保存和管理要素几何。

创建数据库文件及其存储矢量数据的要素类，为导入或添加新要素提供支持。具体步骤如下。

（1）创建文件型地理数据库。在 ArcCatalog 中或 ArcMap 的 Catalog 窗口，找到准备建立地理数据库的文件夹，右键选择该文件夹，在弹出的菜单中选择【New】→【File Geodatabase】菜单项，新建一个文件型地理数据库，将数据库名称修改为设计的名称。

（2）新建要素数据集。在地理数据库文件上单击右键，选择【New】→【Feature Dataset】菜单项，打开"New Feature Dataset"对话框，输入新建要素数据集的名称。

（3）根据创建要素数据集向导点击"下一步"按钮，为新建要素数据集定义坐标系统。可以选择导入已有坐标系统参数，或新建坐标系统参数，或暂时选择"Unknown"，以后根据需要再定义。

（4）跟随向导逐一设置相关参数。在弹出的"Vertical Coordinate System"对话框中，默认选择"No Coordinate System"；定义 X、Y、Z 坐标容限对话框中可以取默认值。

（5）所有参数设置完成后，点击"Finish"按钮，完成要素数据集的创建过程。

（6）根据地理数据库设计方案，重复步骤（2）～（5）创建其他需要的要素数据集。

实验案例：创建一个文件型地理数据库，并新建两个要素数据集分别用于存储中国 1∶3000 万基础地理信息和 1∶500 万河北省基础地理信息的相关要素类，要素数据集的坐标系统参数应采用与拟导入的数据源相同的定义（图 3-2-1）。

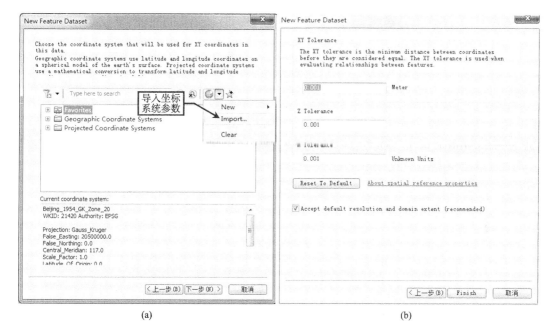

图 3-2-1 新建要素数据集过程中的坐标系统参数定义（a）及 X、Y、Z 坐标容限值的设置（b）

3.2.2 将矢量数据放入地理数据库

已有的数据源可以通过 ArcGIS 提供的数据导入工具放入地理数据库。计算机地图制图部分的相关实验中已经介绍了数据导入的功能和步骤，这里直接应用即可。例如，将 E00 格式和 Shapefile 格式的数据导入文件型地理数据库中的相应要素数据集中。将已有数据导入要素数据集时，被导入要素类应采用与目标数据集一致的坐标系统，坐标系统不一致时将自动投影变换为目标数据集的坐标系统。

实验案例：将实验数据集中提供的 E00 格式中国地图数据和 Shapefile 格式的河北省地图数据分别导入新建的两个要素数据集中（图 3-2-2）。

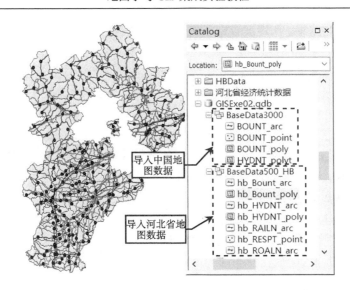

图 3-2-2　在文件地理数据库中导入中国地图数据和河北省地图数据的结果

3.2.3　将属性表格导入数据库

许多与空间相关的属性信息以 Excel 等常用的表格格式存储，如国家统计部门的社会、经济、文化统计数据。ArcGIS 可以直接读取 Excel 格式的属性表，也可以基于关联字段将属性表与空间表连接，以丰富空间单元的属性。但 ArcGIS 在读取 Excel 等外部表格时，必须按照地理数据库的表格规范进行识别处理。因此，Excel 格式中许多以报表方式呈现的可视化数据不能被 ArcGIS 直接应用。

实际应用中，外部表格数据可以经过处理后导入地理数据库，以形成更为稳定的数据库内部表，构建更强的表关系，或形成与空间表之间的关联，并可以参与构建特定的数据组织模型。将 Excel 表格数据导入 ArcGIS 的地理数据库中的方法如下。

（1）根据 Geodatabase 的表格规范要求，将 Excel 表格进行格式化处理，形成规范的行列二维表。

（2）在 ArcCatalog 或 ArcMap 的 Catalog 窗口中找到准备导入表格数据的地理数据库，右键选择数据库，在弹出菜单中选择【Import】→【Table（Single）】菜单项，打开"Table to Table"对话框。

（3）确定导入表格数据源。在"Input Rows"部分选择拟导入的外部表格数据源，如 Excel 文件中的某个 sheet 表；选择导入的源表格后，"Field Map（optional）"部分自动列出该表格中包括的可识别字段；可以对字段列表进行调整，删除不需要的字段，或调整字段顺序等。

（4）定义导入条件。在"Expression（optional）"参数区，可以构建基于 SQL 的查询表达式，选择导入的记录范围。不提供查询表达式的情况下将导入表格数据源中的全部记录。

（5）定义存储位置和表格名称。"Output Location"参数部分已给出了当前选择的输出位置信息，也可以重新选择输出位置；"Output Table"部分给出结果表名称。

　　（6）所有参数定义完毕后，选择"OK"按钮，如果是在 ArcMap 中操作，导入成功后的表将自动添加至当前地图文档中；可以在 ArcMap 中打开表格观察导入的结果情况。

　　实验案例： 实验数据集中提供了一套河北省社会经济统计数据，其中，包括 2012 年度、2014 年度各个县市统计单元的社会经济数据，将两个年度的数据导入前面设计的地理数据库中（图 3-2-3）。

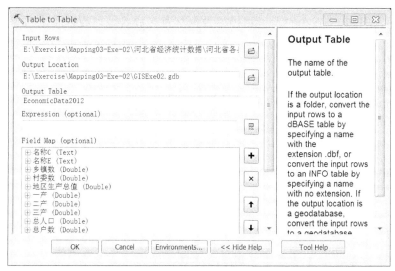

(a) 导入表格工具对话框

(b) 在属性浏览表中浏览导入结果

图 3-2-3　将属性表格导入地理数据库

　　自主练习： 实验数据集中提供的河北省社会经济统计数据中，还包括 2012 年度、2014 年度 11 个地市和城市建成区的社会经济数据表，将这些数据表也导入前面设计的地理数据库中。

3.2.4　在数据库中管理栅格数据集

ArcGIS 中的 Raster Dataset（栅格数据集）指存储在磁盘或地理数据库中的任何栅格数据模型，是构建其他数据集的最基本栅格数据存储模型。Mosaic Dataset（镶嵌数据集）是地理数据库中的栅格数据组织模型，用于管理一组以目录形式存储并以镶嵌影像方式查看的栅格数据集或影像；镶嵌数据集具有高级栅格查询功能和处理函数，还可用作提供影像服务的数据源。当栅格数据集数量较少时，可将栅格数据集直接放入地理数据库；当栅格数据集涉及区域较大、具有较多时间序列或多种数据格式时，往往形成数量较大的栅格数据集，可以采用镶嵌数据集方式进行管理。

1. 将栅格数据集直接放入数据库

可使用以下方法将栅格数据导入地理数据库："导入栅格数据集"、"复制栅格"工具或"加载数据"。采用"导入栅格数据集"方式，将栅格数据集导入地理数据库中的关键步骤如下。

（1）在 ArcCatalog 或 ArcMap 的 Catalog 窗口中，定位至拟导入栅格数据集的地理数据库。

（2）右键选择数据库，在弹出菜单中选择【Import】→【Raster Datasets】菜单项，打开"Raster To Geodatabase（multiple）"对话框。

（3）选择拟导入数据库的栅格数据集。在"Input Rasters"参数区选择拟导入的栅格数据集，或直接从"Catalog Window"中选择栅格数据集拖拽至参数列表区。

（4）"Output Geodatabase"参数区列出了目标数据库存储路径，可以修改目标位置。

（5）相关参数定义完成后，点击"OK"按钮，ArcMap 完成栅格导入。

实验案例：实验数据集中提供了一组 30m 分辨率 DEM 栅格数据集，将这些栅格数据集导入前文设计的地理数据库中，并观察浏览导入结果情况（图 3-2-4）。

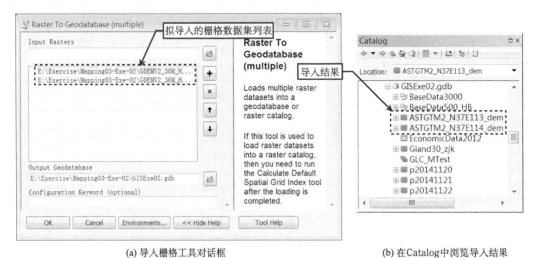

(a) 导入栅格工具对话框　　　　　　　　　(b) 在 Catalog 中浏览导入结果

图 3-2-4　向地理数据库中导入 30m 分辨率 DEM 栅格数据集

自主练习：实验数据集中提供了一组 30m 分辨率地表覆盖栅格数据集，将这些栅格数据集导入前文设计的地理数据库中，并基于 ArcMap 观察浏览导入的栅格数据集涉及的区域与数据内容。

2. 创建和管理镶嵌数据集

创建镶嵌数据集后，可以直接将需要集中管理的栅格数据集添加到镶嵌数据集中。镶嵌数据集会对栅格数据集进行索引，并且可对集合执行查询。镶嵌数据集中的栅格不必相邻或叠置，可以以不连续数据集形式存在。ArcGIS 提供了用于创建和编辑镶嵌数据集的地理处理工具。

1）创建镶嵌数据集并添加栅格数据

（1）创建镶嵌数据集。在 Catalog 窗口或 ArcCatalog 中新建或找到拟创建镶嵌数据集的地理数据库，右键选择该地理数据库，在弹出菜单中选择【New】→【Mosaic Dataset】菜单项，打开"Create Mosaic Dataset"（创建镶嵌数据集）对话框；或从 ArcToolbox 中直接访问【Data Management Tools】→【Raster】→【Mosaic Dataset】→【Create Mosaic Dataset】工具，打开创建镶嵌数据集对话框。

（2）在创建镶嵌数据集工具对话框中指定"Output Location"（存储位置）、"Mosaic Dataset Name"（数据集名称）和"Coordinate System"（空间参考）等参数。空间参考用于创建镶嵌数据集的"Boundary"（边界）和"Footprint"（覆盖区）等附加组成部分，并作为该镶嵌数据集的默认空间参考；镶嵌数据集的空间参考不需要与所添加栅格数据的空间参考一致，因此将以动态方式对不同空间参考的栅格数据集重新投影以创建镶嵌图像。

（3）将栅格数据添加到镶嵌数据集。在 Catalog 窗口或 ArcCatalog 中右键单击刚创建的镶嵌数据集，选择【Add Rasters】菜单项，打开"Add Rasters To Mosaic Dataset"（添加栅格至镶嵌数据集）对话框，也可以访问 ArcToolbox 中的【Data Management Tools】→【Raster】→【Mosaic Dataset】→【Add Rasters To Mosaic Dataset】工具，打开添加栅格至镶嵌数据集对话框。

（4）选择准备添加到镶嵌数据集中的栅格类型。默认的"Raster Dataset"包括 ArcGIS 支持的 Grid、TIFF 等所有栅格数据类型。如果是某个遥感产品，需要选择下拉菜单中的对应产品类型参数。ArcGIS 支持 Landsat、QuickBird、WorldView、Spot 等常见商业遥感产品，也包括中国高分、资源系列等遥感产品。

（5）提供添加到镶嵌数据集的栅格数据位置信息。可以按照"Workspace"方式批量添加支持的栅格数据集，也可以按照"Dataset"方式逐一选择栅格数据集添加。

（6）在对话框的"Mosaic post-processing"参数部分，选中"Update Overviews（optional）"（更新概视图）选择项，计算结果将为创建的镶嵌数据集更新概视图。

（7）所有参数定义完毕后，点击"OK"按钮即可完成向镶嵌数据集添加栅格数据集的过程。

实验案例： 实验数据集中提供了一组 4 幅 30m 分辨率的地表覆盖栅格数据集，创建一个镶嵌数据集，将分幅的栅格数据集导入镶嵌数据集中进行管理（图 3-2-5）。

2）定义镶嵌数据集的镶嵌规则

镶嵌数据集通常为具有重叠状态的输入栅格来创建，镶嵌规则包括镶嵌方法、镶嵌运算符和排列顺序三个方面。镶嵌方法定义如何根据这些输入栅格创建镶嵌图像。

可以通过两种方式修改镶嵌方法：在 Catalog 中通过镶嵌数据集的属性对话框进行修改，将会永久改变镶嵌数据集，并可以设置默认镶嵌方法和镶嵌运算符；在 ArcMap 中打开的镶嵌数据集，通过图像图层的属性对话框更改镶嵌方法，这种方式仅仅是访问镶嵌数据集时的显示状态，而不会对镶嵌数据集产生永久影响。镶嵌方法包括"North-West""Closest to Center""Closest to ViewPoint""By Attribute"等八种方式。

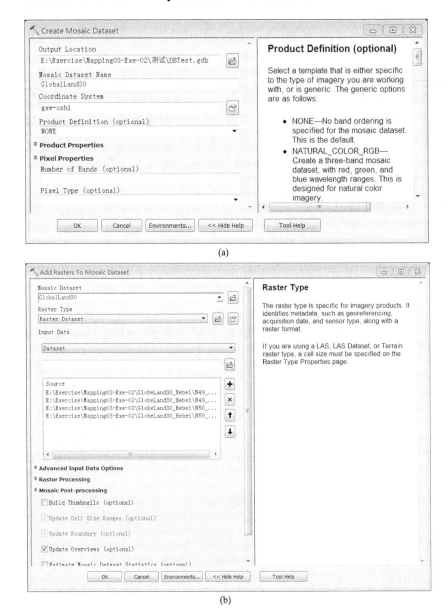

图 3-2-5　在地理数据库中创建镶嵌数据集（a）及将 4 幅地表覆盖栅格数据添加到镶嵌数据集（b）

　　为保证镶嵌数据集正确处理重叠区域的像元值，ArcGIS 提供了镶嵌运算符用于定义镶嵌影像中重叠像元的解析方法。镶嵌运算符包括"First""Last""Max""Min""Mean"等七种运算。

　　实验案例：在 ArcMap 中打开前面实验中基于 4 幅 30m 分辨率地表覆盖数据生成的镶嵌数据集，调整该数据集的显示镶嵌规则，以消除默认镶嵌方法造成的黑色条带。具体方法：根据地表覆盖栅格的属性和 NoData 值特征，镶嵌运算符建议采用"Max"方式（图 3-2-6）。

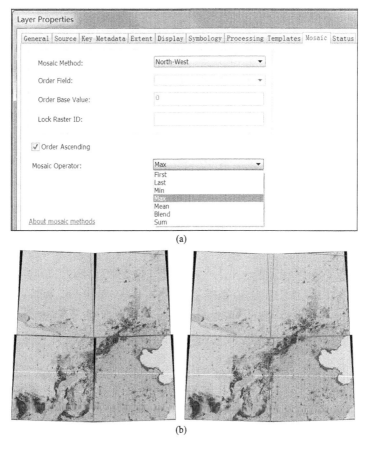

图 3-2-6　定义镶嵌数据集的镶嵌方法和镶嵌运算符（a）及镶嵌前（左下）和镶嵌后（右下）的 4 幅地表覆盖栅格显示效果（b）

3.2.5　空间数据间的连接关系设计

数据之间具有丰富的关系，在空间数据库中数据之间的连接是构建数据关系的最常用方式。数据连接是指通过两个表的公共属性或字段将一个表的字段追加到另一个表中。可以选择基于属性或预定义的地理数据库关系类定义表连接，也可以基于空间位置关系定义连接（空间连接）。对于地理要素类来说，还可以构建要素之间的拓扑关系，以表达基于空间关系规则约束的空间模型。

1. 通过属性连接表

多数情况下，数据库设计都避免构建包含所有必要字段的大型表，而是将数据库内容组织成多个专题，每个表用于表达一个特定专题。当需要对两个表进行连接时，可以基于两个表的公用字段将属性信息从一个表追加到另一个表上。ArcGIS 允许用户通过公用字段将一个表的记录与另一个表的记录相关联。通过属性建立表连接的主要步骤如下。

（1）在 ArcMap 的内容表中，右键单击想要连接的图层或表，在弹出的菜单中选择【Join and Relates】→【Join】菜单项，打开"Join Data"（连接数据）对话框。或者选择【Open Attribute Table】菜单项，打开准备连接的要素类或表的"Table"（属性表）窗口，单击属性表的"Table

Options"下拉菜单列表，选择【Join and Relates】→【Join】菜单项。

（2）在"What do you want to join to this layer?"下拉列表部分，选择"Join attributes from a table"（连接表的属性）选项。

（3）定义连接表相关配置参数。选择目标表中作为连接依据的字段、选择拟连接的表或要素类、选择连接表中用作连接依据的字段。

（4）在"Join Options"参数区部分，选择保留所有记录还是仅保留匹配记录。

（5）所有参数定义完毕后，点击"Validate Join"按钮验证连接有效性，确认无误后单击"OK"按钮完成基于属性的表连接。

2. 通过空间关系连接表

当地图中的相关图层没有共享的公共属性字段时，可以使用空间关系将两个表进行连接，即根据图层中要素的位置连接两个图层的属性。使用空间连接可以获得以下信息内容：距目标要素（城市、旅游地）最近的要素（交通线、河流）信息及其统计特征；目标要素内包括的被连接要素的数量统计特征；与目标要素相交或落在目标多边形要素内的要素数量等。

空间连接与通过属性和关系类的连接不同，它不是动态连接，而是将连接结果保存到新的输出要素类中。下面以连接位于多边形内部的点要素类属性的案例说明空间连接的关键步骤。

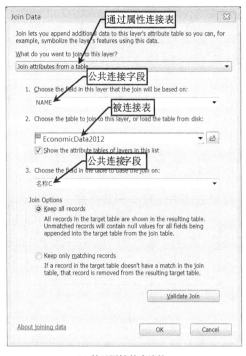
(a) 基于属性的表连接

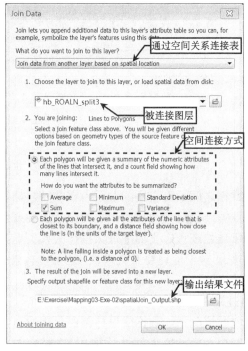
(b) 基于空间关系的数据连接对话框

图 3-2-7　地理数据库中的数据连接关系定义

（1）在 ArcMap 中右键选择某个要素类图层，在弹出菜单中选择【Join and Relates】→【Join】菜单项，打开连接数据对话框；或者通过属性浏览表中的对应菜单项访问连接数据对话框。

（2）在“What do you want to join to this layer?”下拉列表部分，选择“Join data from another layer based on spatial location”（基于空间位置连接数据）选项。

（3）选择要连接属性的图层名称，选择连接位于多边形内部要素的数值型属性统计选项；勾选所需属性汇总方式对应的复选框。

（4）输入空间连接计算结果文件或要素类的存储位置和名称。

（5）所有参数定义完毕后，单击“OK”按钮完成基于空间位置的表连接。

实验案例：实验数据集中提供了矢量格式的河北省地理信息数据和基于县域单元的社会经济统计表格数据。利用属性连接方式将河北省社会经济统计数据连接至行政区划要素类；利用空间连接方式统计各个县域单元内的公路交通线的总长度（图 3-2-7 和图 3-2-8）。

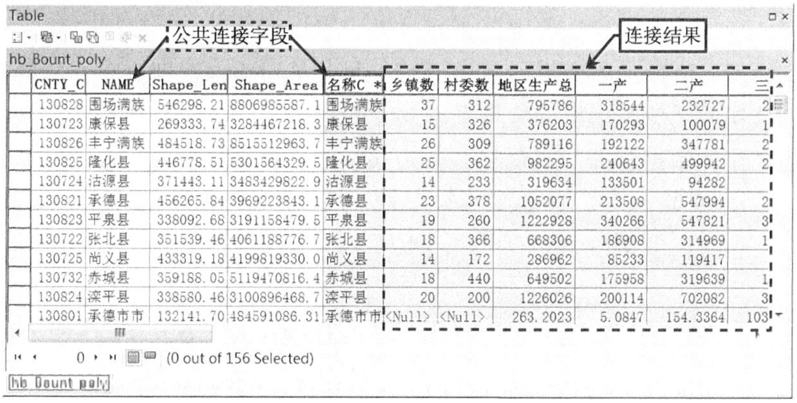

CNTY_C	NAME	Shape_Len	Shape_Area	名称C *	乡镇数	村委数	地区生产总	一产	二产	三
130828	围场满族	546298.21	8806985587.1	围场满族	37	312	795786	318544	232727	2
130723	康保县	269333.74	3284467218.3	康保县	15	326	376203	170293	100079	1
130826	丰宁满族	484518.73	8515512963.7	丰宁满族	26	309	789116	192122	347781	2
130825	隆化县	446778.51	5301564329.5	隆化县	25	362	982295	240643	499942	2
130724	沽源县	371443.11	3483429822.9	沽源县	14	233	319634	133501	94282	
130821	承德县	456265.84	3969223843.1	承德县	23	378	1052077	213508	547994	2
130823	平泉县	338092.68	3191158479.5	平泉县	19	260	1222928	340266	547821	3
130722	张北县	351539.46	4061188776.7	张北县	18	366	668306	186908	314969	1
130725	尚义县	433319.18	4199819330.0	尚义县	14	172	286962	85233	119417	
130732	赤城县	359188.05	5119470816.4	赤城县	18	440	649502	175958	319639	1
130824	滦平县	338580.46	3100896468.7	滦平县	20	200	1226026	200114	702082	3
130801	承德市市	132141.70	484591086.31	承德市市	<Null>	<Null>	263.2023	5.0847	154.3364	103

(a)

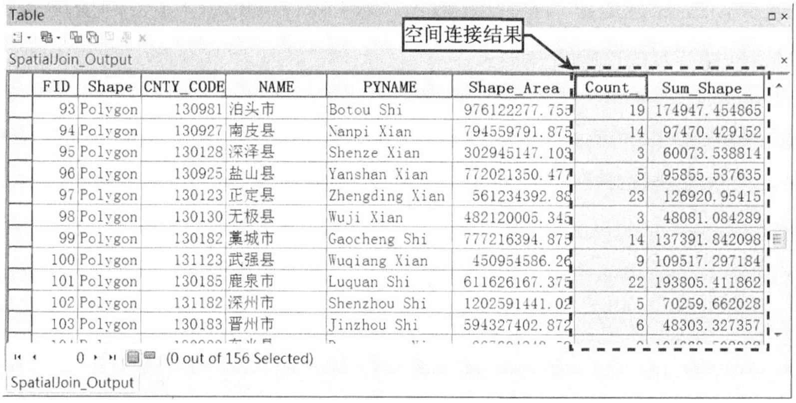

FID	Shape	CNTY_CODE	NAME	PYNAME	Shape_Area	Count_	Sum_Shape_
93	Polygon	130981	泊头市	Botou Shi	976122277.755	19	174947.454865
94	Polygon	130927	南皮县	Nanpi Xian	794559791.875	14	97470.429152
95	Polygon	130128	深泽县	Shenze Xian	302945147.103	3	60073.538814
96	Polygon	130925	盐山县	Yanshan Xian	772021350.477	5	95855.537635
97	Polygon	130123	正定县	Zhengding Xian	561234392.88	23	126920.95415
98	Polygon	130130	无极县	Wuji Xian	482120005.345	3	48081.084289
99	Polygon	130182	藁城市	Gaocheng Shi	777216394.875	14	137391.842098
100	Polygon	131123	武强县	Wuqiang Xian	450954586.26	9	109517.297184
101	Polygon	130185	鹿泉市	Luquan Shi	611626167.375	22	193805.411862
102	Polygon	131182	深州市	Shenzhou Shi	1202591441.02	5	70259.662028
103	Polygon	130183	晋州市	Jinzhou Shi	594327402.872	6	48303.327357

(b)

图 3-2-8　河北省行政区空间数据与社会经济属性数据基于行政区名称的连接结果（a）及以河北省行政区和交通空间数据为基础，基于空间位置连接统计各县域单元内的公路长度结果（b）

自主练习：利用空间连接方式，统计河北省各个县域单元内的河流、铁路交通线的总长度。

实验 3-3　管理地理信息元数据

因为元数据是对（空间）数据的说明，并且元数据的管理和维护一般处于后台或自动更新，所以经常被忽略。虽然也有很多用户从理论上了解了元数据的重要性，但实际应用中却经常忽视元数据的价值，或者忽略元数据的录入、编辑、更新等管理和维护工作。作为 GIS 专业人士，有必要全面了解元数据及其在 GIS 中的实现原理，在数据生产和应用过程中充分发挥元数据的信息解释价值，提升数据使用的精确性和有效性。

实验目的： 通过解析一系列关键概念的基本原理与内涵，试图构建元数据理论与 GIS 软件实现之间的桥梁。依托 ArcGIS Desktop 系统，从简单元数据管理到基于成熟标准和规范的元数据描述，让实验者充分理解元数据并能够灵活应用元数据提高数据价值。

相关实验： 空间数据管理与可视化系列实验中的"地图编制任务中的数据组织模式与方法"、GIS 原理系列实验中的"地理数据库设计与数据组织管理"。

实验数据： 河北区域部分 30m 分辨率 DEM 与地表覆盖数据、河北省基础地理信息数据集。

实验环境： ArcGIS Desktop、Microsoft Edge（或其他支持 XML 访问的 Web 浏览器）。

实验内容：

（1）浏览观察常见的元数据描述项。

（2）要素类、要素数据集、栅格数据集、图层、地图文档等不同类型数据项的元数据浏览。

（3）实现简单的元数据管理：为项目创建缩略图；编辑、更新常见的元数据描述项。

（4）通过 ArcGIS 的元数据样式，实现符合 FGDC CSDGM 标准的元数据管理。

（5）导入、导出元数据内容：在不同数据项间共享相同元数据描述项；将元数据导出为 XML 文件。

1. 关键概念解读

正确理解元数据的内涵及软件实现原理，需要对元数据设计相关的关键概念有正确认识，如元数据内涵与内容、元数据标准与规范、元数据级别与层次和元数据样式与格式等。

元数据内涵与内容。在 GIS 原理的教科书中，元数据被称为描述数据的数据。这一高度理论凝练的概念，对于初学者来说很难通过自己的总结列举出大多数的元数据描述项。不过，可以这样具体理解元数据：它可以记录一切对于用户了解该数据或项目（ArcGIS 中称为 Item）而言比较重要的信息，包括与项目准确性和项目时间相关的信息、与使用和共享项目相关的限制与版权信息、项目生命周期中的重要过程等。

元数据标准与规范。GIS 发展过程中，一些国家部门或社会组织制定了一系列元数据标准，如美国联邦地理数据委员会（Federal Geodata Commission，FGDC）建立的 Content Standard for Digital Geospatial Metadata（CSDGM）、ISO 标准 19139 Geographic information-Metadata-XML schema implementation 等。其中，CSDGM 等标准已成为 GIS 软件的通用元数据描述规范。

元数据级别与层次。ArcGIS 允许为包括要素类、栅格数据集、要素数据集、图层、地图文档等大多数"Item"（项）创建元数据，每个项都拥有自己的元数据文档，并允许用户查看由元数据文档生成的"Item Description"（项描述），这就形成了不同级别与层次的元数据。ISO 元数据标准也支持在 GIS 中按不同级别维护信息。例如，可以创建用于描述整个影像数据集的元数据，而不是为每一幅影像单独创建几乎相同的信息描述。

元数据样式与格式。元数据样式类似于对项目的元数据应用过滤器，控制元数据查看方式及描述选项卡出现的编辑页面查看方式。元数据样式可以设计为 ArcMap 支持的某个元数据标准，当前选择的元数据样式将决定导出和验证元数据的方式。对于独立存储的元数据文件来说，一般按照 XML 格式存储，也有的以普通文本文档存储和管理内容。

2. 不同的元数据描述对象

1）常见的元数据描述项浏览观察

常见的元数据描述内容具体包括以下方面。

与数据内容、使用等相关的概要说明，如项目 Name（名称）、Summary（摘要）、Description（描述）、Tags（标签）、Credits（认证）、Use Limitations（版权）等信息。

元数据对组织与结构方面的描述，如 Extent（项目涉及的空间范围）、Spatial Reference（空间参考信息）、Fields（属性数据字段等组织与结构说明）。

对项目生命周期重要过程的记录。例如，"Geoprocessing history"中关于空间纠正、投影变换、字段值计算等地理计算过程的记录说明。

在 ArcMap 中浏览观察元数据描述内容的基本方法如下。

（1）选择浏览元数据描述的风格样式。在 ArcMap 中选择【Customize】→【ArcMap Options】菜单项，打开"ArcMap Options"对话框，切换至"Metadata"选项卡。

（2）在"Metadata Style"部分的下拉列表中，选择拟采用的元数据样式。其中，"Item Description"样式为 ArcGIS 提供的元数据简单描述样式；"FGDC CSDGM Metadata"等为按照对应的元数据内容标准设计的元数据样式。如果需要浏览详细的元数据，请选择某一种标准元数据样式。

（3）在 Catalog View 中，右键选择需要浏览元数据的项目，在弹出的右键菜单列表中选择【Item Description】菜单项，打开"Item Description"对话框。

（4）浏览该项目的各部分元数据描述。

与 ArcMap 一样，在 ArcCatalog 中也能够浏览元数据的描述内容，主要步骤如下。

（1）在 ArcCatalog 中选择【Customize】→【ArcCatalog Options】菜单项，打开"ArcCatalog Options"对话框，并切换至"Metadata"选项卡选择元数据浏览样式。

（2）在 ArcCatalog 左侧的"Catalog Tree"（目录树）中选择要浏览的数据项，然后在右侧的视图中切换至"Description"选项卡即可浏览元数据描述内容。

实验案例：利用 ArcMap 查看河北省地理信息数据集中的县市行政区多边形要素类的元数据描述（采用 FGDC CSDGM Metadata 样式），浏览基本特征说明、空间信息架构、属性数据组织与结构、地理处理历史记录等元数据信息（图 3-3-1）。

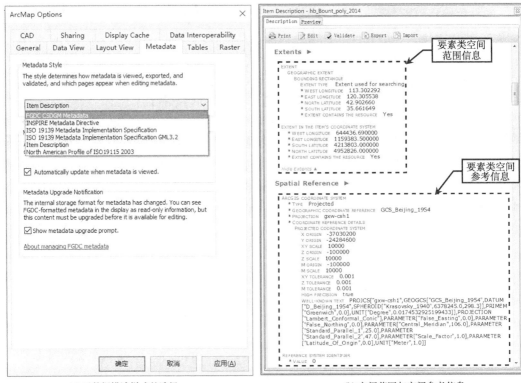

(a) 元数据描述样式的选择　　　　　　　　(b) 空间范围与空间参考信息

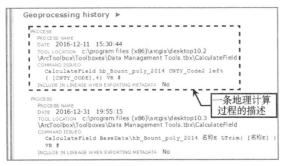
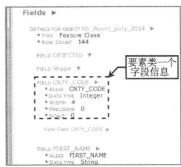

(c) 地理计算过程描述　　　　　　　　　　(d) 属性数据结构与组织的描述

图 3-3-1　河北省基础地理信息中的县市行政区多边形要素类的部分元数据内容描述

自主练习：利用 ArcCatalog 完成实验案例给出的元数据浏览训练，同时浏览实验数据集中提供的栅格数据集元数据信息，比较 ArcCatalog 与 ArcMap 在提供元数据浏览方式方面的异同。

2）不同类型数据项的元数据浏览观察

ArcGIS 中的要素类、要素数据集或栅格数据集、图层、地图文档和地图服务等大多数项目都允许用户创建描述项目的元数据。尽管要素类与图层、要素数据集和地图文档等都从不同角度有联系，也有一些相同类型的元数据描述项，但每种类型的 ArcGIS 项目都拥有各自的元数据文档。

要素类的元数据仅描述对应的要素类，它不会从存储此要素类的要素数据集中继承任何信息。栅格数据集的元数据则仅描述对应的栅格数据集信息，如栅格范围、空间参考、像元大小等。要素数据集的元数据仅描述对应的要素数据集。例如，它会描述要素数据集包括的各个要素类情况，但不会包括要素类的属性组织结构等具体信息。图层的元数据仅描述对应的图层。例如，它会描述用于显示数据的地图比例、使用数据规范化方法的原因及图层中包含的要素选择方式，其关联的要素类或栅格应被记录为相关资源。但图层元数据并不描述图层关联的数据源内容。以此类推，地图文档的元数据描述文档本身的信息，而地图服务元数据应描述对应的地图服务。

　　自主练习：利用 ArcMap 中的"Item Description"对话框，以 FGDC 的 CSDGM 样式浏览实验数据集中提供的要素类、栅格数据集、要素数据集和地图文档等项目的元数据信息，比较 ArcGIS 为不同类型项目提供的元数据描述内容的异同（图 3-3-2）。

3. 简单元数据管理

　　"Item Description"对话框的描述选项卡用于查看和编辑 ArcGIS 项的元数据和独立的元数据 XML 文件。ArcGIS 元数据样式默认为项描述样式，可用于查看和编辑相关项目的一组简单元数据属性。当使用项描述样式编辑元数据时，只有一个信息页可用，允许用户对数据进行简要描述。

　　1）在元数据中为项目创建缩略图

　　Thumbnail（缩略图）是概要说明项目中所含数据的一种图形，属于数据快照。ArcGIS 数据管理中需要手动创建和更新缩略图。缩略图是数据或地图文档等项目的元数据内容之一。通过"Item Description"对话框中"Preview"（预览）选项卡为项目创建缩略图的关键步骤如下。

　　（1）在 Catalog 窗口中，右键单击要创建缩略图的项目，选择【Item Description】菜单项，打开"Item Description"对话框，查看该项目的描述信息，确认当前项目是否拥有缩略图。

　　（2）切换至对话框的"Preview"选项卡，在"Geography"预览模式下选择工具条上的放大、缩小、漫游等按钮，调整缩放到项目的最佳显示比例和区域范围。

　　（3）单击对话框工具条上的【Create Thumbnail】工具，为项目创建缩略图。

　　（4）切换至对话框的"Description"选项卡，查看该项目刚创建的缩略图效果。

　　2）编辑、更新常见的元数据描述项

　　除缩略图外，在默认的项描述简单元数据浏览模式下，可以在项描述对话框中进一步编辑更新其他项描述内容，具体操作步骤如下。

　　（1）打开待编辑更新项目的"Item Description"对话框，在"Description"选项卡中，点击【Edit】工具项，开启编辑更新项描述模式。

　　（2）缩略图更新。可以删除已存在的缩略图，或重新选择已经存在的 JPEG、PNG、GIF 等格式的图片文件，更新项缩略图。

　　（3）对话框的顶部将给出需要编辑补充内容的元数据项提示，如"！purpose is required""！tags are required"等，对应项目信息填充区域背景也将标识为粉红色。

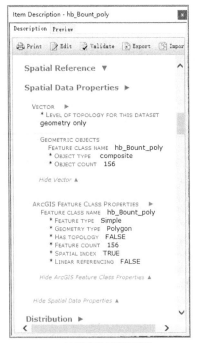

(a) 要素类元数据描述

(b) 栅格数据集元数据描述

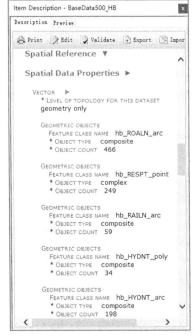

(c) 要素数据集元数据描述

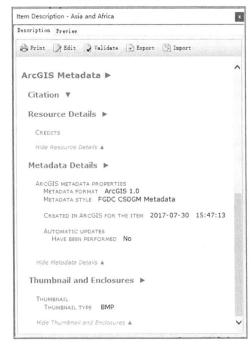

(d) 地图文档元数据描述

图 3-3-2　以 FGDC 的 CSDGM 样式浏览对比不同类型项目的元数据内容描述

（4）逐一添加 "Tags" "Summary（Purpose）" "Description（Abstract）" "Credits" 等描述项信息。

（5）可以点击 "New Use Limitation" 为项目添加必要的数据使用限制描述信息项，并添加具体的使用限制描述信息。

（6）用户根据数据内容特点，可以进一步定义适宜的比例范围和数据外包矩形信息。

（7）所有元数据描述项均更新完毕后，点击对话框上的【Save】工具保存元数据信息。

实验案例： 为实验数据集中提供的 30m 分辨率地表覆盖栅格数据集添加缩略图，同时为该数据集的以下元数据描述项输入或更新信息：Summary、Description、Tags 等（图 3-3-3）。

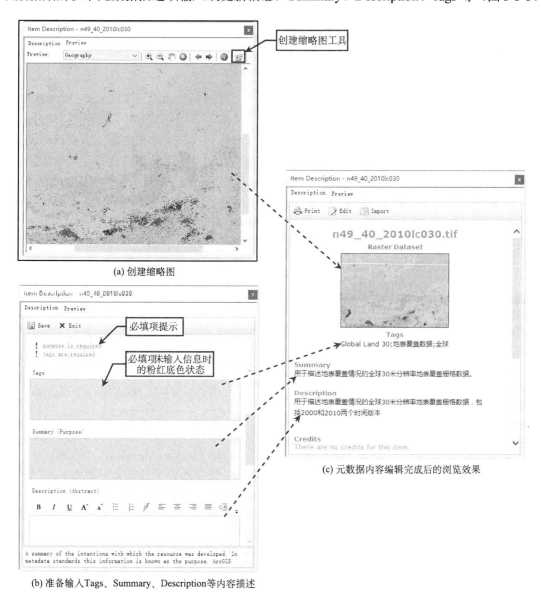

(a) 创建缩略图

(b) 准备输入Tags、Summary、Description等内容描述

(c) 元数据内容编辑完成后的浏览效果

图 3-3-3　使用项描述样式编辑栅格数据集的元数据内容

4. 专用标准元数据管理

ArcGIS 提供了符合多种专用元数据标准规范的元数据样式。如果要查看项目的更多信息，或使用默认项目描述样式之外的其他元数据标准样式对项目进行描述，可以通过"ArcMap Options"对话框选择其他元数据样式。这些元数据样式可以对应管理符合不同标准的元数据。

ArcGIS Desktop 提供的几种标准元数据样式如下：ISO 19139 Metadata Implementation Specification、ISO 19139 Metadata Implementation Specification GML3.2、North American Profile of ISO 19115 2003、INSPIRE Metadata Directive、FGDC CSDGM Metadata。

实验案例：在 ArcMap 或 ArcCatalog 中设置不同的专用元数据标准规范的元数据样式，分别以不同的样式规范浏览要素类、栅格数据集等数据项目的元数据内容，比较不同样式规范在内容组织方面的异同。

5. 导入、导出元数据内容

ArcMap 的"Item Description"对话框或 ArcCatalog 的"Description"选项卡，均提供了元数据的"Import"（导入）和"Export"（导出）工具。

以下情况下经常需要导入元数据：在 ArcGIS 中使用某个其他位置的数据项，该数据项的元数据存储于单独文件中；同一工程相关联的多个数据项拥有部分相同描述内容的元数据项，可以通过导入元数据模板的方式为这些数据项添加相同的元数据内容；未创建模板的情况下，在少量几个数据项之间共享部分元数据内容。导出元数据是以符合特定元数据规范的方式输出 XML 格式元数据文件的过程，用于数据共享说明或 Web 发布等，如将元数据发布到元数据目录。

总之，导入、导出元数据的最终目的是实现内容相同的元数据描述项在不同项目之间共享或成果的公开说明。下面介绍两种常用的元数据导入、导出方式。

1）在不同数据项之间共享相同的元数据描述项

以 Import 方式导入其他数据项已经完成的元数据，能够实现在不同数据项之间共享相同的元数据描述项。例如，如果用户已创建描述要素数据集的元数据，则无需向此要素数据集包含的要素类元数据中重新输入相同内容的描述项。在 ArcCatalog 中的具体操作步骤如下。

（1）在 ArcCatalog 中设定元数据样式为 FGDC CSDGM Metadata。

（2）在"Catalog Tree"中选择准备录入元数据的要素数据集，在右边的浏览窗口中切换至"Description"选项卡，完善该数据集可以在要素类中共享的元数据描述信息，如描述、引用、联系信息等，保存修改后的元数据。

（3）在"Catalog Tree"中逐一选择该要素数据集中的各个要素类，在要素类的"Description"选项卡中，选择【Import】工具项，打开"Import Metadata"对话框。

（4）在"Source Metadata"参数部分，选择前面步骤中的要素数据集元数据；在"Import Type"参数部分，选择"FROM_ARCGIS"导入类型。

（5）所有参数定义完毕后，点击"OK"按钮执行导入运算，将要素数据集描述、引用和联系信息等导入要素类。元数据导入工具不会复制要素数据集固有属性。

（6）导入完毕后，如果元数据内容没有更新，可以通过切换选项卡等方式，引导 ArcCatalog 自动更新元数据。重复上述步骤完成其他要素类的元数据更新。

实验案例：基于 ArcCatalog 完善地理数据库中的河北省基础地理信息要素数据集的元数据描述项，将内容相同的描述和联系信息等元数据描述内容导入要素数据集的所有要素类中（图 3-3-4）。

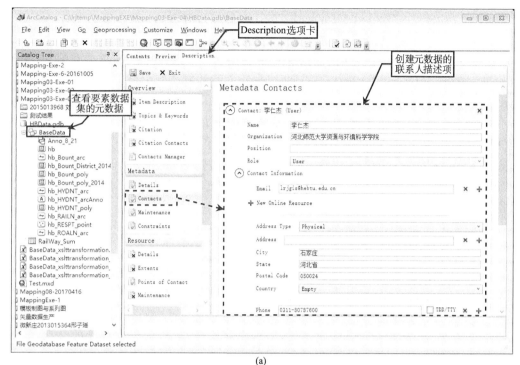

(a)

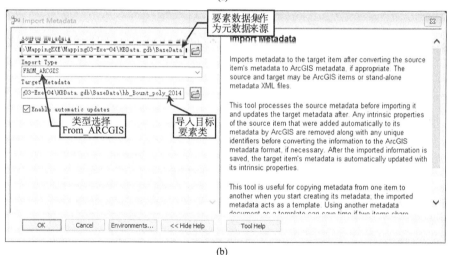

(b)

图 3-3-4　基于 ArcCatalog 更新要素数据集元数据内容（a）及将定义好的元数据描述内容导入要素类（b）

自主练习：完善一幅 30m 地表覆盖栅格数据的共性元数据描述项（如 Tags、Summary、Contacts 等），将更新完善的元数据描述内容导入其他地表覆盖栅格数据中。

2）将定义好的元数据导出为 XML 文件

ArcGIS 创建的元数据通常存储为 ArcGIS 元数据格式，是按照与当前 ArcGIS 元数据样式相关联的元数据标准创建的，但 ArcGIS 元数据在外部无法使用。如需在 ArcGIS 外部使用元数据，可将元数据导出为标准 XML 格式，并共享导出的 XML 文件。可通过以下地理处理工具导出 ArcGIS 元数据。

（1）从 Catalog 窗口或 ArcToolbox 窗口，选择【Conversion Tools】→【Metadata】→【Export

Metadata】工具，打开"Export Metadata"（输出元数据）对话框，这种方法的对话框中不预定义转换参数，需要用户自己选择输入、输出和转换器参数。

（2）在 Catalog 窗口中查看某个数据项的元数据，在"Description"选项卡中单击【Export】工具按钮，打开"Export Metadata"对话框，这种方法的对话框中参数将自动设置为适合当前 ArcGIS 元数据样式的值。

（3）在 ArcCatalog 视图窗口中的"Description"选项卡的工具条上，选择【Export】工具按钮打开转换对话框。该方法的转换对话框参数将设置为适合当前 ArcGIS 元数据样式的值。

实验案例：利用前面练习中已经定义各个元数据描述项内容的 30m 分辨率地表覆盖数据，导出一个分幅数据的 XML 格式元数据，利用浏览器或其他文本浏览软件，打开 XML 元数据查看相关描述项的描述方式（图 3-3-5）。

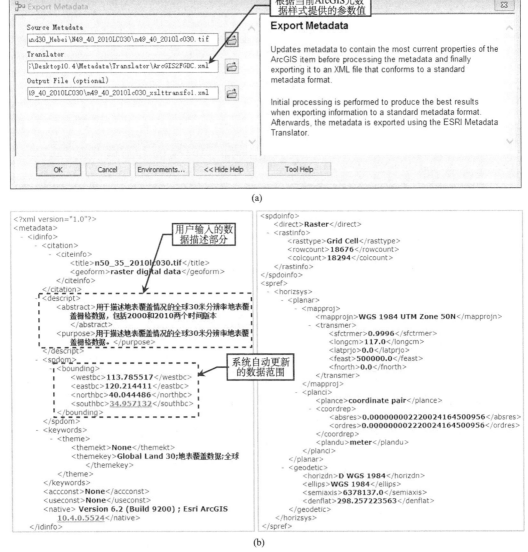

图 3-3-5　在元数据描述对话框中选择导出工具导出 XML 文件对话框（a）及在 Microsoft Edge 浏览器中观察 XML 文件内容（b）

实验 3-4　空间数据的选择、查询与统计

　　快速实现空间数据选择、查询与统计既是 GIS 数据操作的基本功能，也是基于特定数据子集进行再应用或空间计算与分析的前提。从第一个成熟的 GIS 系统开始，大量空间数据集成管理就是基本的 GIS 数据管理模式，直到今天大数据时代的海量数据集成管理与服务，都需要用户掌握基本的空间数据选择、查询与统计方法，以满足不同数据应用需求。本实验设计了各种情景：从简单人机交互浏览、基于 SQL 语法的结构化查询，到基于空间关系与属性特征的组合查询；从简单字段值赋值与几何计算，到基于 Python 的批量运算设计等。无论是对于矢量还是栅格数据，快速、准确地获得用户需要的数据才是最终目的。

　　实验目的：帮助学生掌握不同应用目的与情景下，进行空间数据选择、查询与统计的常用方法，能够灵活地实现对矢量、栅格等不同类型空间数据的快速、准确获取。

　　相关实验：地理数据库设计与数据组织管理、管理地理信息元数据，以及关于空间分析与建模的相关实验。

　　实验数据：某区域地形图矢量数据集、河北省基础地理信息矢量数据集、30m 分辨率地表覆盖栅格数据集。

　　实验环境：ArcGIS Desktop 中的 ArcMap。

　　实验内容：

　　（1）矢量数据查询与选择。

　　（2）要素几何信息的计算。

　　（3）矢量数据属性统计运算。

　　（4）矢量数据查询结果的存储与处理。

　　（5）栅格数据选择、查询与统计运算。

3.4.1　矢量数据查询、选择与统计运算

　　矢量数据中的要素选择方式有多种。可以利用鼠标单击选中点击位置的要素，或在要素周围拖出图形选框同时选中多个要素。在 ArcMap 数据视图中，可以应用两种交互选择要素的方法：使用工具条【Tools】→【Select Features】工具项选择要素；使用鼠标在属性浏览表中选择记录。

1. 矢量数据查询与选择

　　ArcMap 提供的数据查询与选择功能集中在【Selection】菜单中，如图 3-4-1 所示，该菜单中常用的查询菜单项涉及的查询选择功能包括以下方面。

　　（1）三种查询方式。Select By Attributes，基于属性的选择查询功能；Select By Location，基于位置的选择查询功能；Select By Graphics，基于图形的查询选择功能。

　　（2）选择结果的访问。Zoom To Selected Features，将视图窗口缩放至选择要素；Pan To Selected Features，将视图窗口平移至选择要素；Statistics，查询选择集的统计结果。

　　（3）查询交互方法。Create New Selection，将查询结果创建一个新的选择集；Add to

Current Selection，将查询结果添加到当前选择集；Remove From Current Selection，将查询结果从当前选择集中移除；Select From Current Selection，从当前选择集中选择新的结果。

1）基于属性的要素查询选择（Select By Attributes）

ArcMap 提供了 SQL 查询模式，【Select By Attributes】菜单命令能够实现基于要素属性信息构建符合 SQL 语言规范的查询表达式，进而方便地查询选择空间数据库中的特定要素信息。基于属性信息进行要素查询选择的主要步骤如下。

（1）在 ArcMap 地图文档中添加待查询的要素类图层，选择 ArcMap 主菜单【Selection】→【Select by Attributes】菜单项，弹出 "Select By Attributes" 对话框。

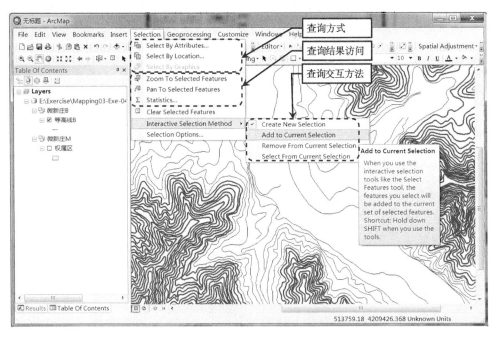

图 3-4-1　ArcMap 的 Selection 菜单中提供的数据查询与选择的功能、方式与方法

（2）在对话框的 "Layer" 下拉列表中选择查询目标图层；在 "Method" 下拉列表中选择查询交互方法（如果已经在 ArcMap 菜单中选择【Selection】→【Interactive Selection Method】，确定了拟采用的查询交互方法，在当前对话框中将默认选择该方法）。

（3）在条件表达式区域输入查询条件表达式（或通过选择字段列表、运算符和字段值等构造表达式）；系统在后台将用户选择的查询图层、查询方法和输入的查询条件等信息按照 SQL 语言标准生成 SQL 查询语句。

（4）点击条件表达式区域下方的 "Verify" 按钮进行语法校验，如果表达式存在语法问题，系统将给出报错提示信息。

（5）查询条件符合语法规范后即可点击 "Apply" 按钮执行查询操作，或点击 "OK" 按钮执行查询并同时关闭查询窗口，地图视图窗口中将给出符合查询条件的要素选择集。

（6）查询完毕后可以选择 ArcMap 中【Selection】→【Statistics】菜单项，查看查询结果选择集的统计结果，获得 Count（记录数量）、Minimum（字段最小值）、Maximum（最大值)、Mean (平均值)、Sum (总和)、Standard Deviation (标准差) 等统计指标,并给出数值频率分布统计图可视化表达。

实验案例:利用实验数据中的地形图数据,查询高程值大于 300m 的等高线,查看查询结果的统计信息,了解涉及的等高线数量、最大高程值等信息 (图 3-4-2)。

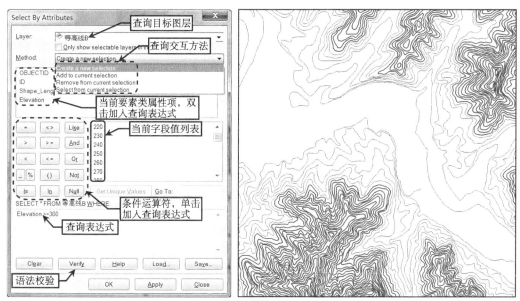

(a) 加粗等高线为查询结果

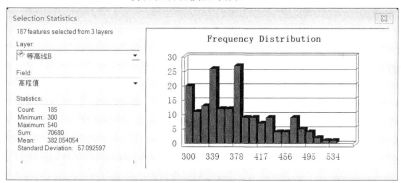

(b) 查询结果的统计信息

图 3-4-2　利用属性查询选择高程值大于 300m 的等高线

自主练习:在上述实验基础上,选择高程值在 200~300m 和 ≥450m 的等高线,查看查询结果的统计信息,了解这些海拔区域的分布。查询方法:①直接构造一个组合查询条件;②通过 "Add to Current Selection" 查询方法,分两次构建查询条件获得查询结果。

2) 基于不同图层间要素位置与空间关系的查询选择 (Select By Location)

ArcMap 提供了【Select By Location】(基于位置的选择) 菜单命令,可以实现根据某一图层要素相对于另一图层要素的位置和空间关系进行要素选择。基于位置的选择菜单命令最终实现的是从目标图层中选择与源图层中的要素存在某种特定空间关系的要素。具体操作步骤如下。

（1）在 ArcMap 地图文档中添加参与查询选择运算的源图层和目标图层，调整当前文档焦点数据框中的可选择图层，仅保留拟选择要素的目标图层处于可选择状态。

（2）选择 ArcMap 中【Selection】→【Select by Location】菜单项，打开"Select By Location"对话框。

（3）在"Selection method"部分下拉列表中选择查询选择方法，默认为"select features from"。

（4）在"Target layer（s）"部分勾选目标图层（拟选择要素所在图层）；在"Source layer"部分的下拉列表中选择与目标图层进行关系运算的源图层；如果源图层中包括处于选择状态的要素，则"Use selected features"选项启用，勾选该选项可仅以源图层选择要素确定目标图层要素查询结果。

（5）选择用于查询选择的空间关系规则（某些空间规则支持在查询选择中使用缓冲距离）。具体列举以下几个常用的空间关系规则。

"intersect（3d）the source layer feature"：选中目标图层中与源图层要素完全或部分重叠的要素。

"are within a distance of the source layer feature"：使用源图层要素周围创建设定距离的缓冲区，并选中所有与缓冲区域相交的目标图层要素。

"contain the source layer feature"：源图层要素的几何（包括边界）必须落在选中的目标图层要素的几何之内。

"completely contain the source layer feature"：选中的目标图层要素（必须为多边形要素）的所有部分必须完全包含源图层要素几何（不可接触目标要素的边界）。

"have their centroid in the source layer feature"：选中的目标图层要素几何的质心落在源图层要素几何之内或落在其边界上。

实验案例：利用实验数据中的地形图数据，根据点状要素（点要素类）与权属区（多边形要素类）之间的空间关系，查询完全落在某村界范围内的所有点状要素（图 3-4-3）。

3）基于视图图形与要素空间关系的选择查询（Select By Graphics）

ArcMap 提供了【Select By Graphics】菜单命令，可以实现从可选图层中选择与当前选中的图形元素相交的所有要素。该菜单功能的使用前提是当前视图窗口中至少包括一个图形元素处于选择状态，达到这一条件时【Select By Graphics】菜单命令方可启动。具体操作步骤如下。

（1）如果当前地图视图中没有图形元素，则应使用【Draw】工具条上的【Polygon】【Rectangle】等绘制工具创建用作查询条件的图形元素。

（2）使用【Tools】或【Draw】工具条的【Select Elements】工具，单击用作要素选择查询条件的图形元素。

（3）单击 ArcMap 菜单中的【Selection】→【Select by Graphics】菜单项，选择与当前选中的图形元素相交的可选择图层的所有要素。选择结果将以高亮方式显示。

备注：在 ArcMap 中还有【Tools】→【Select Features】工具组，该工具组的下拉菜单中包括通过绘制 Rectangle（矩形）、Polygon（多边形）、Lasso（套索）、Circle（圆）和 Line（线）

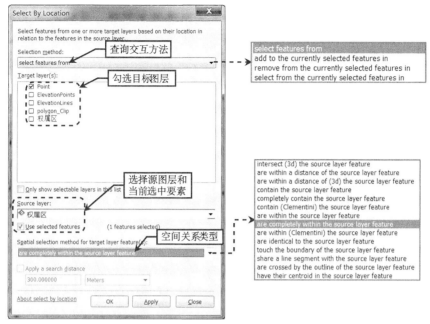

(a) "Select By Location" 对话框的查询参数设计

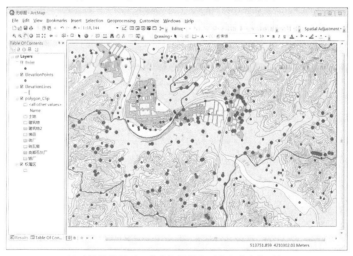

(b) 查询结果展示，高亮加粗的点要素为选中的要素

图 3-4-3　"Select By Location" 的查询案例，选择完全位于当前选择权属区范围内的点要素

5 种图形进行要素选择的 5 个工具。这组【Select Features】工具能够实现与【Select By Graphics】菜单命令基本相似的功能。【Select By Graphics】菜单命令的优势在于更灵活的交互性，可以通过【Draw】→【Edit Vertices】工具对图形进行重复、精细调整，以达到精准选择目的；而使用【Select Features】工具组中的工具时，如果绘制的图形不符合查询要求，则必修重新绘制，灵活性较差。

　　实验案例：利用实验数据中的地形图数据，练习基于视图图形的查询。绘制一个多边形图形元素，基于该图形查询落于其中的点要素；尝试利用编辑节点工具调整查询图形形状，重复执行【Select By Graphics】 菜单命令，获得不同的查询结果（图 3-4-4）。

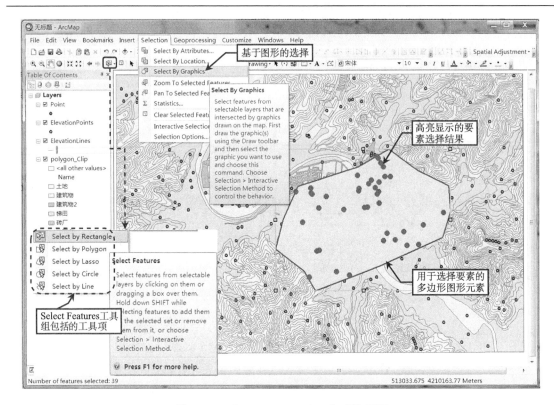

图 3-4-4　"Select By Graphics"查询案例

基于当前选择的图形范围选择点要素，高亮加粗的点要素为落在查询范围内的要素；图中同时展示了可以实现近似功能的 Select
Features 工具组

　　自主练习：利用实验数据中的地形图数据，练习基于图形的查询，对比【Select Features】
工具组各个工具与【Select By Graphics】菜单命令在查询选择功能方面的共性和差异。

　　4）基于属性与位置空间关系的组合查询选择

　　通过组合要素属性查询和位置查询两种方式，可以获得更为精准的查询结果或满足复杂
查询目的。例如，可以通过名称属性查询某条河流的所有河段要素，再通过位置查询获得该
河流流经的行政区域；同样在计算交通要素的经济辐射区等任务中也需要组合查询。组合查
询需要根据查询目的确定先执行属性条件查询还是先执行位置查询。

　　（1）先属性查询后位置查询的组合。首先，执行属性条件查询获得第一批查询结果。
其次，执行位置查询时，将属性查询结果所属图层作为位置查询的源图层，并勾选"Use
selected features"选择项，使属性查询结果作为位置空间关系计算的参与要素。

　　（2）先位置查询后属性查询的组合。首先，执行基于位置查询获得第一批查询结果。
其次，执行属性条件查询时，根据查询目的将查询方法设置为"Add to （Remove from/Select
from）Current Selection"选择方法中的一种，继续从位置查询目标图层中执行二次选择，最
终获得查询结果。

　　实验案例：利用实验数据中的河北省基础地理信息数据集，查询石津干渠流经的县市，
并浏览这些县市的社会经济属性信息（图 3-4-5）。

(a) 执行基于河流名称的属性查询对话框

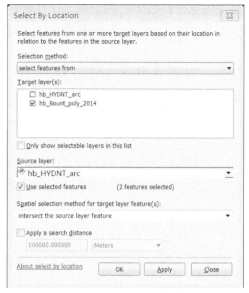

(b) 执行基于河流和行政区相交关系的位置查询对话框

(c) 组合查询结果的多边形要素选择集

(d) 查询结果的属性信息表

图 3-4-5　基于先属性后位置查询的组合查询方式获得石津干渠流经县市的基本信息

2. 计算要素的几何信息

ArcMap 在图层属性表对话框中提供的"Calculate Geometry"（计算要素几何信息）工具，可用于计算图层要素的几何信息并写入某个字段中。根据要素几何类型的不同，该工具可计算坐标值、长度、周长和面积等。其中，要素的面积、长度或周长的计算必须是在定义了正确的投影坐标系情况下。

由于不同投影具有不同的变形性质。应根据计算目标确定采用哪种合适的投影坐标系统。例如，在计算面积时建议使用等积投影。如果数据源和数据框坐标系不一样，那么使用数据框坐标系计算的几何信息就可能与使用数据源坐标系计算的结果不同。

因为 Shapefile 数据模型不支持编辑要素时自动更新属性表中的几何信息，所以可使用计算几何工具更新 Shapefile 要素的面积、长度或周长等信息。

计算要素几何信息的关键步骤如下。

（1）在 ArcMap 文档中添加待更新信息的要素类，启动该要素图层的编辑会话状态（处于非编辑会话状态时也可以计算几何信息，但无法撤消计算结果）。

（2）打开要素图层的属性浏览表，为计算要素几何信息准备存储字段。可以将计算信息写入已有的字段，也可以新建相关字段存储不同的几何信息。

（3）右键单击要计算的字段标题，在弹出的菜单列表中选择【Calculate Geometry】菜单项，打开"Calculate Geometry"对话框。

（4）在对话框的"Property"下拉列表中选择要计算的几何属性项。参与计算的图层要素类型不同，支持的计算属性也会有所不同。

（5）在"Coordinate System"选择项部分，确定计算几何拟采用的坐标系统。可以选择"Use coordinate system of the data source"（使用数据源坐标系），或"Use coordinate system of the data frame"（使用数据框坐标系）。

（6）在"Units"下拉列表中选择输出计算结果的数值单位。如果向文本类型字段中输入几何计算结果，可勾选"Add unit abbreviation to text field"选项，将单位缩写添加到结果中。

（7）如果表中有选中的记录，可以勾选"Calculate selected records only"选项，仅仅计算所选记录的要素几何信息。

（8）所有对话框计算参数和信息输入完毕，单击"OK"按钮执行计算。

实验案例：利用实验数据中的河北省基础地理信息数据集，计算交通线的长度、行政区的中心坐标等几何信息，将计算结果写入新增加的字段项。要求每个计算结果存储两种类型的字段：一个数值型，一个带数值单位的文本型（图3-4-6）。

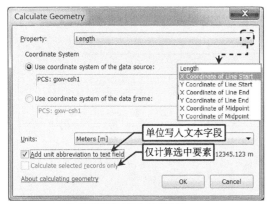

(a) 线要素类计算几何对话框

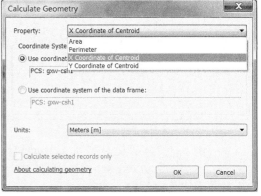

(b) 多边形要素类计算几何对话框

(c) 铁路线长度的计算结果（存储为两种类型的字段）

图 3-4-6　在属性浏览表中计算要素的几何信息

自主练习：利用河北省基础地理信息数据集，参照上述流程计算河流的相关几何信息，增加交通线起始和结束节点坐标值几何信息。所有计算结果写入自己设计的字段项。

3. 矢量数据属性统计运算

除了基于整个要素类所有要素的统计运算外，基于选择、查询结果的统计运算也是常见的工作。ArcMap 在属性浏览表中提供了一些常用的统计工具，以满足不同条件下的属性统计运算需求。

1）简单字段值计算

ArcMap 提供的字段计算功能可以实现同时批量更新表中大量记录的字段值，适用于字符串、数值及日期等类型字段，能够自动计算所选记录的相关字段值。简单字段值计算的主要步骤如下。

（1）将相关要素类图层或表添加至地图文档，启动相关数据编辑状态。

（2）在 ArcMap 内容表中右键单击要编辑的图层或表，选择【Open Attribute Table】菜单项，打开属性浏览表。

（3）在属性浏览表中，右键单击要计算的字段标题，选择【Field Calculator】菜单项，打开"Field Calculator"（字段计算器）对话框。

（4）使用"Fields"（字段）列表和"Functions"（函数）列表中的字段与函数构建计算表达式；或者在计算表达式的文本区域进一步编辑或输入表达式或字段值。注意：图层或表中已关闭的字段不会在字段计算器中列出；字段可见性可在图层或表属性对话框的字段选项卡部分设置，也可以在表窗口设置。

（5）即使未启用编辑会话状态，也可以进行字段值计算，但无法撤消计算结果。

实验案例：实验数据中的河北省地理信息数据集包括了各县市的行政区多边形及人口和第一、第二、第三产业等国民经济统计数据，利用人口数据和地区国民生产总值数据计算人均国民生产总值（计算过程中忽略缺失数据的行政单元）。

主要操作流程：第一，为行政区多边形要素类添加人均 GDP 字段（字段名"PC_GDP"，别名"人均 GDP"，类型"浮点型"），筛选参与计算的要素类记录。第二，开启要素类编辑状态。第三，打开字段计算器对话框输入计算表达式。第四，执行字段计算（图 3-4-7）。

2）基于 Python 的字段值计算

简单字段计算器表达式可直接输入至表达式文本框。包含多行脚本、循环和分支的复杂表达式则需要在字段计算对话框的代码块中输入代码块一般是对选定字段赋值前进行的前期数据处理。字段计算器支持使用 VBScript 或 Python 代码块执行高级计算功能，通过 Python 表达式和"代码块"参数可执行的操作包括：在表达式中应用 Python 函数、访问地理处理函数和对象、访问要素几何属性、访问新随机值运算符、使用条件语句、对属性值重分类、使用其他地理处理工具等。

使用 Python 代码块包括三个关键点：

(a) 字段值计算对话框表达式设计　　　　　(b) 字段值计算结果浏览

图 3-4-7　利用【Field Calculator】工具完成人均 GDP 字段值的计算

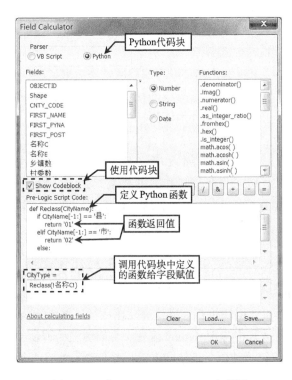

图 3-4-8　在 "Field Calculator" 中利用
Python 完成行政区分类

（1）在代码块中为字段赋值结果编写一个函数。Python 函数可通过 def 关键字定义，关键字后为函数名称及输入参数。

（2）利用 Python 语言，编写函数实现的功能，函数通过 return 语句返回值，用于给字段赋值。

（3）调用代码块定义的函数，为字段赋值。

实验案例： 实验数据包括河北省各县市行政区多边形，根据行政区中文名称中的级别类型标示字符（县、市、自治县、市辖区）进行分类。具体要求：新建行政区类型字段，通过 Python 实现名称解析、分类并给字段赋值（图 3-4-8）。

3）字段值的统计与分类汇总

ArcGIS 支持在属性浏览表中对数值型字段统计计算，通过右键点击数值型字段头，在弹出菜单中选择【Statistics】菜单项打开字段统计对话框，即可完成字段统计。该方法与从 ArcMap 窗口主菜单中选择【Selection】→【Statistics】菜单项执行的功能基本相同，这里不再重复介绍。本部分主要介绍统计中常用的分类汇总功能。

通过汇总要素类属性表中的数据，可以得到基于某个字段值分类的汇总统计数据，如计数值、平均值、最小值和最大值等。ArcMap 会将汇总统计结果创建为新表，该汇总表可以与对应的要素连接，并根据汇总统计数据值对要素图层进行符号化表达、标注或查询。分类汇总的主要步骤如下。

（1）在 ArcMap 中打开准备进行分类汇总的图层属性浏览表，确定用于分类和统计汇总的字段项。

（2）右键选择待分类字段头，选择弹出菜单的【Summarize】菜单项，打开"Summarize"对话框。

（3）选择一个或多个需要统计汇总的目标字段，展开字段包括的汇总统计项：最小值、最大值、平均值、总和、标准差和方差；勾选每个汇总字段的各个汇总项复选框。

（4）定义输出结果表格的存储路径与表名，默认位置为当前数据库。

（5）所有参数设置完毕，点击"OK"按钮完成分类汇总统计计算。

（6）根据系统输出结果的提示，将新表添加到当前地图中，并通过属性浏览表观察汇总结果。

实验案例： 河北省地理信息数据集包括铁路线要素类，由于行政区划或自然要素分隔等，每条铁路可能包括 1 条或多条路段；对名称相同的同一条铁路线所有路段长度信息进行分类汇总，包括最小值、最大值、总和三个汇总项（图 3-4-9）。

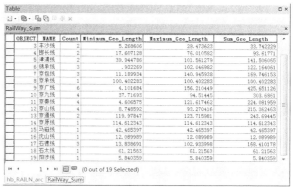

(a) 分类汇总工具参数设计　　　　(b) 分类汇总结果浏览

图 3-4-9　利用"Summarize"功能实现河北省铁路线各路段长度信息汇总统计

自主练习： ①按照河北省 11 个地市级单元，分类汇总河北省各个县市单元的社会经济统计数据。具体要求：包括最小值、最大值、平均值、总和、标准差和方差六个统计指标；输出结果存储到河北省基础地理信息数据集所在的数据库。②利用前面 Python 代码块完成的行政区类型进行社会经济统计数据分类汇总，统计指标同自主练习任务①。

4. 矢量数据查询结果的存储与处理

在数据库管理模式下，基于查询选择获得数据子集对于后续数据分析具有重要意义。在 ArcMap 中，使用矢量数据查询选择工具获得的数据子集将作为 Selection（要素选择集）。许多工具的运算都提供给用户选择的接口，可以基于整个图层的所有要素，也可以仅仅使用当前选择集要素。另外，如果当前图层存在选择要素，一些工具（如 Buffer）在默认情况下按照选择要素参与计算进行处理。

通过右键选择内容表中的图层名称，弹出的右键菜单列表的【Selection】子菜单中，包含了可应用于图层中要素选择集相关的各种操作命令（图 3-4-10）。常见的选择集操作如下。

"Switch Selection"：交换选择集与非选择集。

"Copy Records For Selected Features"：拷贝选择要素的属性记录。

"Create Layer From Selected Features"：将当前要素选择集存储为图层。

另外，右键菜单列表的【Data】子菜单中，还有输出数据的菜单项，可以将选择集输出为新数据。

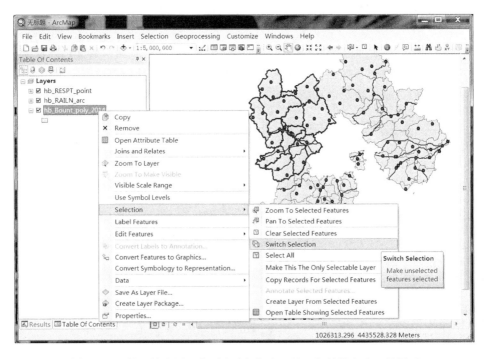

图 3-4-10　针对特定图层中要素选择集交互处理相关的命令工具展示

1）将当前要素选择集存储为图层

当一个要素选择集需要反复使用时，可以将其存储为图层，以方便后续分析与计算处理。具体操作方法：右键选择内容表中选择要素所在的图层名称，在弹出的右键菜单中选择【Selection】→【Create Layer From Selected Features】（根据所选要素创建图层）菜单项；菜单功能执行完毕后会在内容表顶部添加一个新图层，新图层名称定义为"源图层名称"+"Selection"。

2）将当前要素选择集输出为新数据

将选择集存储为图层，只是将选择集包括的要素定义了一种显示状态，如果要素选择集具有后续数据共享等特殊用途，需要作为独立数据进行操作，可以将选择集输出为新数据。具体操作方法：右键选择内容表中的选择要素所在的图层名称，在弹出的右键菜单中选择【Data】→【Export Data】菜单项，打开"Export Data"对话框；可以选择导出完整数据源，也可以选择仅导出选择集要素，完成新数据的输出。

3.4.2 栅格数据选择、查询与统计运算

通常所说的数据查询选择一般指矢量格式的数据。对于栅格数据来说，与选择查询相关的工具一般归属于栅格数据分析部分。但对于包含属性表的栅格数据集来说，也可以进行简单的查询与统计运算，以快速了解栅格的基本特征。

包含属性表的栅格数据集一般表示或定义类、组、类别或成员的像元值，如基于卫星影像分类分析结果创建的土地利用栅格数据集、基于数字高程栅格进行地貌分类获得的栅格数据集等。

实验案例：在 30m 分辨率地表覆盖数据的属性表中通过地表覆盖类型代码连接外部表中的类型名称和类型描述信息；基于属性浏览表选择不同地表覆盖类型，在对应的地图视图窗口中查看所选类型的栅格像元，初步了解该类型地表的空间分布状况（图 3-4-11）。

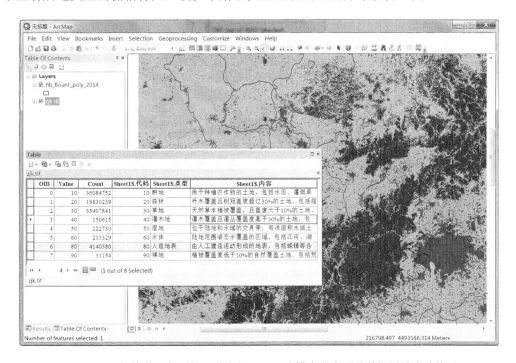

图 3-4-11 栅格数据集属性浏览案例，30m 分辨率地表覆盖数据属性表连接了
地表覆盖类型名称和描述信息表

实验 3-5　基于矢量数据的空间分析方法

丰富的空间分析方法是 GIS 的核心和特色。凭借各种空间分析工具，用户可以整合多种来源、不同格式的地理信息，进而执行大量、复杂的空间运算，获得的计算结果最终又成为全新的增值信息。基于矢量数据的空间分析方法可以用于数据的筛选和数据概括，执行邻近性计算，还可以完成不同数据图层之间的叠置分析等。

实验目的：要求学生掌握各类矢量数据空间分析方法的原理和操作步骤，理解不同空间分析方法的适用性，使学生能够基于基本的空间分析方法解决综合性的空间问题。

相关实验：空间数据管理与可视化实验系列中的"地图编制任务中的数据组织模式与方法"、GIS 原理系列实验中的"深入理解常用的空间数据结构"、"空间数据的选择、查询与统计"和"基于 GIS 的地理空间建模"等。

实验环境：ArcGIS Desktop10.2 以上版本的 ArcMap 软件。

实验数据：河北省基础地理信息数据集；"草原天路"关键词的位置微博数据。

实验内容：

（1）利用【Clip】、【Select】和【Split】等工具，从矢量数据集中选择、提取新数据。

（2）利用【Dissolve】工具进行矢量空间数据的要素融合。

（3）利用缓冲区、近邻分析、点距离计算和创建泰森多边形工具执行邻近性分析。

（4）利用【Overlay】等工具执行矢量数据的空间叠置分析。

（5）基于多种空间分析工具的综合应用。

3.5.1　从矢量数据集中选择、提取新数据

地理数据集中包含的数据经常超出用户分析或制图的范围或内容需求。空间数据的选择、查询与统计的实习部分，介绍了通过"Select By Attribute"等方式查询选择矢量数据的方法，但该方法仅仅生成选择集（如果希望产生新数据，需要进一步的输出操作）。GIS 软件系统还提供了更专业的矢量数据选择与提取工具，用于从较大、较复杂的数据集中准确选择或提取数据，而且附带对要素的空间运算。例如，ArcGIS 桌面软件提供了【Clip】（裁剪）、【Select】（选择）、【Split】（分割）等工具。下面以【Clip】工具为例，介绍如何从矢量数据集中提取数据子集。

【Clip】工具使用某个多边形要素类中的要素边界裁剪另一个要素类，生成的结果要素类将保留裁剪多边形边界内的要素，边界外的要素被去除。利用【Clip】工具裁剪要素类的操作流程如下。

（1）准备好用于裁剪的多边形要素类（可以是要素类的部分要素参与计算）和被裁剪要素类。

（2）选择 ArcMap 中【Geoprocessing】→【Clip】菜单项，或者在 ArcToolbox 工具箱中选择【Analysis Tools】→【Extract】→【Clip】工具，打开"Clip"对话框。注意：利用对话框右侧的"Tool Help"（Clip 流程示意图）理解【Clip】工具的原理和应用方法。

（3）定义【Clip】工具运行参数。在"Input Features"参数区定义被裁剪的要素类；"Clip Features"参数区定义包含裁剪多边形的要素类；"Output Feature Class"参数区定义输出结果要素类。

（4）如果参与 Clip 运算的相关要素类已添加到当前地图文档中，则可以通过对应参数区的下拉列表直接选择，否则可以通过右侧选择按钮进行选择。

（5）如果"Clip Features"参数区定义的裁剪多边形要素类中有处于选择状态的要素，则仅当前选择要素参与裁剪运算。

（6）所有参数定义完毕后，点击"OK"按钮完成 Clip 运算。【Clip】工具每次可以完成一个要素类的裁剪，当裁剪多个要素类时需要重复上述步骤。

实验案例：实验数据中包括以"草原天路"为关键词的新浪位置微博点要素，利用河北省行政区多边形要素类提取在河北省内发布的"草原天路"微博数据（图 3-5-1）。

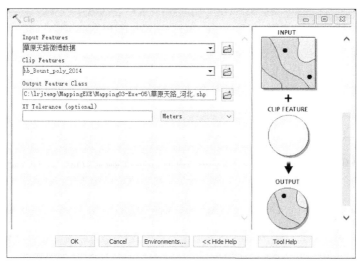

(a)【Clip】工具对话框

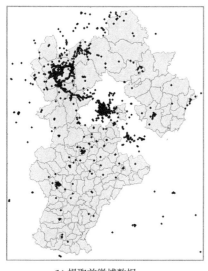

(b) 提取前微博数据　　　　　　　　　(c) 提取后微博数据

图 3-5-1　利用【Clip】工具提取河北省内的"草原天路"微博数据

3.5.2　矢量空间数据的要素融合

如果要基于一个或多个指定的属性聚合要素，可使用【Dissolve】（融合）工具。例如，将详细的土地利用分类图斑聚合为大类；基于较小的权属单位多边形融合生成高一级的权属单位多边形等。Dissolve 工具应用的具体步骤如下。

（1）在 ArcMap 中准备拟融合的要素类，确定合适的融合字段（如果没有合适的融合字段，需要根据融合目的采用字段计算器等方式定义融合字段）。

（2）在 ArcToolbox 工具箱中选择【Data Management Tools】→【Generalization】→【Dissolve】工具，运行后启动"Dissolve"对话框。

（3）在"Input Features"参数区选择需要进行融合计算的要素类；在"Output Feature Class"部分定义输出要素类的位置和名称。

（4）"Dissolve_Field(s)"参数区的列表框中列出了"Input Features"要素类包括的属性字段，选择融合计算依据的字段，融合字段值相同的要素将被合并。

（5）根据融合目的，在"Statistics Field(s)（optional）"部分逐一定义结果要素类需要保留的字段项及融合时的字段值统计方法。首先，在下拉列表中选择保留的字段项，添加到下面的字段列表框。其次，点击字段列表框中每个字段的"Statistics Type"参数部分，为该字段定义融合时采用的统计方式。

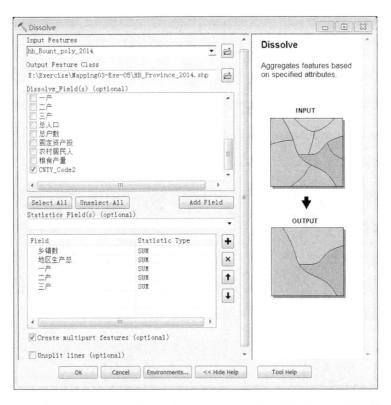

图 3-5-2　利用【Dissolve】工具将河北省县级行政区融合为地区多边形的参数定义

（6）"Create multipart features（optional）"选择项用于确定是否基于融合字段创建包括多个分离部分的多边形要素；"Unsplit lines（optional）"选择项则用于确定线要素的融合方式。

（7）所有参数定义完毕，点击"OK"按钮完成融合操作。融合结果要素类将默认自动添加到当前地图文档的焦点地图中。

（8）打开融合前后的要素类属性浏览表，对比两个要素类的图形和属性信息。注意体会融合计算定义的相关参数在融合结果中的体现。

实验案例：利用河北省基础地理信息数据集中的县级行政区多边形要素类融合生成地区级多边形要素类（图 3-5-2 和图 3-5-3），融合字段采用地区行政区划代码，结果要素类保留部分社会经济统计指标相关字段（根据字段内容确定合适的融合统计方法）。

Table — hb_Bount_poly_2014

村委数	地区生产总	一产	二产	三产	总人口	总户数	固定资产	农村居民人	粮食产量	CNTY_Code2
107	630161	104272	370698	155191	19.3	52958	435908	8346	163838	1301
125	760826	136692	474255	149879	25.9	85967	461678	7586	206454	1301
212	773585	134560	495808	143217	26.6	87398	863155	3780	127134	1301
213	1400964	232952	761123	406889	52.1	14365	818212	9097	357357	1301
717	2052263	180502	142160	450157	49.1	15955	1294993	4714	206651	1301
208	1483105	215048	824366	443691	43.1	99055	1282056	8819	342878	1301
281	1756820	323912	110924	323666	59.6	15241	918833	9079	561808	1301
344	3415778	448819	219955	767406	63.1	20972	1726835	10073	562916	1301
239	4753244	628469	317894	945829	80.7	21753	2232545	11714	566457	1301
224	2009307	267291	109293	649086	54.8	15460	1540043	11555	371477	1301
160	1560814	258943	886723	415148	50.4	13467	1341807	10059	331195	1301

0 ▶ (0 out of 144 Selected)

hb_Bount_poly_2014

(a) 融合前的要素图形与属性

Table — HB_Province_2014

FID	Shape	CNTY_Code2	SUM_乡镇	SUM_地区	SUM_一产	SUM_二产	SUM_三产
0	Polygon	1301	206	46119841	4270052	22221537	19628252
1	Polygon	1302	121	60243888	4788578	34727911	20727399
2	Polygon	1303	64	11493444	1623924	4476843	5392677
3	Polygon	1304	200	30978809	3625433	16477268	10876108
4	Polygon	1305	162	15084846	2114223	8392641	4577982
5	Polygon	1306	297	26682564	3861894	14582965	8237705
6	Polygon	1307	183	11451274	1873976	4901538	4675760
7	Polygon	1308	188	11567669	1866895	6284107	3416667
8	Polygon	1309	166	28320495	3082035	14550610	10687850
9	Polygon	1310	69	17079968	1700042	9376410	6003516
10	Polygon	1311	107	10003505	2057318	5269142	2677045

0 ▶ (0 out of 11 Selected)

hb_Bount_poly_2014 | HB_Province_2014

(b) 融合后的要素图形与属性

图 3-5-3　河北省县级行政区融合为地区多边形的结果对比

3.5.3　邻近性分析

ArcGIS 提供了一套邻域分析工具集用于挖掘要素之间的邻近性关系，旨在解决 GIS 的最基本问题"什么在什么附近？"。例如，水井距离垃圾埋场有多远？河流 1km 之内是否有道路通过？一个图层中的每个要素与另一图层中的要素之间的距离是多少？等等。根据工具支持的输入类型，邻域分析工具分为基于要素的工具或基于栅格的工具。本实验教程关注基于要素的邻域分析工具。

1. Buffer（缓冲区分析）

缓冲区分析是用于确定不同地理要素空间邻近性和邻近度的重要空间分析方法。缓冲区通常用于描绘要素周围受保护区域或重要区域。例如，可以生成一所学校周围 1km 的缓冲区，通过缓冲区选择居住在学校 1km 外的所有学生，并为他们制订往返交通方案；多层缓冲区可将要素周围划分为不同距离的区域范围，并分别用于不同的分析目的；缓冲区还可用于空间分析中排除临界距离内的非相关要素等。

1）基于 Buffer Wizard 命令生成缓冲区

ArcMap 提供了一个缓冲区分析向导，初学者可以通过该向导轻松完成缓冲区分析过程。点、线、面不同类型要素类均使用同一生成向导，但点和线要素仅能生成外缓冲，多边形可以按照更多方式生成缓冲。具体步骤如下。

（1）缓冲区分析的数据准备。通过向导工具完成缓冲区分析时，需将参与运算的要素类添加至当前地图文档的焦点地图框中。

（2）加载缓冲区分析向导。在 ArcMap 中选择【Tools】→【Customize】菜单项，打开"Customize"对话框，切换至"Commands"选项卡；在"Show commands"文本搜索框中输入"buffer"，左侧的"Categories"列表将列出名称中包括"Buffer"关键词的工具所在的工具组（图 3-5-4）；选中"Tools"工具组，右边的"Commands"框中将列出【Buffer Wizard】工具，将其拖放至某工具栏。

图 3-5-4　利用"Customize"对话框加载【Buffer Wizard】工具

（3）选择刚刚放置的"Buffer Wizard"工具，启用"Buffer Wizard"（缓冲区生成向导）的第一个对话框，选择要进行缓冲区分析的要素类图层。

（4）缓冲区生成方式与缓冲距离设定。选择好要素类后点击"下一步"按钮，进入缓冲区生成方式与缓冲距离设置界面。可以按照以下三种方式为要素生成缓冲区："At a specified distance"，以一个给定的距离建立缓冲区。"Based on a distance from an attribute"，以要素类的某个属性字段值作为缓冲区距离。"As multiple buffer rings"，建立给定距离的多层缓冲区。

（5）缓冲区输出方式与结果保存参数设置。点击"下一步"按钮，进入缓冲区输出方式与结果保存等参数设置界面。点、线、面不同形态要素类可以生成缓冲区的方式并不完全相同，因此该界面的可选参数和设置与要素类形态直接相关，具体包括以下三个方面的设置。

"Buffer output type"部分，用于定义和选择是否融合生成的缓冲区多边形。

"Create buffers so they are"部分（仅对多边形要素类有效），用于选择生成缓冲区的四种方式："inside and outside the polygon(s)"（内外缓冲区之和）；"only outside the polygon(s)"（仅生成外缓冲区）；"only inside the polygon(s)"（仅生成内缓冲区）；"outside polygon(s) and include inside"（外缓冲区和多边形内部区域融合）。

"Where do you want the buffers to be saved？"部分，用于设置缓冲区结果的存储方式。工具提供了三种方式："As graphics layer in data frame"（存储为图元）；"In an existing editable layer"（存储于当前某个可编辑图层中）；"In a new layer"（存储到新创建的图层文件中）。

（6）所有参数定义完毕，点击"完成"按钮执行缓冲区分析计算。

实验案例：利用河北省基础地理信息数据集中的城镇点要素，生成地市以上城市 10km 缓冲区。首先，根据城市分类字段选择城市点要素。其次，基于选中要素生成缓冲区（图 3-5-5）。

2）基于 Buffer 工具生成缓冲区

对 ArcMap 操作比较熟悉的用户可以直接使用【Buffer】工具完成缓冲区分析。该工具将 Buffer 向导中需要设定的各种参数和选择项集中到一个 "Buffer" 对话框中，可以快速一站式完成缓冲区分析参数的设置。

【Buffer Wizard】和【Buffer】工具完成的功能基本相同，两种方式的主要区别在于：【Buffer Wizard】的计算结果可以有多种存储方式，【Buffer】工具只能存储为新要素类；【Buffer】工具的缓冲区结果样式有更多的选择，如可以对线要素生成单边或双边缓冲区，而【Buffer Wizard】中的线要素则只能生成双边缓冲区。利用【Buffer】工具生成缓冲区的步骤如下。

（1）选择 ArcMap 主菜单的【Geoprocessing】→【Buffer】菜单项，或调用 ArcToolbox 中的【Analysis Tools】→【Proximity】→【Buffer】工具，均可以打开 "Buffer" 对话框。

（2）"Buffer" 对话框中可以集中设置 "Input Features"（生成缓冲区的输入要素）、"Output Feature Class"（缓冲区结果输出要素类）、"Distance[value or field]"（缓冲距离）、"Side Type"（缓冲边的类型）、"Dissolve Type（optional）"（融合方式）等系列参数。

（3）所有参数定义完毕，点击 "OK" 按钮执行缓冲区计算。

【Buffer】工具只能生成一级缓冲区，如果需要同时生成多级缓冲区，可以使用【Multiple Ring Buffer】工具，具体操作步骤如下。

（1）调用 ArcToolbox 中的【Analysis Tools】→【Proximity】→【Multiple Ring Buffer】工具，打开 "Multiple Ring Buffer" 对话框。

（2）在对话框中分别定义 "Input Features" "Output Feature class" "Distances" "Dissolve Option（optional）" 等系列参数。

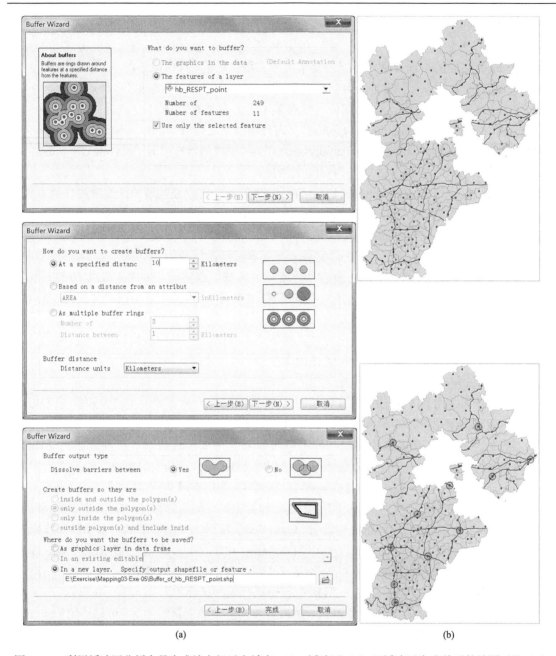

图 3-5-5　利用缓冲区分析向导生成地市级以上城市 10km 缓冲区（a）及缓冲区生成前后的地图对比（b）

（3）对于多边形要素类生成缓冲区时，还可以选择"Outside Polygons only（Optional）"（是否仅生成外部缓冲区多边形）选择项。

（4）所有参数定义完毕，点击"OK"按钮执行缓冲区分析计算。

实验案例 1：利用河北省基础地理信息数据集中的铁路线要素，生成京广线两侧 30km 的缓冲区（图 3-5-6）。首先，在铁路要素类中按照名称所在字段进行属性条件检索，选中京广铁路线。其次，运行【Buffer】工具，设置相关参数生成缓冲区。

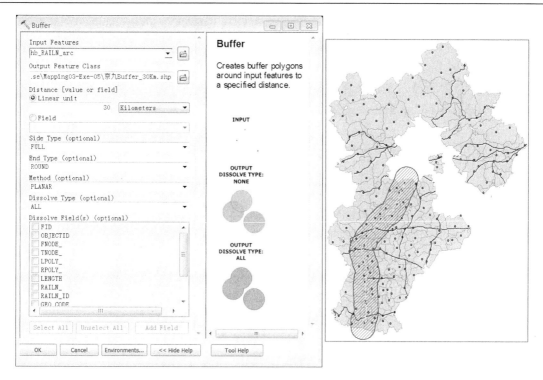

图 3-5-6　利用【Buffer】工具生成京广线两侧 30km 的缓冲区

实验案例 2： 在河北省基础地理信息数据集中基于名称属性查询选择铁路线要素中的京广铁路线，生成京广线两侧 10km 间隔的 3 级缓冲区（图 3-5-7）。

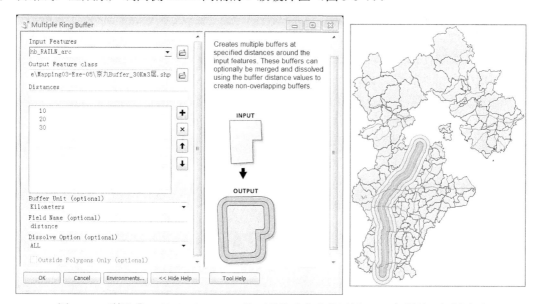

图 3-5-7　利用【Multiple Ring Buffer】工具生成京广线两侧 10km 间隔的 3 级缓冲区

自主练习： 河北省基础地理信息数据集中包括湖泊多边形要素类，利用【Multiple Ring Buffer】工具为各个湖泊生成间隔 10km 的 3 级缓冲区，模拟水源保护区的划定。

2. Near（近邻分析）

【Near】（近邻分析）工具用于计算一个要素类中各点与另一要素类中最近点或线要素之间的距离。使用【Near】工具可以查找距离一组城镇最近的交通线路，或距离一组工矿企业最近的河流等。【Near】工具的计算结果将会以增加相关属性字段的方式存储于输入要素类中，如添加"要素标识符"和最近要素坐标、与最近要素的角度信息等。【Near】工具的使用方法如下。

（1）调用 ArcToolbox 中的【Analysis Tools】→【Proximity】→【Near】工具，打开"Near"对话框。

（2）在"Near"对话框中设置"Input Features"（计算近邻的输入要素）和"Near Features"（近邻要素类），当添加两个以上的"Near Features"时，计算结果中将增加"Near_FC"属性字段，用于标示近邻要素所属的要素类。

（3）在"Near"对话框中设置计算相关参数项。具体包括："Search Radius（optional）"（搜索半径）；通过"Location（optional）""Angle（optional）"选择项确定是否生成最近邻位置坐标及角度等属性信息项；选择"Method（optional）"（距离的计算方法）等。

（4）所有参数定义完毕，点击"OK"按钮执行近邻分析计算。

（5）计算完成后可以打开"Input Features"要素类的属性表浏览生成结果信息，可以看到"NEAR_FID"（最近邻要素 ID）、"NEAR_DIST"（与最近邻要素的距离）两个属性字段，以及根据计算设定参数可能出现的"NEAR_X"、"NEAR_Y"、"NEAR_ANGLE"（最近邻位置坐标和角度），以及"Near_FC"（最近邻要素所属要素类）等字段项。

（6）可以根据"NEAR_FID"字段信息通过 Join 方式连接近邻要素类的其他属性字段信息，以方便后续的观察和分析计算。

实验案例：利用河北省基础地理信息数据集中的城镇点要素和铁路线要素，计算每个城镇最近的铁路线，计算结果包括距离、角度和坐标。根据计算结果分类标示距离京九和京广铁路线最近的城镇（图 3-5-8）。

3. Point Distance（点距离计算）

点距离工具可计算一个要素类中各点与另一要素类中指定搜索半径内所有点的距离，计算结果可用于统计分析或连接到其中一个要素类，从而显示出与其他要素类中各点的距离。近邻分析和点距离工具均可以返回要素间的距离信息，两者的区别是，近邻分析将返回的距离信息存入输入点要素属性表中，点距离分析则返回到包含"输入要素"和"近邻要素"ID 的独立点距离关系表中。点距离计算工具的使用方法如下。

（1）调用 ArcToolbox 中的【Analysis Tools】→【Proximity】→【Point Distance】工具，打开"Point Distance"对话框。

（2）在对话框中设置"Input Features"（输入要素类）、"Near Features"（近邻要素类）和"Output Table"（输出结果表）。点距离计算允许"Input Features"和"Near Features"设置为同一要素类。

（3）设置"Search Radius（optional）"（距离计算的搜索半径）。不输入具体搜索半径时，计算结果返回"Input Features"中每个点要素与"Near Features"中所有点要素的距离关系表。

（4）所有参数定义完毕，点击"OK"按钮执行点距离计算。

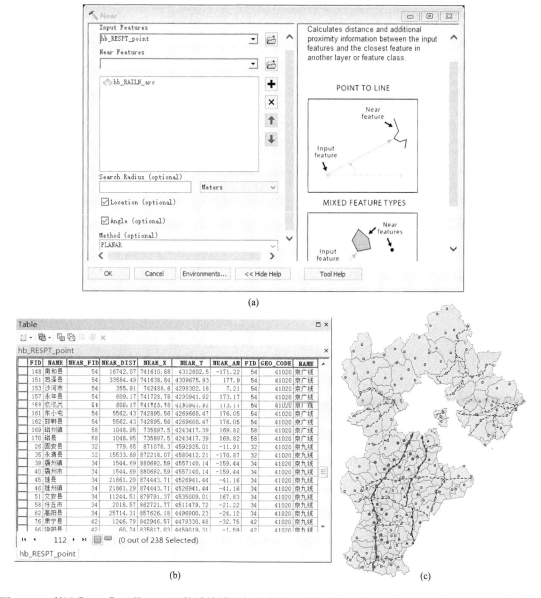

(a)

(b)   (c)

图 3-5-8 利用【Near】工具（a）计算城镇最近邻铁路的相关信息。计算完成后城镇点要素类属性信息，以
Join 方式连接铁路属性信息（b）；分类标示邻近京九、京广和其他铁路的城镇点（c）

（5）计算完成后可以打开结果表浏览生成的点要素距离关系表。其中的"INPUT_FID"、"NEAR_FID"和"DISTANCE"属性字段分别表示输入要素 ID、近邻要素 ID 和要素间距离。

（6）将结果表通过 Join 方式基于要素 ID 连接至输入要素类或邻近要素类，可以方便从不同视角观察分析点要素之间的距离关系。

实验案例：利用河北省基础地理信息数据集中的城镇点要素类，计算城镇点两两之间的直线距离；筛选雄安新区所在的安新县城与其他城镇的距离记录，基于距离进行可视化表达（图 3-5-9）。

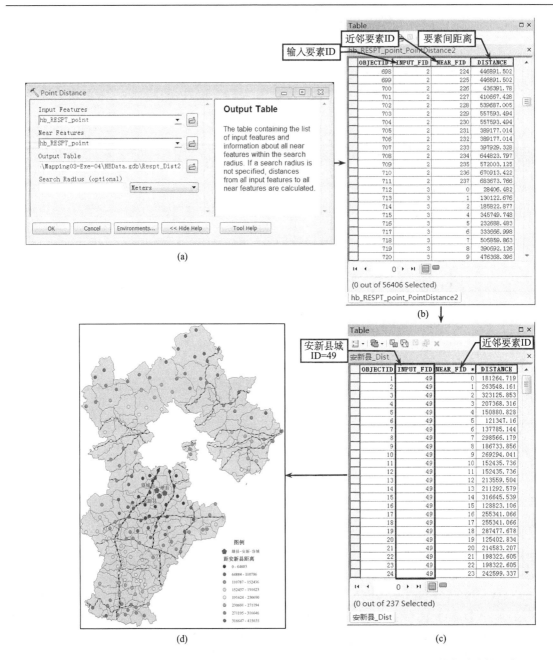

图 3-5-9　利用点距离工具（a）计算城镇点之间的距离关系表（b）；筛选安新县与其他城镇的距离（c）；
其他城镇距安新县城的距离分级可视化（d）

　　自主练习：采用实验案例的方法和思路，分别计算雄安新区所在的雄县、安新和容城与河北省其他城镇的距离关系，并尝试制作雄安新区三县与河北省城镇点距离关系系列地图。

4. Create Thiessen Polygons（创建泰森多边形）

　　【Create Thiessen Polygons】（创建泰森多边形）工具基于点要素创建泰森多边形，用于对可用空间进行划分，并将其分配给最近的点要素，任意给定多边形内部的区域比其他任何区域都要接近该多边形内的点。泰森多边形与基于栅格的欧氏分配工具生成的结果类似，有时也称作"邻近"多边形。基于点要素创建泰森多边形的操作步骤如下。

（1）调用 ArcToolbox 中的【Analysis Tools】→【Proximity】→【Create Thiessen Polygons】工具，打开"Create Thiessen Polygons"对话框。

（2）在对话框中设置"Input Features"（输入要素类）和"Output Feature Class"（输出泰森多边形结果要素类）参数。

（3）设置"Output Fields（optional）"（输出属性字段）参数，确定点要素的哪些字段可以传输至结果多边形中。"Only_FID"表示仅仅输出 FID 字段，"All"表示输出所有点要素属性字段。

（4）所有参数定义完毕，点击"OK"按钮生成泰森多边形。

实验案例：利用河北省基础地理信息数据集中的城镇点要素类，筛选县级以上城市要素，用于生成各城市划分的泰森多边形（图 3-5-10）。

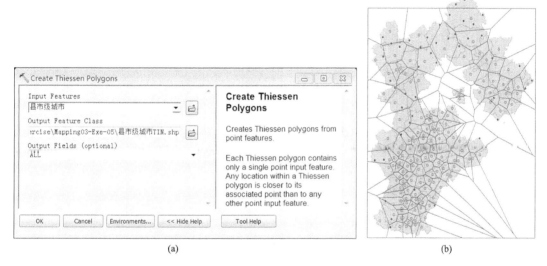

(a)　　　　　　　　　　　　　　　(b)

图 3-5-10　创建泰森多边形工具（a）及河北省县级以上城市的泰森多边形划分结果（b）

自主练习：利用河北省基础地理信息数据集中的城镇点要素类，筛选地市级以上城市要素，生成各城市划分的泰森多边形。

3.5.4　空间叠置分析

广义的空间叠置分析包括同类型态或不同型态要素之间的裁切、相交、擦除、合并、更新等空间叠加计算，也包括栅格图层间的叠置计算。叠置计算的目的可以是空间数据加工、传递属性或简单的空间查询等。这部分的空间叠置分析重点讲述 Intersect（空间相交运算）。

相交叠置分析用于两个或多个要素类之间的相交运算，参与叠置的要素类共同部分的图形将被写入结果要素类，各要素类的属性也可以转入结果要素类。相交分析的结果要素类默认为最低维度的参与要素（二维多边形要素类、一维线要素类、0 维点要素类）。相交分析的基本流程如下。

（1）选择 ArcMap 主菜单的【Geoprocessing】→【Intersect】菜单项，或调用 ArcToolbox

中的【Analysis Tools】→【Overlay】→【Intersect】工具，都可以打开"Intersect"对话框。

（2）"Input Features"部分定义参与分析的要素类。从下拉列表中选择要素类，或点击右侧文件夹按钮添加当前文档没有的新要素类，选择的要素类自动添加至下面列表框中。

（3）"Output Feature Class"部分定义输出结果要素类的存储路径及要素类名称。

（4）"JoinAttributes（optional）"部分用于确定输出结果要素类继承的属性字段。

（5）"Output Type（optional）"部分确定输出结果要素类的要素型态。

（6）所有参数定义完毕，点击"OK"按钮完成 Intersect 运算。

实验案例：利用河北省基础地理信息数据集中的河流和行政区要素类完成相交分析计算，将河流按照行政区边界分段，并保留行政区代码和名称等属性字段信息（图 3-5-11）。

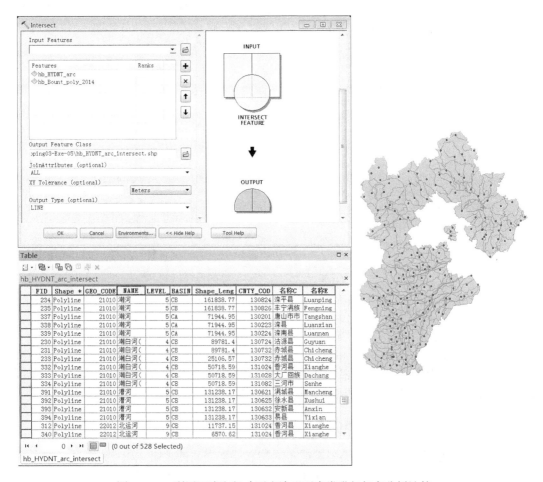

图 3-5-11　利用河流和行政区多边形要素类进行相交分析计算

　　自主练习：利用河北省基础地理信息数据集中的铁路、公路和行政区要素类完成相交分析计算，基于行政区分类汇总各个行政区中的不同类型交通线路的长度和总的交通线长度。

3.5.5　矢量数据空间分析综合应用

交通要素会对沿线区域经济的发展产生很强的辐射作用。利用河北省基础地理信息数据集中的铁路、行政区划和城镇点等要素类，分析京九铁路对周边县域的带动作用。综合分析具体要求如下。

（1）考虑交通影响域的距离衰减因素：铁路交通线对沿线区域的经济辐射作用随距离逐级递减。

（2）按照距铁路线 10km 为间隔划分三级经济影响域。

（3）分析结果应给出不同等级影响域中的县市区清单和各县市区包括的各级经济影响域面积。

（4）计算全部和各级影响域占各县市区行政区域面积的比例。

（5）计算影响域范围内的县市级城镇到京九铁路的具体距离数值。

实验 3-6　网络数据模型构建与网络分析

网络是一种由互相连接的元素组成的系统，这些元素用来表示从一个位置到另一个位置的可能路径。人员、资源和货物都将沿着网络行进：车辆在道路上行驶，飞机沿预定航线飞行，石油沿管道输送。通过使用网络构建行进的路径模型，可以执行与网络流动相关的分析计算。最常用的网络分析是两点间的最短路径。开放街道图 OpenStreetMap（OSM）能够提供常见城市内部交通网络的详细信息，可以将 OSM 地图数据进行有效处理和加工，形成 ArcGIS 可用的网络数据模型，用于城市交通网络分析。

实验目的：基于志愿者地理信息代表性数据源 OSM 的原始数据，完成从网络数据建模到网络分析的完整应用流程，不仅能够帮助学生系统了解 OSM 地图数据的组织结构与特点，体会志愿者地理信息的价值，同时也能让学生理解网络数据模型的基本原理和构建方法，掌握常用的网络分析工具，深入理解网络分析的应用价值。

相关实验：空间数据管理与可视化系列实验中的"空间数据格式转换与多源数据集成"；GIS 原理系列实验中的"地理数据库设计与数据组织管理""空间数据的选择、查询与统计"等。

实验数据：OSM 文件格式的石家庄市二环内及周边地理数据，包括交通、水域、休憩用地和建筑物等地理要素。

实验环境：ArcGIS Desktop 10.4 以上版本（开启 Data Interoperability、Network Analyst 扩展模块）。

实验内容：

（1）OSM 数据的获取，网络数据模型建模所需的空间与属性信息处理。

（2）简单交通网络模型的构建。

（3）为交通网络模型设置通行方向限制、通用转弯、定义转弯要素、配置出行模式。

（4）基于交通网络模型的路径分析（最佳路径分析、基于实时交通状态的路径分析）。

（5）基于交通网络模型的服务区计算。

ArcGIS 中的网络分为两种类型："Geometric Network"（几何网络）和"Network Dataset"（网络数据集）。河流与电力、天然气、自来水等公用设施网络，只允许沿边单向同时行进，行进的路径需由重力、电磁、水压等外部因素决定，工程师可通过控制外部因素来控制对象流向，一般使用几何网络进行建模。街道、铁路等交通网允许在边上双向行驶，网络代理（如驾驶员）通常有权决定遍历方向及目的地，一般采用网络数据集建模。

网络数据集可用于构建单一交通模式（如道路）的模型，也可以构建由公路、铁路和水路等构成的多模式网络模型；三维网络数据集可用于为建筑物、矿山等结构的内部通道构建模型。本实验主要练习构建单一交通模式的二维网络数据模型，并练习基于网络数据模型的常见分析方法。

3.6.1 网络数据集的关键概念

网络数据集由包含简单要素（线和点）和转弯要素的源要素创建而成，并存储源要素的连通性，非常适合于构建交通网络。ArcGIS Network Analyst 模块包括一套基于网络数据集的分析工具。

1. 网络元素及连通性

网络数据集由网络元素组成，网络元素则由创建网络数据集时添加的源要素生成。源要素的几何信息有助于连通性的构建。此外，网络元素中包含用于控制网络导航的属性。网络元素分为三种基本类型：边、交汇点和转弯。

边：用于连接至其他元素（交汇点），同时还是网络代理（车辆等）行进的链接。

交汇点：连接边元素的端点，便于两条边之间的导航。

转弯：可影响两条或更多边移动的存储信息。ArcGIS 提供了通用转弯模型，用于完善通行成本属性信息；同时允许定义转弯要素，用于存储与特定转弯移动方式有关的信息。例如，限制从一条特定边左转到另一条边。

连通性：所有网络的基本结构均由边和交汇点组成，连通性用于处理网络边和交汇点彼此之间的相互连接。

2. 网络属性

网络属性是控制网络可达性的网络元素属性。例如，指定道路长度的行驶时间、哪些街道限制哪些车辆通行、沿指定道路行驶的速度及哪些街道是单行道。网络属性有五个基本属性项：名称、使用类型、单位、数据类型和默认情况下使用。此外，它们还具有一组定义元素值的指定项。

名称：用于命名和区分不同的网络属性。

使用类型：指定在分析过程中使用属性的方式，属性可以被标识为成本、描述符、约束或等级等不同的使用类型。

单位：成本属性项的单位是距离或时间单位（如公里、米、小时、分钟和秒等）；描述符、等级和约束条件的单位是未知的。

数据类型：可以是布尔型、整型、浮点型或双精度型。成本属性不能是布尔型；约束条件始终为布尔型，而等级始终是整型。

默认情况下使用：将自动在新创建网络分析图层上设置这些属性。如果成本、约束条件或等级等属性项设置为默认情况下使用，那么在网络数据集上创建的网络分析图层将设置为自动使用该属性。只有一个成本属性可以设置为默认情况下使用；描述符属性无法在默认情况下使用。

3.6.2 建立符合网络数据模型规范的交通数据

1. OSM 数据获取

利用 ArcGIS 建立网络数据集，需要相应区域的线性交通相关数据，包括交通线的几何要素和与道路通行相关的专题属性，如道路的等级、通行成本、通行限制等。本实验中构建交通网络采用的原始数据来自于 OSM。OSM 是一个可供志愿者自由编辑地图内容的网上地图协作计划（www.openstreetmap.org）产品。访问 OSM 官网可以很方便地获取某个城市的基础地理信息，其中包括交通要素。OSM 数据可在 ArcMap 中直接访问（图 3-6-1）。

（1）访问 OSM 地图网站，通过搜索或漫游定位拟下载的区域位置和数据范围。

（2）点击页面顶部"导出"导航栏，坐标范围设置参数区给出当前视图窗口范围的坐标值。

（3）设置导出地图区域范围。可以在页面上的坐标范围设置区直接输入拟下载区域的四至坐标（外包矩形）；也可以通过放大、缩小、漫游等方式调整视图范围，页面将自动更新下载范围坐标；还可以选择参数区下方的"手动选择不同的区域"进行交互式下载范围的调整。

（4）导出范围确定后，在导出范围参数区的下方选择"导出"按钮，OSM 服务端将根据用户定义的下载区域范围进行数据抽取，给出下载任务对话框。选择下载位置并定义数据包文件名（扩展名为 osm）后，点击"下载"即可。

（5）在 ArcMap 中查看新下载的 OSM 地图数据。

实验案例： 在 OSM 地图网站上下载石家庄市二环路以内的基础地理数据，并在 ArcMap 中浏览数据的详细程度、属性信息等，为构建交通网络数据集做好准备（图 3-6-1）。

(a)

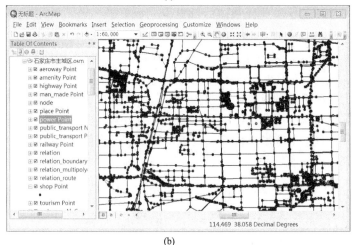

(b)

图 3-6-1　从 OSM 官网下载石家庄市基础地理数据（a）及下载的 OSM 数据在 ArcMap 中浏览显示情况（b）

2. OSM 数据处理

1）为构建网络数据集提取相关要素

OSM 数据包含丰富的位置和属性信息，构建交通网络数据集需要的数据主要是各种类型的交通线及交通附属设施等信息。因此，需要从 OSM 地图数据集中提取和筛选出必要的交通相关要素，并做投影变换等基本处理。

（1）在 ArcMap 的 Catalog View 中建立一个文件型地理数据库，并建立一个要素数据集作为导入原始的 OSM 相关要素类的存储单元。

（2）数据筛选与提取。从下载的 OSM 数据集中寻找"highway Line"（地面道路）、"railway Line"（地铁等线路）、"railway Point"（地铁站点）、"highway Point"（地面交通站点）等要素类；将上述要素类导入新建立的文件型地理数据库中的要素数据集中。

（3）为新导入的要素类做批量投影转换，将 GCS_WGS_1984 地理坐标系投影为一个合适的投影坐标系统（如 WGS_1984_World_Mercator）；投影变换的结果要素类放入一个新的要素数据集，该数据集将是构建交通网络数据集的基础。

实验案例：从下载的石家庄市二环路以内区域的 OSM 地图数据集中筛选用于构建交通网络数据集的相关要素类，导入一个文件型地理数据库中，并做投影变换等基本处理（图 3-6-2）。

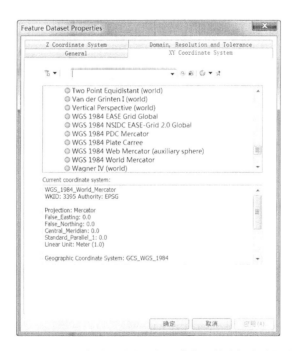

图 3-6-2　OSM 相关要素类经投影变换后的坐标参数信息

2）交通要素的空间信息处理

OSM 数据集提取的交通线等要素的空间信息（几何）并不符合 ArcMap 的网络数据集建模规则，需要根据网络模型要求进行规范化处理。例如，在实际交通网络中，道路在路口处交汇形式包括连通性相交和非连通性相交（如地面交通与高架桥）两种形态。OSM 地图中的部分地面交通线在路口的交汇处没有断开，不能被网络模型识别为连通状态。因此，为保证连通性正确配置，需要在路口相交位置将相交形态的道路打断。具体方法如下。

（1）如果只需要打断少量线要素，可以采用手工逐一打断的方法。选择【Editor】工具条中的下拉菜单【Editor】→【More Editing Tools】→【Advanced Editing】菜单项，打开【Advanced Editing】工具条，选择【Line Intersection】工具项，可以逐一将需要打断的线在路口打断。

（2）如果有大量需要打断的线要素，可以借助 ArcMap 提供的自动打断线要素的方法。选择 ArcToolbox 中【Data Management Tools】→【Feature】→【Feature to line】工具，将所有相交的线要素自动打断，该工具的计算结果将生成一个新的打断之后的要素类。

（3）根据交通要素的实际连接状态，将不需要打断的线进行重新连接。选择【Editor】工具条的下拉菜单【Editor】→【Merge】菜单项，可以将当前处于选择状态的多个要素合并为一个新要素。

3）完善交通要素的属性信息

网络数据集中除了要素的几何信息外，还需要丰富的网络属性用于支持网络分析计算。例如，用于描述道路通行能力的不同车辆或行人的通行速度、行驶方向、通行时间等。各个网络属性值均直接或间接来自于网络数据集的数据源属性。因此，需要根据交通网络的实际状态，进一步完善用于构建网络数据集的各交通要素类的属性信息。根据 OSM 数据源完善属性信息的具体方法如下。

（1）根据 OSM 数据集的说明信息等，识别交通要素的各个类型。OSM 数据集中的"highway"字段将道路类型划分为 trunk（高架、干道）、trunk_link（干道连接线）、primary（一级路）、primary_link（一级路连接线）、secondary（二级路）、tertiary（三级路）、unclassified（未分级路）、service（内部道路）、pedestrian（步行路）、footway（步行路）等类型。

（2）定义路段的步行速度与通行时间。每个路段的步行通行时间可以根据道路类型、平均步行速度和路段长度进行计算获得。

根据道路类型筛选可以步行通行的路段。从 OSM 的道路分类来看，trunk 和 trunk_link 类型的道路和高架桥的连接线一般是专用车行道，不允许行人通行，其他类型的道路大多附带步行通道或是专门的步行道，允许行人步行通过。

为交通线要素类添加"Walk_speed"（步行速度）、"Walk_time"（步行通过时间）属性字段；根据平均步行速度（如 2m/s）和路段几何长度（"Shape_length"字段），利用字段计算器为各个允许行人通过的路段计算步行通行时间；将不允许行人通行的路段"Walk_speed"设为 0。

定义路段的车行速度与通行时间。按照步行速度与通行时间的定义方法，根据道路分级信息定义"Drive_speed"（车行速度）、"Drive_time"（车行通过时间）属性字段，车行速度与道路类型的对应关系建议如下：20m/s（trunk），18m/s（primary），15m/s（secondary），10m/s（trunk_link、primary_link、unclassified、tertiary、service），0m/s（pedestrian、footway、step）。

（3）允许通行方向的路段分类。OSM 原始数据的"oneway"字段中包含了道路允许通行方向的信息，该字段包括"yes"（运行路段绘制方向的单行路段）、"-1"（运行路段绘制反方向的单行路段）、"no"和"Null"（允许双向通行的路段）三类属性值。为了规范数据和便于运算，重新定义短整形字段"Rod_limit"，采用以下字段值对应上述三种情况："1"代表只能沿路段绘制方向通行，"-1"代表只能沿路段绘制反方向通行，"0"代表通行方向不受限制。

实验案例：按照 ArcGIS 网络数据集要求，对石家庄市区交通相关要素类进行优化处理，包括交通线交汇处的打断处理、计算用于网络数据集网络属性定义的相关属性字段等（图 3-6-3）。

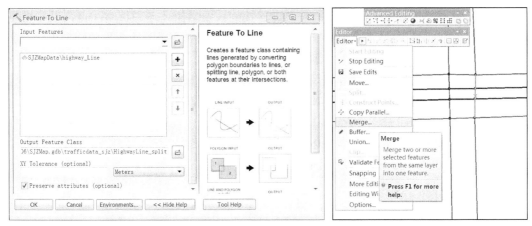

(a) 利用【Feature To Line】工具打断相交线，利用Merge合并线

name	Shape_Length	highway	oneway	Road_limit	Walk_speed	Walk_time	Driver_speed	Driver_time
\<Null\>	74.424298	primary_link	yes	1	2	37.212149	10	7.44243
南二环西路	30.247722	primary	yes	1	2	15.123861	18	1.680429
建通街	651.228277	primary	yes	1	2	325.614138	18	36.179349
南二环西路	21.408059	primary	yes	1	2	10.704029	18	1.189337
建通街	37.601198	primary	yes	1	2	18.800599	18	2.088955
南二环西路	14.509476	primary	yes	1	2	7.254738	18	.806082
仓兴街	1155.605088	residential	\<Null\>	\<Null\>	2	577.802544	10	115.560509
南二环东辅	376.367278	secondary	yes	1	2	188.183639	15	25.091152
南二环西路	107.857661	primary	yes	1	2	53.928831	18	5.992092
南二环西路	22.792606	primary	yes	1	2	11.396303	18	1.266256
建通街	19.208485	primary	yes	1	2	9.604243	18	1.067138
南二环西路	21.351437	primary	yes	1	2	10.675719	18	1.186191
维通街	19.532549	primary	yes	1	2	9.766275	18	1.085142
南二环西路	16.115211	primary	yes	1	2	8.057606	18	.895290
南二环东路辅	493.29419	secondary	yes	1	2	246.647095	15	32.886279
建设南大街	1163.580625	primary	no	-1	2	581.790313	18	64.643368

(b) 属性数据中增加的与网络属性定义相关字段及其计算结果

图 3-6-3　以网络数据集构建为目的的数据处理

3.6.3　交通网络模型的设计与构建

准确模拟和表达现实空间交通网络，需要在网络几何要素和网络元素的属性两个方面进行网络模型的设计。网络几何要素用于表达各网络元素间的连通性等空间关系，网络属性可以表达网络元素的通行成本、限制性等。

1. 简单交通网络模型的构建

ArcMap 给出了构建交通网络模型的向导式工具，可以轻松地完成简单交通网络模型的构建过程。具体操作步骤如下。

（1）新建网络数据集。打开 ArcCatalog 或 Catalog View，进入拟构建交通网络数据模型的文件型地理数据库；右键选择包含交通网络相关要素类的要素数据集，在弹出的右键菜单中选择【New】→【Network Dataset】菜单项，启动 "New Network Dataset" 向导。

（2）跟随向导依次完成相关设置。第一，输入拟构建的网络数据集名称。第二，选择参与构建网络模型的要素类。第三，选择在网络中构建路口转弯模型，并选择默认的 "Global Turns" 模式。

（3）设置网络连通性。可以仅构建端点连接的线要素简单连通策略；也可以在当前对话框界面选择"Connectivity"按钮，进一步定义精细连通策略及基于高程的连通性设置。

（4）设置网络属性。可以为网络模型设定"Cost"（成本）、"Restriction"（限制）、"Descriptor"（描述符）和"Hierarchy"（等级）等不同使用类型的网络属性。例如，成本属性常用于描述路程、车行时间和步行时间等，限制属性常用于描述通行方向等。

（5）跟随向导依次完成"Travel Mode"（出行模式）、"Driving Directions"（行驶方向）和"Build Service Area Index"（服务区索引）等设置。构建简单交通网络模型时，这些参数配置均选择默认设置，后续可以进一步完善。

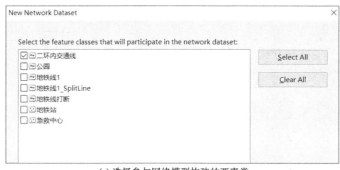

(a) 选择参与网络模型构建的要素类

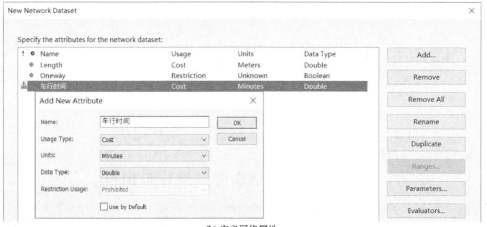

(b) 定义网络属性

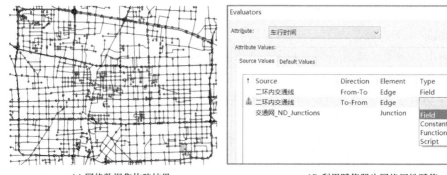

(c) 网络数据集构建结果　　　　　　　　　(d) 利用赋值器为网络属性赋值

图 3-6-4　基于向导的网络模型构建关键步骤与结果示例

（6）网络模型的构建。在完成网络模型必须的参数配置后，向导给出拟构建的网络数据集的基本信息总结，确认无误后将新建一个网络数据集，并提示是否按照设置创建该数据集；网络数据集创建成功后，可以按照系统提示自动将其添加至当前地图文档进行浏览观察。

实验案例： 以来自 OSM 的石家庄市交通要素为数据源，构建交通网络简单模型。具体要求：根据数据源中的车行时间、步行时间、道路长度等信息，定义模型成本属性（图 3-6-4）。

2. 简单交通网络模型的完善

简单网络数据模型对出行模式、行驶方向、转弯、红灯等待等设置都选择了简单"默认"设置。而现实交通网络比较复杂，影响道路通行的因素很多，简单模型构建后，还可以通过追加网络属性等方式对网络模型进行优化、完善，使其更符合实际道路状态。

1）设置通行方向限制属性

道路的通行方向限制通过网络属性中的约束类型实现。设置通行方向限制的关键步骤如下。

（1）在"Catalog View"窗口中找到需要定义通行方向属性的网络数据集，打开该数据集的"Network Dataset Properties"对话框（属性对话框）。

（2）切换到"Attributes"选项卡，为该数据集添加描述机动车道路通行限制的网络属性。

（3）通过"Evaluators"对通行限制属性进行赋值。限行信息可以来自网络数据源文件中的字段信息，通过赋值表达式转换为限行状态逻辑值（True/False）。

（4）完成添加属性及定义赋值器后，重新构建更新网络数据模型。

实验案例： 为构建的网络模型添加车行限行属性（图 3-6-5）。根据交通线中的"Road_limit"字段为网络属性赋值："From-To"方向"Road_limit= –1"时限制通行；"To-From"方向"Road_limit=1"时限制通行。

图 3-6-5　定义车行限行网络属性后利用"Evaluators"为该属性进行脚本赋值，通行限制信息来自数据源中的 Road_limit 字段

自主练习：根据前文中对 OSM 属性信息的说明，定义描述步行通行限制的网络属性"步行限行"，并利用道路类型属性条件进行属性赋值。

2）定义通用转弯特征值完善通行成本属性

在网络中不存在转弯要素的位置处，两个边之间的每处过渡都会存在隐含的通用转弯。通过为转弯元素的默认值指定通用转弯延迟赋值器，可为通用转弯指定属性值，模拟实际路况中路口的通行延迟状态。例如，可以分别设置车辆和行人在直行不经过路口、直行经过路口、左转和右转等不同情形下的等待时间。设置通用转弯的关键步骤如下。

（1）打开需要定义通用转弯属性的网络数据集"Network Dataset Properties"对话框，并切换到"Attributes"选项卡。

（2）选择需要定义通用转弯的成本属性，并选择"Evaluators"按钮打开"Evaluators"对话框。

（3）在"Evaluators"对话框中，切换至"Default Values"选项卡，在"Turn"元素一行点击"Type"下拉列表选择"Global Turn Delay"项。

（4）点击右侧的"Evaluator Properties"按钮，打开"Global Turn Delay Evaluator"对话框。

（5）根据道路实际特征，为不同的路口通行类型设置通行延迟时间。

（6）确认各个参数对话框完成通用转弯定义。重新构建更新网络数据模型。

实验案例：为前面构建的交通网络模型的"车行时间"网络属性增加"Global Turn Delay"（通用转弯延迟）的定义，延迟时间采用系统默认提供值（图 3-6-6）。

3）定义转弯要素完善路口转弯描述

ArcGIS 网络数据模型允许借助转弯要素类中的要素对转弯进行建模。转弯要素类是专门的要素类型，必须将其添加到网络数据集中，在网络模型之外没有任何意义。例如，可以通过新增转弯要素类完善路口禁止左转、禁止右转、禁止掉头等转弯限制规则。关键步骤如下。

（1）创建转弯要素类。在 ArcCatalog 或 Catalog View 窗口中，网络数据集所属的要素数据集中新建"Turn Features"要素类型（转弯要素类），并选择将该转弯要素类与对应的网络数据模型进行关联。新建的转弯限制要素类被自动添加到当前地图文档中。

（2）在转弯要素类中添加转弯限制要素。通过【Edit】→【Create Features】工具项添加、编辑各类转弯要素，完成后保存要素。绘制转弯要素的基本方法：按顺序单击组成转弯的每个线要素；可在一个边要素上放置多个坐标点，但必须在转弯的每个边要素上至少放置一个坐标点。

（3）打开网络数据集属性对话框，切换到"Turns"选项卡，确定已经添加了转弯限制要素类，如果没有添加，可以选择"Add"按钮将转弯限制要素类关联至网络数据集。

（4）切换至网络数据集属性对话框的"Attributes"选项卡，添加转弯限制网络属性，并为该属性赋值，定义为"Constant"类型，设置为"Use Restriction"值。

（5）完成网络数据集网络属性设置后，重新构建更新网络数据模型。

实验案例：为前面构建的交通网络模型添加转弯要素类，并根据石家庄交通实际状态，添加补充限制转弯要素，优化交通网络模型（图 3-6-7）。

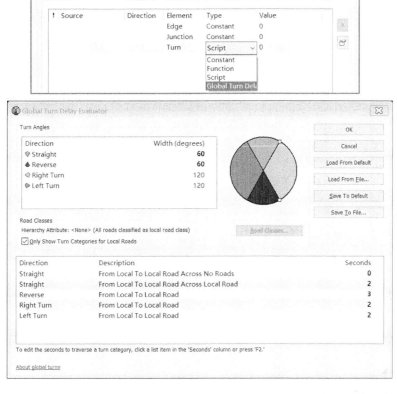

图 3-6-6　为网络数据集的车行时间属性定义通用转弯，完善路径分析中的路口转弯等待时间描述

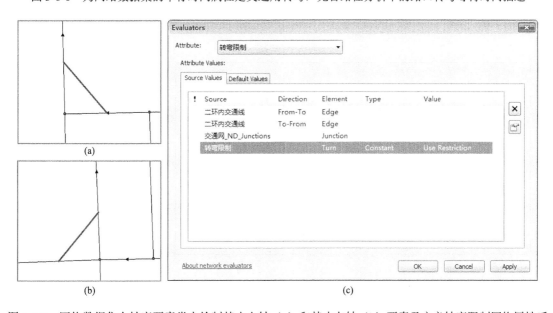

图 3-6-7　网络数据集在转弯要素类中绘制禁止右转（a）和禁止左转（b）要素及定义转弯限制网络属性后为属性赋值（c）

4）定义常用的出行模式

"Travel Mode"（出行模式）用于定义行人、车辆或其他交通媒介在网络中的移动方式，在一个网络数据集中表现为一组设置参数或信息的集合。执行网络分析时，选择预定义的出行模式可以快速配置对应这一模式的大量属性设置。定义出行模式的主要步骤如下。

（1）打开需要定义出行模式的网络数据集属性对话框，切换到"Travel Modes"选项卡。

（2）在"Travel Mode"部分，点击添加模式按钮，在弹出的"Add New Travel Mode"对话框中输入拟定义的出行模式名称，将该模式增加至网络数据集。

（3）在"Settings"参数设置部分，分别定义当前出行模式的"Description"（描述）、"Type"（类型）、"Impedance"（阻抗）、"Time Attribute"（时间成本属性）等参数。

（4）在"Restrictions"参数部分，选择对应该出行模式的限制规则属性。

（5）一个出行模式定义完成后，可以继续按照上述步骤定义第二、第三个出行模式。

实验案例：将前面构建的交通网络模型的各个网络属性进行分组配置，根据步行出行和驾车出行两种方式定义出行模式（图 3-6-8）。

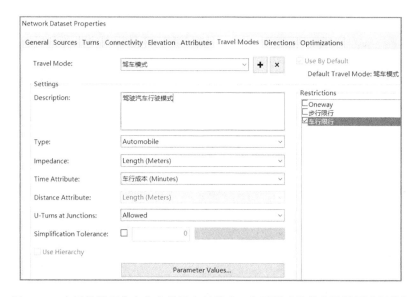

图 3-6-8　在网络数据集中定义常用出行模式，为不同功能的参数设置进行分组

3.6.4　网 络 分 析

ArcGIS 中基于网络数据集提供的网络分析功能包括：路径分析、最近设施点、服务区计算、位置分配等。执行网络分析功能主要使用【Network Analyst】工具条上的各项工具。

1. 路径分析

路径分析用于查找两个或多个位置之间的最佳路线。"最佳路线"的内涵取决于所选的阻抗，可以是最快路线、最短路线，也可以是景色最美路线。如果阻抗是时间，最佳路线就是最快路线；如果阻抗是距离，最佳路线就是最短路线。

1）基于不同阻抗的最佳路线

最佳路线的本质是阻抗最低的路线，在网络数据集中定义的所有有效的网络成本属性均可用作路径分析中的阻抗。进行最佳路线分析的关键步骤如下。

（1）在 ArcMap 中加载网络数据集。将支撑最佳路径分析的网络数据集及其相关数据源添加至当前地图文档中。

（2）创建一个路径分析图层，进入路径分析功能状态。打开【Network Analyst】工具条，选择工具条上的下拉菜单【Network Analyst】→【New Route】，ArcMap 将在内容表中创建并添加一组与路径分析相关的逻辑图层，包括 Stops（停靠点）、Point/Line/Polygon Barriers（点/线/多边形障碍点）、Routes（分析结果线路）等。

（3）打开路径分析属性设置对话框。通过内容表中的路径分析图层打开"Route Layer Properties"对话框，或选择【Network Analyst】→【Network Analyst Window】，打开网络分析窗口，选择"Route Properties"按钮也可以打开"Route Layer Properties"对话框。

（4）定义路径分析的阻抗类型。在"Route Layer Properties"对话框中切换至"Analysis Settings"选项卡，在"Settings"参数区选择路径分析采用的"Impedance"（阻抗），在"Restrictions"参数区选择对应的限制属性。

（5）交互式添加停靠点。选择【Network Analyst】→【Create Network Location Tool】工具项，在网络图层上添加路径分析的停靠定位点（出发点、途经点和目的点）。

（6）从预置文件中添加停靠点。如果有预选定义好的存储于文件中的停靠点，也可以在网络分析窗口中右键选择"Stops"层，在弹出菜单中选择【Load Locations】菜单项，直接加载停靠点数据。

（7）执行路径分析。添加停靠点后，执行【Network Analyst】→【Solve】工具完成路径分析；选择【Network Analyst】→【Directions】工具打开"Directions（Route）"对话框，观察组成路径分析结果的各个路段方向详细信息列表。

（8）重新定义阻抗执行新的路径分析。重新打开"Route Layer Properties"对话框，更改路径分析采用的阻抗属性及其对应的通行限制属性，完成后重新执行路径分析得到新的分析结果。

实验案例：以交互式添加停靠点的方式自主定义路径分析条件，基于步行时间和车行时间两种阻抗进行路径分析实验，观察比较不同阻抗条件下的同组停靠点路径分析结果（图 3-6-9）。

2）基于实时交通状态的路径分析

实际道路经常因交通管制、道路施工等造成断交，通过交通网络模型可以模拟不同类型的障碍对路径分析结果的影响。加入实时动态障碍信息的路径分析关键步骤如下。

（1）定义路径分析阻抗参数设置、添加停靠点等路径分析的准备工作与上一案例相同。

（2）添加障碍图形元素。根据实时交通中的断交类型，在"Network Analyst"窗口中选中点、线或多边形类型的障碍层，选择【Network Analyst】→【Create Network Location Tool】工具，在当前网络图层上添加对应类型的障碍元素。

（3）执行路径分析。选择【Network Analyst】→【Solve】工具，完成基于实时障碍信息的路径分析，观察路径分析结果避让障碍影响路段的情况。

（4）更改障碍位置或形式，重新执行路径分析，体会实时交通状态下的路径分析功能。

实验案例：在上面路径分析设置的停靠点基础上，设置不同类型障碍物限制车辆通行，执行障碍物影响下的路径分析。例如，在十字路口处添加多边形围挡障碍，限制整个路口通行（图3-6-10）。

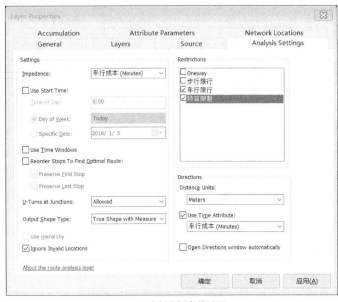

(a) 路径分析参数设置

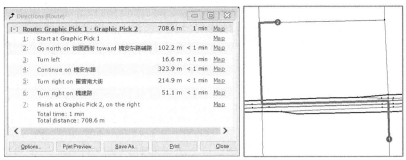

(b) 阻抗为车行时间的分析结果

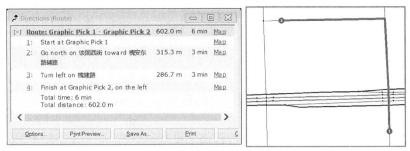

(c) 阻抗为步行时间时的分析结果

图 3-6-9　基于不同阻抗的路径分析设置及其结果对比

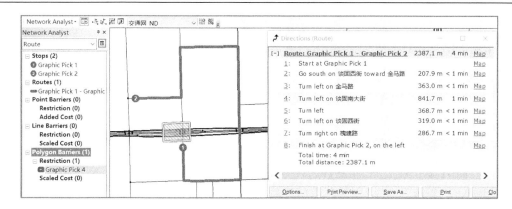

图 3-6-10　利用多边形障碍表示路口围挡施工禁止通行状态，在阻抗为车行时间情况下的路径分析结果

2. 服务区计算

网络分析中的服务区是指包含所有可到达街道（指定阻抗范围内的街道）的区域。例如，某急救中心的 10 分钟服务区是指包含从该设施点出发 10 分钟内可以到达的所有街道。服务区计算的关键步骤如下。

(a) 定义服务区计算采用的阻抗为车行时间和三级服务区分段值

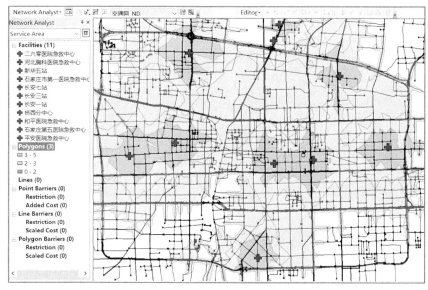

(b) 计算结果按照2分钟、3分钟和5分钟车行时间生成了急救中心三级服务区划

图 3-6-11　急救中心的服务区分析

（1）在 ArcMap 中加载用于服务区计算的网络数据集。

（2）创建一个服务区分析图层，进入服务区分析功能状态。在【Network Analyst】工具条上选择【Network Analyst】→【New Service Area】下拉菜单项，创建一组与服务区分析相关的逻辑图层，包括 Facilities（设施位置点）、Polygons（服务区多边形）、Point/Line/Polygon Barriers（点/线/多边形类型障碍点）等。

（3）选择【Network Analyst】→【Create Network Location Tool】工具交互式添加设施点，或选择从预置文件中添加设施点。

（4）打开服务区分析图层属性设置对话框，在"Analysis Settings"选项卡中定义"Impedance"（阻抗）、生成服务区的边界断点，以及设置相关限制属性。

（5）执行服务区分析，生成各个设施点的服务区范围多边形。

实验案例：实验数据中提供了石家庄二环内的急救中心设施点，基于石家庄交通网络模型计算急救中心 2 分钟、3 分钟、5 分钟可达性服务区（图 3-6-11）。

自主练习：利用百度地图等互联网信息和自己对石家庄的了解，全面修改、完善石家庄交通网络数据模型，使其更符合石家庄实际交通状态，如更新单行道、禁止拐弯、禁止掉头等信息。在更新后的网络数据模型基础上完成路径分析和服务区计算的案例。

实验 3-7 基于栅格数据的空间分析方法

栅格数据结构以其简洁的方式表达地表空间，GIS 中基于栅格数据的空间分析算法简单，运算效率高，应用领域广泛。常见的气象因子、地表覆盖、地形等连续分布的地理要素与现象经常采用栅格数据进行表达，基于栅格数据进行地理空间格局与过程的分析，是 GIS 空间分析方法在地理学研究中的重要应用领域。

实验目的： 在充分理解栅格数据结构的基础上，帮助学生掌握栅格数据空间分析前的常用栅格处理和计算方法，熟练掌握基于栅格的常用空间分析工具，理解栅格数据信息挖掘方法和应用模式，为后续空间建模等 GIS 综合应用奠定基础。

相关实验： 空间数据管理与可视化系列实验中的"地图编制任务中的数据组织模式与方法"，GIS 原理系列实验中的"深入理解常用的空间数据结构""数字表面模型及其应用""基于 GIS 的地理空间建模"等。

实验环境： ArcGIS Desktop10.2 以上版本软件（ArcMap、ArcCatalog、ArcToolbox），启用 Spatial Analyst 扩展模块。

实验数据： 某区域 30m 分辨率 DEM 与地表覆盖数据、中国区域日降水栅格、土壤分类、土壤侵蚀程度等栅格数据。

实验内容：

（1）利用【Reclassify】工具完成栅格数据的重分类。

（2）基于栅格数据的信息提取与重采样。

（3）基于栅格数据的距离运算与制图，包括欧氏距离、成本距离与路径距离。

（4）基于栅格的数值统计，包括栅格像元统计、邻域统计、分区统计等。

（5）基于栅格数据的叠置计算、利用栅格计算器完成栅格运算。

3.7.1 分析环境中的参数设置及关键概念

空间分析环境设置是影响分析工具执行过程和输出结果的系列附加参数，它们不会显示在工具对话框中，但工具在运行时将使用和参考环境参数。对环境参数相关的一些关键概念的理解有助于更准确地设置分析环境，如"Workspace"（工作空间）、"Processing Extent"（处理范围）、"Mask"（掩膜）、"Cell Size"（像元大小）等。

通过【Geoprocessing】→【Environment Settings】菜单项，或者在已经运行的某个工具对话框底部选择"Environment"按钮，都可以打开"Environment Settings"（环境设置）对话框（图 3-7-1）。两种方式的区别在于，前者设置的参数将影响当前应用窗口中的所有工具项，而后者则仅对当前工具有效。环境设置对话框共包括 19 组环境参数，点击每组参数左侧展开符，可以看到其中包括的具体参数设置项。这里不再介绍实习内容中已常见的环境参数概念，主要解释几个关键概念及其内涵。

"Extent"（范围）。位于"Processing Extent"（处理范围）参数组，用于设置栅格计算的范围。当分析区域仅仅是栅格数据集的某一部分时，可以将处理范围设置为限定的矩形范围，分析中的所有输出栅格将限定于此范围。该范围可通过输入图层范围、显示范围或自定义范围坐标设置。

　　"Cell Size"（像元大小）。位于"Raster Analysis"（栅格分析）参数组，用于控制【Spatial Analyst】工具的输出栅格分辨率。像元大小默认设置为输入栅格数据集的最大（最粗略）像元大小；如果指定比输入栅格数据集像元大小更精细的像元，将使用最邻近重采样法进行栅格插值，结果精度并未真正提升。

　　"Mask"（掩膜）。位于"Raster Analysis"（栅格分析）参数组，用于识别执行运算时要包含的位置。定义掩膜后，栅格分析中将不会考虑落在掩膜外的输入像元，输出结果中掩膜外的区域将被分配"NoData"像元值。可以使用已有的栅格或要素类（点、线或面）数据作为掩膜数据集。也可以采用以下方法创建掩膜数据集：使用重分类工具为要排除的像元指定 NoData 值，以创建栅格掩膜；创建空间要素类，并使用 ArcMap 要素编辑工具定义感兴趣区域，以创建要素掩膜。

　　"Raster Storage"（栅格存储）。栅格存储参数组包括与栅格输出和存储有关的系列参数："Pyramid"金字塔、"Raster Statistics"（栅格统计）、"Compression"（压缩）、"Tile Size"（切片大小）、"Resample"（重采样）、"NoData（无效值）"。栅格存储环境用于控制输出栅格的某些属性，但存在一些格式依赖项。例如，不同的栅格数据格式（Grid、TIFF 等）、数据类型（整型、浮点型）受支持的栅格数据存储环境影响会有所不同。

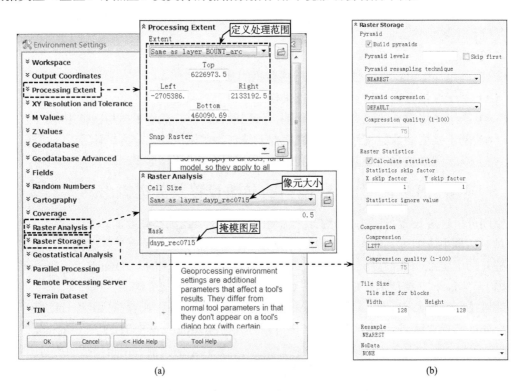

(a)　　　　　　　　　　　(b)

图 3-7-1　"Environment Settings"（环境设置）对话框（a）及与栅格数据分析有关的参数解析（b）

3.7.2　栅 格 分 类

栅格分类是对原始栅格按照某种数值划分规则或分类标准进行像元值的重新归类的过程。ArcGIS 中最简单和常用的栅格分类工具是"Reclassify"（重分类）。重分类的目的是将栅格数据转换为更易用的信息，以进行后续分析。例如，可以按照应用目的对地形因子中的高程、坡度、坡向，大气因子中的降水、气温、气压等原始栅格表面进行重分类，某一数值范围的多个值将被设置为一个类型或等级编码值，分类结果是把一个连续表面划分为指定数量的不同类别。重分类经常作为聚合和概化详细数据的方法，可以减少栅格叠加分析的输出类别数量。

重分类一般包括四种常见的分类形式：新值取代、重新分类、旧值合并、空值设置。ArcMap 中的重分类工具使用方法如下。

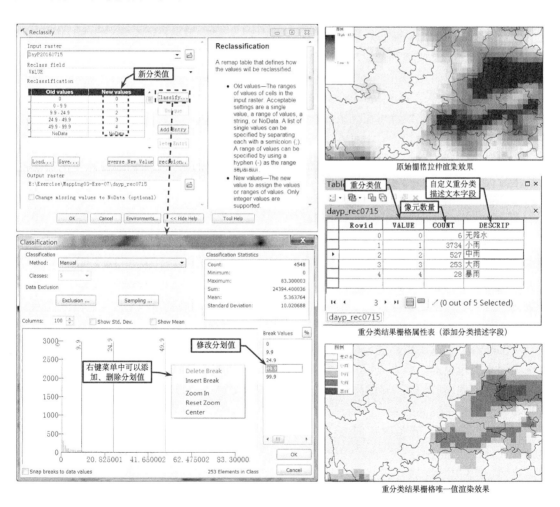

图 3-7-2　栅格重分类的计算过程（以降水栅格数据为例，按照降水强度分级标准进行重分类）

（1）准备好需要重分类的栅格数据和重分类的规则；从 ArcToolbox 中选择【Spatial Analyst Tools】→【Reclass】→【Reclassify】工具，打开"Reclassify"（栅格重分类）对话框。

（2）在"Reclassify"对话框的"Input raster"参数设置部分，选择用于重分类的栅格数据；"Reclass field"参数默认选择"VALUE"，也可以使用栅格数据其他字段。

（3）在"Reclassification"参数设置部分，系统已经给出了一个默认的重分类方式。如果不符合自己的分类标准，可以点击右侧的"Classify"按钮打开"Classification"（分类设置）对话框，选择合适的数据分类方法（自定义、自然断裂、标准差、等间距等）和分类数量。可以手工修改自然断裂法等标准分类方法中的"Break Values"（断点值），系统自动将分类方法切换成自定义方式。

（4）分类设置完成后返回到"Reclassify"对话框，如果有多个采用相同分类标准和规则的栅格需要处理，可以点击"Save"按钮将分类规则输出为表格文件，可以在对其他数据分类时导入使用。

（5）在"Output raster"参数部分，定义输出结果栅格信息。所有参数设置完毕后点击"OK"按钮完成重分类运算。在 ArcMap 中运行重分类工具时，分类结果将直接加载至当前文档焦点数据框。

（6）由于重分类"New Values"（结果值）只能支持 Integer 数值，如果希望数据用户能够更方便理解重分类结果，可在结果栅格的属性表中，增加与分类值匹配的描述说明性文本字段并赋值。

实验案例：利用实验数据中的日降水量栅格数据，根据气象部门的降水强度等级划分标准，重分类生成降水强度分级栅格并添加降水强度描述字段信息（图 3-7-2）。

3.7.3　从栅格中提取信息

ArcGIS 提供了用于从栅格表面提取矢量要素、生成汇总表格或基于某个区域范围从栅格数据集中提取部分栅格样本的系列工具，如"Sample"（采样）、"Extract by Mask"（基于掩膜抽取栅格）、"Extract （Multi）Values to Points"（抽取单个或多个栅格值生成点）等。这些工具有助于更简洁的计算过程或数据分享。

1. 栅格采样

【Sample】工具用于创建包括一组采样点位置处栅格坐标和像元值的表。采样点位置可以由点要素类包括的点要素或栅格中非 NoData 像元值指定。该工具可以实现从地形栅格、大气物质浓度栅格、水源距离栅格和地表覆盖类型等栅格中获取一组相关点（如动物栖息地）发生事件的信息。【Sample】工具的使用方法如下。

（1）准备好采样点位置数据源和待提取信息的栅格数据集；可以将相关数据源均添加至地图文档，或直接通过工具对话框选取。

（2）从 ArcToolbox 中选择【Spatial Analyst Tools】→【Extraction】→【Sample】工具，打开"Sample"对话框。

（3）在"Sample"对话框的"Input rasters"参数设置部分，逐一添加用于提取信息的来源栅格数据；在"Input location raster or point features"参数部分，选择默认采样点位置数据源。

（4）在"Output table"参数部分，定义输出结果表的位置和名称。

（5）为采样运算制定重采样方法和结果表唯一标识字段。

（6）所有参数定义完毕，点击"OK"按钮完成采样计算，计算结果自动添加至当前地图文档。

实验案例：实验数据集中包括某案例区的一组 DEM 及坡度、坡向等栅格数据，以数据集中的景观资源点要素类为位置数据源，提取这些位置的海拔、坡度和坡向相关信息（图 3-7-3）。

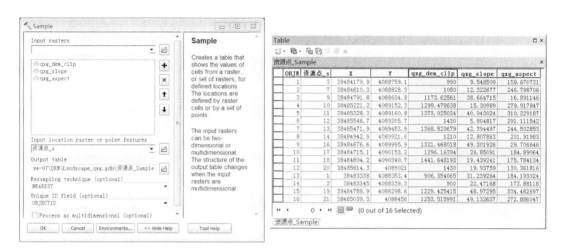

图 3-7-3　利用采样工具提取景观资源点位置的地形参数信息

自主练习：采样工具将相关栅格专题信息提取至专门的表格数据中，而"Extract Values to Points"和"Extract MultiValues to Points"两个工具，则可以将栅格信息直接提取至点要素类属性表中。利用实验数据集中的 DEM 及坡度、坡向等相关栅格数据，以景观资源点要素类为点位置数据源，将资源点位置处的海拔、坡度和坡向相关信息提取至其属性表。

2. 栅格提取

ArcGIS 提供了一系列栅格提取工具。"Extract by Attributes"（按属性提取）工具，可以根据逻辑查询条件选择栅格像元；"Extract by Circle/Rectangle/Polygon"（按圆形/矩形/多边形提取）工具，分别通过不同的方式和参数定义圆形、矩形和多边形区域，进而提取区域内或区域外的栅格数据。"Extract by Mask"（基于掩膜提取）工具则使用某一栅格或要素类掩膜区域中的像元集合创建新栅格数据集。在栅格数据提取过程中，原始栅格中不属于提取区域的像元将被赋予 NoData 值。下面以基于掩膜提取工具为例，说明栅格提取的基本流程。

（1）准备好栅格提取所需的范围信息数据源和待提取的栅格数据源；可以将相关数据源均添加至地图文档，或直接通过工具对话框选取。

（2）从 ArcToolbox 中选择【Spatial Analyst Tools】→【Extraction】→【Extract by Mask】工具，打开"Extract by Mask"对话框。

（3）在对话框的"Input raster"参数设置部分，选择待提取的栅格数据源；在"Input raster or feature mask data"参数部分，选择提取范围信息的数据源。

（4）在"Output raster"参数部分，定义提取结果栅格的存储位置和名称。

（5）所有参数定义完毕，点击"OK"按钮完成栅格提取计算，计算结果自动添加至当前文档。

实验案例：实验数据集中提供的某案例区 DEM 栅格数据的范围较大，请以景区范围要素类作为掩膜数据，提取准确的景区范围内的 DEM 栅格数据（图 3-7-4）。

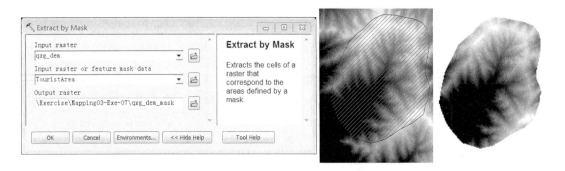

图 3-7-4　利用【Extract by Mask】工具提取某景区范围内的 DEM 栅格数据

3.7.4　基于栅格的距离计算

ArcGIS 的"距离"分析工具组可用于以下方式的距离、方向与空间分配等相关计算分析："Euclidean Distance"（欧氏距离）、"Cost Distance"（成本加权距离）、"Path Distance"（路径距离，用于垂直和水平移动限制的成本加权距离）等。

1. 欧氏距离、欧氏方向与欧氏分配

欧氏距离工具用于测量各像元与其最近源（源用于标识感兴趣的对象，如道路或学校）之间的直线距离。该直线距离通过从一个像元中心到另一像元中心进行测量。该工具不仅可以确定各像元到最近源的距离，还可以计算各像元相对于源的方向，或将空间分配至最近源。

1）欧氏距离

欧氏距离工具的输入源数据可以是要素类或栅格，使用方法如下。

（1）准备好欧氏距离计算所需的源数据，可以添加至当前地图文档，也可以后续直接通过距离工具对话框选取。

（2）从 ArcToolbox 中选择【Spatial Analyst Tools】→【Distance】→【Euclidean Distance】工具，打开"Euclidean Distance"对话框。

（3）在对话框的"Input raster or feature source data"参数设置部分，选择距离计算所需的源数据；在"Output distance raster"部分为输出的距离栅格选择存放位置并定义文件名。

（4）对话框中的可选参数项包括："Maximum distance（optional）"（最大距离值）、"Output cell size（optional）"（输出栅格像元大小）、"Output direction raster（optional）"（输出欧氏方向栅格）。这些选项可根据计算目的和需要自行选择。

（5）所有参数定义完毕，点击"OK"按钮完成欧氏距离制图。分析结果将自动添加到当前文档中，并根据像元与源的距离利用特定颜色带进行分级颜色渲染。

（6）如果定义了欧氏方向栅格的存储位置和文件名，则同时创建欧氏方向栅格数据。

实验案例：利用欧氏距离工具将实验数据集中的单点景观要素类生成欧氏距离栅格，并附带生成欧氏方向栅格（图 3-7-5）。

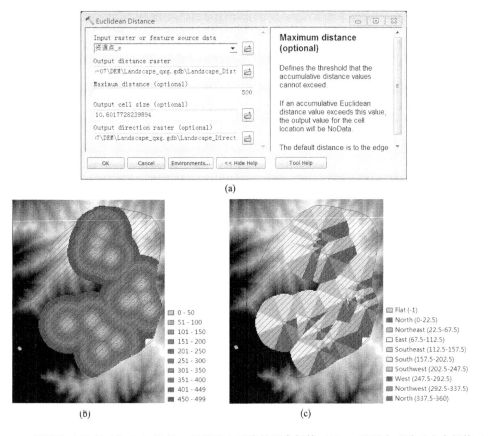

图 3-7-5　基于欧氏距离工具（a）计算一组景观点要素的距离栅格（b），同时生成欧氏方向栅格（c）

2）欧氏方向与欧氏分配

【Euclidean Direction】（欧氏方向）工具用于计算每个像元相对于最近源的方向（以度为单位或计算百分比）。该工具操作流程与欧氏距离工具相同，这里不再重复说明。另外，欧氏方向分析工具同样可以在计算方向的同时生成同一源的欧氏距离计算结果。

"Euclidean Allocation"（欧氏分配）工具基于欧氏距离信息将每个像元分配至最近源。欧氏分配数据源可以是要素类或栅格，当输入源是要素类时，源位置在执行分析之前从内部转换为栅格。欧氏分配工具的计算流程如下。

（1）在 ArcToolbox 中选择【Spatial Analyst Tools】→【Distance】→【Euclidean Allocation】，打开 "Euclidean Allocation" 对话框。

（2）在对话框 "Input raster or feature source data" 参数设置部分，选择参与欧氏分配计算的源；定义 "Source field（optional）" 参数，为源文件提供用于栅格转换时分配单元赋值的属性字段（必须是整型）；在 "Output allocation raster" 参数部分，为输出结果栅格选择存放位置并定义结果文件名。

（3）对话框中的可选参数项包括："Maximum distance（optional）"（最大距离值）、"Input value raster（optional）"（为分配单元输入值的栅格源，优先级高于 "Source field（optional）" 参数项）、"Output cell size"（输出像元大小）。

（4）另外，"Output distance raster（optional）" 和 "Output direction raster（optional）" 两

个参数决定是否同时输出欧氏距离和欧氏方向,可根据计算目的和需要自行选择。

（5）所有参数定义完毕,点击"OK"按钮完成欧氏分配计算,结果栅格将自动添加到当前文档中,并根据分配单元像元值采用单一值符号化方式渲染。

实验案例:利用欧氏分配工具为实验数据中的单点景观数据生成欧氏分配栅格,并附带生成欧氏距离和方向栅格;与欧氏距离和方向工具生成的结果进行比较（图 3-7-6）。

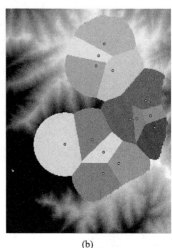

(a)　　　　　　　　　　(b)

图 3-7-6　欧氏分配工具应用（a）及以一组景观点要素为源生成空间分配栅格（b）

2. 成本距离与成本分配

如果在进行距离计算时需要考虑通过栅格表面的成本（如表面覆盖类型、坡度,或道路通达性等）,则需要利用【Cost Distance/Cost Allocation】（成本距离/成本分配）工具。该工具的使用方法与欧氏距离等基本相同,关键问题在于准备好计算所需的成本栅格数据。成本距离工具的操作步骤如下。

（1）准备好成本距离计算所需的源数据和成本栅格数据。

（2）从 ArcToolbox 中选择【Spatial Analyst Tools】→【Distance】→【Cost Distance】工具,打开"Cost Distance"对话框。

（3）定义"Input cost raster"（成本栅格）参数项。

（4）按照欧氏距离工具操作方法为成本距离工具定义"Input raster or feature source data""Output distance raster""Maximum distance（optional）"等相似的各参数项。

（5）所有参数定义完毕,点击"OK"按钮完成成本距离制图。

实验案例:利用成本距离工具为单点景观生成成本距离栅格。具体要求:成本栅格考虑坡度和坡向因子。坡度按照几何级数划分为 5 个等级（坡度越大成本越高）;坡向按照越趋向阴坡成本越高的标准划分等级。根据成本等级划分规则对坡度和坡向栅格重分类,并将重分类后的栅格按照坡度和坡向 6:4 的方式分配权重后制作最终成本栅格（图 3-7-7）。

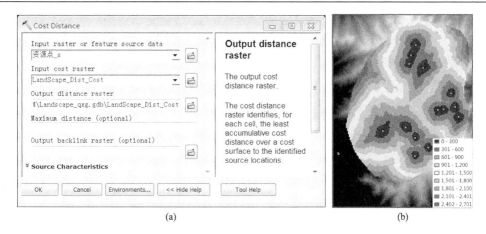

图 3-7-7　利用成本距离工具(a)为景观生成成本距离栅格（考虑坡度和坡向因子）（b）

3. 路径距离与路径距离分配

【Path Distance/ Path Distance Allocation】（路径距离/路径距离分配）工具是成本距离工具的扩展，它计算过程中不仅可以使用成本栅格，还可以将行程成本分成可以分别指定的若干成本分量来为复杂距离计算等问题建立模型。例如，可以将越过山体时的额外行进距离、上下山坡的成本及水平方向的某额外成本等因素考虑在内。路径距离工具的操作方法如下。

（1）准备好路径距离计算所需的源数据、成本栅格、栅格表面、水平和垂直因子栅格等。

（2）从 ArcToolbox 中选择【Spatial Analyst Tools】→【Distance】→【Path Distance】工具，打开"Path Distance"对话框。

（3）按照欧氏和成本距离工具等操作方法，为路径距离工具定义"Input raster or feature source data""Output distance raster""Maximum distance（optional）"等相似的参数项。

（4）在对话框中继续定义"Input cost raster（optional）"（成本栅格）、"Input surface raster（optional）"（用于计算行程表面长度的高程栅格）等参数项。

（5）如果考虑水平方向和垂直方向的通行影响因子，则需要继续定义相关参数："Horizontal factor parameters（optional）"（水平因子栅格，如风向等）、"Vertical factor parameters（optional）"（垂直因子栅格，如高程）。

（6）所有参数定义完毕，点击"OK"按钮完成路径距离制图。

实验案例：利用路径距离工具进行计算时，如果只将栅格表面作为成本参数输入，而不考虑水平、垂直因子和其他成本，生成结果是按照实际表面长度计算的路径距离栅格。利用该工具为单点景观要素类生成基于表面长度的路径距离栅格（图 3-7-8）。

自主练习：自己定义垂直与水平因子，并考虑栅格表面作为成本参数输入，以单点景观要素类为源，利用路径距离工具计算路径距离栅格。

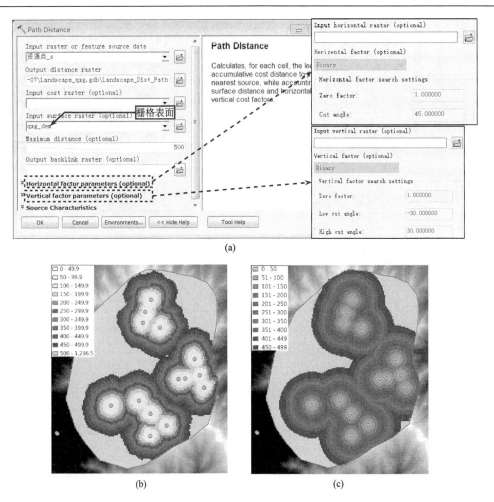

(a)

(b)　　　　　　　　　　　　(c)

图 3-7-8　仅考虑高程表面栅格的路径距离计算参数设置（a）及计算结果（b），并与欧氏距离计算结果（c）对比

3.7.5　基于像元值的栅格统计计算

基于像元值的各种栅格统计计算是栅格应用中的重要方法。在 ArcGIS 中栅格统计计算的工具分布在 "Local"（局域运算）、"Neighborhood"（邻域运算）、"Zonal"（分区运算）等工具集中。这些工具集中包括许多相关工具，下面仅介绍有代表性的常用工具和方法。

1. 局域运算中的栅格像元统计

当完成多个栅格的叠置运算时（如同一地区不同时间的气象指标变化分析），经常需要以栅格像元为单位进行数值统计。"Cell Statistics"（栅格像元统计）工具提供了多种单元指标的统计方法，用于完成栅格像元统计计算，具体操作步骤如下。

（1）在 ArcMap 中准备好栅格像元统计计算所需的系列栅格数据源。

（2）在 ArcToolbox 中选择【Spatial Analyst Tools】→【Local】→【Cell Statistics】工具，弹出 "Cell Statistics" 对话框。

（3）在 "Input rasters or constant values" 参数部分，逐一选择添加参与栅格值统计的各个栅格数据集或图层；在"Output raster"参数部分定义统计结果栅格的存储位置与文件名。

（4）在"Overlay statistics（optional）"参数部分，选择拟采用的单元统计指标。具体包括以下指标：Minimum（最小值）、Maximum（最大值）、Range（值域范围）、Sum（求和）、Mean（平均数）、Standard Deviation（标准差）、Variety（像元值类型数）、Majority（频率最高值）、Minority（频率最低值）、Median（中值）等。

（5）所有参数定义完毕后，点击"OK"按钮完成栅格单元统计运算。

实验案例： 利用国家气象科学数据共享服务平台提供的 2016 年 7 月 15~19 日连续 5 天的中国大陆区域日降水量栅格数据，计算 5 日降水量总和及 5 日平均值等（图 3-7-9）。

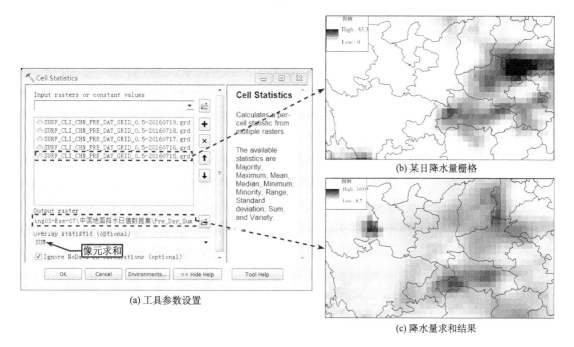

图 3-7-9　栅格像元统计工具应用（全国 5 日降水量求和）

2. 分区统计计算

ArcGIS 中的"Zonal Statistics"（分区统计）工具隶属于空间分析工具集中的"Zonal"（分区）工具系列。分区统计是以一个数据集为基础按照类别单元对另一个被统计数据集的像元值进行各类统计。分区统计工具提供了 10 种像元统计方法，与单元统计及邻域统计工具中的统计方法含义相同。

分区统计包括两种计算结果模式："Zonal Statistics"和"Zonal Statistics as Table"。"Zonal Statistics"工具的计算结果输出为一个栅格数据集，统计计算结果写入各个分区单元的像元值，因此统计结果只能选择一种统计形式；"Zonal Statistics as Table"工具的计算结果以表格方式存储，可以一次性完成所有统计指标计算，并将结果写入结果表格。"Zonal Statistics as Table"工具的操作流程如下。

（1）在 ArcMap 中准备好分区统计计算所需的分区栅格和待统计栅格数据。

（2）在 ArcToolbox 中选择【Spatial Analyst Tools】→【Zonal】→【Zonal Statistics as Table】

工具，打开"Zonal Statistics as Table"对话框。

（3）定义分区统计的相关数据源参数项。"Input raster or feature zone data"参数用于选择分区数据集；"Zone field"参数指定分区字段；"Input value raster"用于指定被统计值的栅格数据集。

（4）定义统计方法与结果相关参数项。"Output table"参数用于定义输出表格的存放位置和文件名；"Statistics type（optional）"参数用于确定分区统计方法与类型，下拉表中包括13种具体的统计方式，其中"ALL"表示计算所有支持的统计指标。

（5）所有参数定义完毕后，点击"OK"按钮完成分区统计运算。

实验案例： 统计不同土壤类型区的地形因子特征值，包括最大和最小高程、平均高程、高程分布标准差等（图3-7-10）。

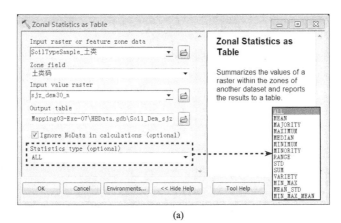

(a)

(b)

图3-7-10 利用分区统计计算工具（a）统计不同土壤类型区的地形因子特征值（b）

3.7.6 栅格叠置计算

栅格数据的"Overlay"（叠置）计算是指使用逻辑、算术方法或权重组合方法合并两个或多个栅格的过程。ArcGIS中基于栅格的叠置分析包括"加权叠加"、"加权总和"及"模糊叠加"等。每种方法都有不同的基本前提和假设，应根据问题需求选择合适方法。加权叠加工具和加权总和工具可用于合并多个重要程度不同的栅格。例如，有多个因素影响位置适宜性，但某些因素的影响程度大于其他因素，可使用这些工具进行适宜性评价分析。

1. 加权叠加

　　ArcGIS 中的 "Weighted Overlay"（加权叠加）工具只接受整型栅格作为输入，如土地利用或土壤类型栅格，连续（浮点型）栅格必须重分类为整型栅格才能使用。加权叠加最常见的应用是适宜性评价建模和成本表面生成。一般情况下，适宜性评价模型中的因子和结果值越高表示该位置越适宜。成本表面计算时，高值通常表示通行该位置的成本较高。操作步骤如下。

　　（1）为加权叠加准备输入因子数据。根据建模需求，将输入栅格值转换为整型值，也可以根据评估等级标准预先进行重分类，使各个加权因子栅格均具有相同的评估等级（如适宜性、优先级、风险等级等按照 1~10 划分）或其他类似的统一等级。

　　（2）在 ArcGIS 中调用工具【Spatial Analyst Tools】→【Overlay】→【Weighted Overlay】，打开"Weighted Overlay"对话框。

　　（3）在"Weighted overlay table"部分，逐一添加输入因子栅格（注意指定加权计算的字段值）。"Field"列是用户指定的加权计算字段值；在"% Influence"列，为输入因子分配影响权重比例（各个因子比例之和为 100）。

　　（4）如果输入因子栅格的 Field 字段值与评估等级值不一致，可以通过"Evaluation scale"部分选择合适的评估等级模板，或自定义评估等级规范，然后在"Scale Value"列进行重新定义匹配 Field Value 值。

　　（5）在"Output raster"参数部分定义输出结果栅格存储位置和文件名。

　　（6）所有参数定义完毕，点击"OK"按钮完成加权叠加运算过程。

　　实验案例：利用样例数据中提供的区域土地覆盖类型和土壤类型数据进行加权叠置计算，模拟适宜性评价建模，为不同地表覆盖类型和土壤类型分别赋予 1~10 级的适宜性等级（图 3-7-11）。

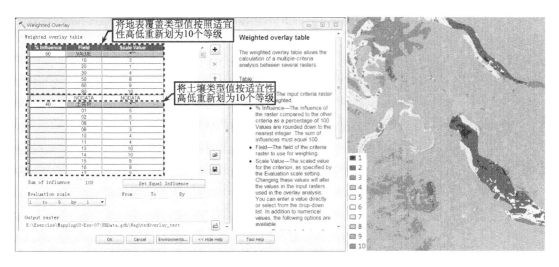

图 3-7-11　栅格叠置分析中的加权叠置方法及其计算结果样例（考虑土地覆盖类型和土壤类型因子）

2. 加权求和

　　"Weighted Sum"（加权求和）工具可对多个栅格输入源进行加权及组合，以创建整合式分析。它可以将多个栅格输入（代表多种因素）与组合权重或相对重要性相结合（将每个输入栅格指定字段值与指定权重相乘），然后将所有输入栅格相加来创建输出栅格。加权求和工具使用方法如下。

　　（1）采用与加权叠加工具相同的思路为加权求和准备输入因子数据，并对栅格值预先进行重分类，使各因子栅格值（可以是整型值或浮点值）符合计算需求。

　　（2）在 ArcGIS 中调用工具【Spatial Analyst Tools】→【Overlay】→【Weighted Sum】，打开"Weighted Sum"对话框。

　　（3）在"Input rasters"参数部分，逐一选择输入因子栅格添加至下面的列表框，在"Field"中为每个因子栅格指定加权求和字段；在"Weight"列，为每个因子分配影响权重比例。

　　（4）在"Output raster"参数部分，定义输出栅格的存储位置和文件名。

　　（5）所有参数定义完毕后，点击"OK"按钮完成加权求和计算。

　　实验案例：利用样例数据中的区域土地覆盖类型和土壤类型数据进行加权求和计算，模拟适宜性评价建模（图 3-7-12）。首先对两个因子栅格进行 10 级适宜性重分类，然后利用重分类栅格进行加权求和。可以变化不同的权重分配（如 0.6：0.4、3：2 等），对比计算结果栅格值的异同。

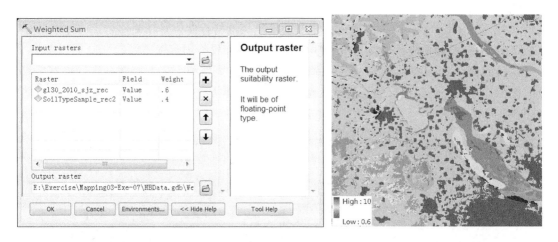

图 3-7-12　栅格叠置分析中的加权求和方法及其计算结果（考虑土地覆盖和土壤类型因子）

3. 加权叠加与加权求和工具对比

　　加权叠加与加权求和工具相似度很高，而且在许多选址适宜性分析建模中都可以满足应用需求。两个工具最主要的区别包括两点：加权叠加的输出结果是与输入因子相同的评估等级，而加权求和则不能将重分类值重设为评估等级；加权叠加工具只接受整型栅格表达的评估等级作为输入源，而加权求和工具允许使用浮点型和整型值作为输入源。

　　不将重分类值重设到评估等级这一方式，可以使叠加分析保持其分辨率。例如，在适宜性模型中，如果有 10 个输入条件，都重新分类到 1~10 的等级（10 代表最佳条件），在不对各个因子条件指定权重时，加权求和输出值范围是 10~100；同样输入条件，加权叠加将把

10~100 的重分类结果规范化至 1~10 的评估等级。当只需要识别少数最适合的位置或指定数量的地点时，采用加权求和方式可以保持模型分辨率，计算结果可用性更强。

3.7.7　栅格计算器的应用

栅格计算是栅格数据分析中的常用技术，是建立复杂空间模型的基本运算方法。前面介绍的加权叠加和加权求和的本质也是栅格计算。"Raster Calculator"（栅格计算器）是 ArcGIS 桌面系统提供的一个图形化交互式栅格运算工具。通过在工具中创建和执行"地图代数"表达式，可以方便、灵活地完成各类基于数学运算符和函数的栅格运算，支持直接调用 ArcGIS 栅格空间分析函数，方便实现多条语句同时输入和运行。栅格计算器的操作方法与流程如下。

（1）将参与栅格运算的栅格数据添加到当前地图文档的焦点数据框中。

（2）在 ArcToolbox 中选择【Spatial Analyst】→【Map Algebra】→【Raster Calculator】工具项，启动"Raster Calculator"对话框。

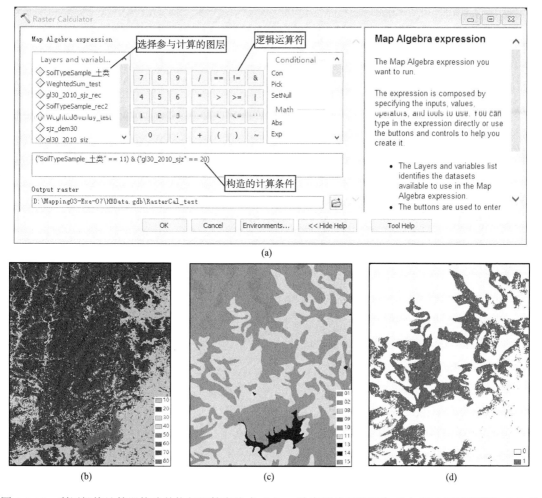

图 3-7-13　利用栅格计算器构建并执行运算表达式（a）；地表覆盖类型栅格（b）和土壤类型栅格（c）是参与运算的数据，（d）是计算结果栅格

（3）构建栅格计算表达式。利用对话框中识别的当前计算可用栅格图层和变量，借助数字键、运算符和函数列表，构建计算表达式。

（4）在"Output raster"参数部分，定义输出结果栅格的存储位置和文件名。

（5）所有参数定义完毕后，点击"OK"按钮完成基于计算表达式的栅格运算过程。

实验案例：利用实验数据中的地表覆盖类型和土壤类型栅格，提取土类代码为"11"并且地表覆盖类型代码为"20"的区域（图 3-7-13）。

实验 3-8 数字表面模型及其应用

地理学中的表面表示在其范围内每个点都具有值的连续分布现象。表面上无数点位置处的值均来自一组数量有限的实例值。例如，基于海拔、空气温度等直接测量值创建的高程表面和气温表面。在实例的测量位置之间，将通过插值为表面指定值。另外，还可以通过数学方式从已有数据获取表面，如从高程表面获取坡度和坡向表面、从公交车站数据获取距离表面、从社交位置签到数据获取特定人群活动分布概率表面等。表面可以使用等值线、栅格或TIN 等数据结构表达。GIS 软件中大多数的表面分析工具将基于栅格或 TIN 数据来实现。

实验目的：掌握创建栅格和 TIN 等数字表面的常用方法，以及常用的数字表面分析工具。

相关实验：空间数据管理与可视化系列实验中的"空间数据的符号化与图层渲染"、GIS原理系列实验中的"基于栅格数据的空间分析方法"等。

实验环境：ArcGIS Desktop 中的 ArcMap、ArcScene，启用 Spatial Analyst 和 3D Analyst扩展模块。

实验数据：某旅游地旅游资源空间数据库、栅格表面；中国大陆区域某日的气象监测点温度与降水数据；"雄安新区"关键词新浪位置微博数据。

实验内容：基于空间插值和密度分析工具创建栅格表面；基于栅格 DEM 的基本分析方法（坡度与坡向、曲率表面、可见性计算、山体阴影计算、创建等值线等）；创建 TIN 表面、基于 TIN 表面的空间分析方法。

3.8.1 创建栅格表面

栅格表面像元矩阵中的每个栅格都存储了其覆盖表面区域的值。表面详细程度取决于栅格像元大小。基于简单结构的栅格数据在执行各种表面分析计算时，速度一般要快于基于其他表面的计算。因此，栅格表面是 ArcGIS 软件系统中最常用的表面模型。

ArcGIS 提供了多种基于矢量要素或基于其他表面创建栅格表面的工具。例如，根据三维测量点要素插值生成栅格地形表面，根据区域各要素的专题数量信息创建要素或现象的密度表面，基于一个或多个要素获取距离、方向表面，或从其他表面获取一个表面（根据高程获取坡度和坡向）。获取距离和方向栅格表面的方法已经在"基于栅格数据的空间分析方法"部分做过介绍，这里再补充介绍两种创建栅格表面的工具和方法：基于空间插值和密度分析工具创建栅格表面。

1. 基于空间插值工具创建栅格表面

ArcGIS 提供了反距离权重法、自然邻域法和地统计插值等多种插值工具，可以基于测量值（如高程或表面专题特征值）的离散样本创建连续表面。每种工具都具有多个影响生成表面的参数。

"Inverse Distance Weighted"（反距离权重，IDW）插值，使用一组采样点的线性权重（反距离函数）组合来确定像元值。反距离权重法主要依赖于反距离幂值。幂参数可基于距输出点的距离控制已知点对内插值的影响，默认值为 2。随着幂数增大，内插值将逐渐接近最近采样点的值，较小幂值将对距离较远的点产生更大影响，导致更加平滑的表面。

"Natural Neighbor"（自然邻域法）插值，使用距查询点最近的输入样本子集，并基于区域大小按比例对这些样本应用权重来进行插值。自然邻域法的基本属性是它具有局部性，仅使用查询点周围样本子集，且保证插值高度在使用的样本范围内。

"Kriging"（克里金）插值，假定采样点间的距离或方向可以反映用于说明表面变化的空间相关性，将数学函数与指定数量的点或指定半径内的所有点进行拟合以确定每个位置的输出值。克里金法是一个多步骤插值过程：数据探索性分析、变异函数建模、创建表面和研究方差表面。如果数据中存在空间相关距离或方向偏差，克里金法是最适合的方法，不仅具有产生预测表面的功能，而且能够对预测的确定性或准确性提供某种度量。该方法通常用于土壤和地质科学。

下面以 IDW 插值工具为例，说明基于空间插值工具创建栅格表面的步骤。

（1）准备好空间插值分析所需的点要素，整理好"Z"值字段内容并明确数值单位意义。

（2）在 ArcToolbox 中选择【Spatial Analyst Tools】→【Interpolation】→【IDW】工具，打开"IDW"对话框。

（3）设置和定义必选参数。在"Input point features"参数部分，选择或打开用于创建插值栅格的点要素类图层；在"Z value field"参数部分，指定栅格插值计算的"Z"值字段（高程、温度、降水量等），在"Output raster"参数部分，定义输出结果栅格存储路径和文件名。

（4）设置和定义可选参数。"Output cell size（optional）"参数用于指定输出像元大小；"Power"参数用于指定反距离权重幂值；"Search radius（optional）"参数指定搜索半径（可根据要素的地理分布特征及研究目的进行设置），可以设定参与计算的点要素数量和最大搜索距离。另外，还可以设定障碍线要素，用于指定可能中断表面连续性的位置。

（5）所有参数设置完毕后点击"OK"按钮，完成 IDW 插值计算，结果栅格自动添加至当前文档。

实验案例：利用气象监测点温度数据，采用 IDW 插值方法生成中国大陆区域温度栅格表面。具体要求：采用各站点平均温作为"Z"值，"Power""Search radius"参数均采用默认值（图 3-8-1）。

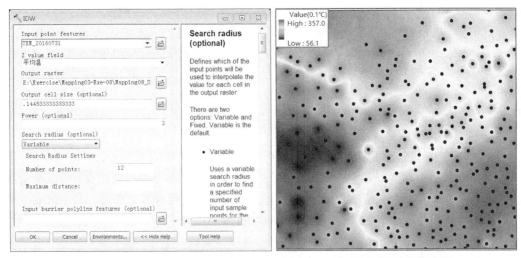

(a) IDW 插值工具对话框　　　　　　　　　(b) 生成的温度栅格表面局部图

图 3-8-1　采用 IDW 插值法进行气象站点温度数据的栅格表面创建

　　自主练习：利用气象站监测点样例温度数据，采用克里金插值方法生成中国大陆区域该日的平均温度栅格表面，与 IDW 插值方法的结果进行对比，体会两种方法的差别。

2. 基于密度分析工具创建栅格表面

　　使用"密度分析"工具可以计算每个输出栅格像元周围邻域内的输入要素密度，生成表示每单位面积中某事物数量的表面。例如，使用密度表面表示基于一组观测值的野生动物种群分布，或表示旅游者在旅游地游览过程中的签到或发布位置信息的密度等。一般情况下，密度制图应用圆形搜索区域，以决定搜索采样位置或距离。ArcGIS 中的密度分析包括核密度、线密度和点密度三种工具。

　　"Kernel Density"（核密度）分析工具基于核密度方程计算输出栅格像元周围点要素的密度。每个点上方均覆盖一个平滑曲面，点所在位置的表面值最高，随着与点距离的增大表面值逐渐减小，在搜索半径处的表面值为 0。曲面与下方平面围成的空间体积等于该点的 Population 字段值，如果此字段值为 NONE 则体积为 1。输出栅格像元密度为叠加在栅格像元中心的所有核表面值之和。基于点要素的核密度工具使用方法如下。

　　（1）准备好核密度分析所需的点要素，确定是否需要完成 Population 字段的处理。

　　（2）在 ArcToolbox 中选择【Spatial Analyst Tools】→【Density】→【Kernel Density】工具，打开"Kernel Density"对话框。

　　（3）设置和定义必选参数。在"Input point or polyline features"参数部分，选择或打开用于生成核密度栅格的点要素类图层；在"Population field"参数部分，指定核密度计算的加权字段，"NONE"表示不采用加权字段；在"Output raster"参数部分，定义输出结果栅格存储路径和文件名。

　　（4）设置和定义可选参数。"Output cell size（optional）"参数用于指定输出像元大小；"Search radius（optional）"参数用于指定搜索半径（可根据要素的地理分布特征及研究目的进行设置），指定的搜索半径越大，生成的密度栅格越平滑且概化程度越高，搜索半径越小，生成的栅格信息越详细。另外，还可以设定面积单位、输出结果值的类型和距离计算方式等。

　　（5）所有参数设置完毕后点击"OK"按钮，完成核密度计算，生成结果自动添加至当前地图文档。

　　实验案例：利用实验数据中的以"雄安新区"为关键词采集的新浪位置微博数据，创建核密度表面，观察雄安新区概念的空间关注度模式。具体要求：搜索半径设置为 50km，输出像元大小按照 100m，生成的核密度栅格采用几何级数 9 级分段方法进行可视化渲染（图 3-8-2）。

3.8.2　基于栅格 DEM 的基本分析方法

　　ArcGIS 提供了一系列用于栅格 DEM 的分析工具。这些工具中的部分工具主要用于分析栅格 Terrain 表面。这些工具包括坡度工具、坡向工具、可视性计算工具、山体阴影工具和曲率工具。

1. 坡度与坡向计算

　　【Slope】（坡度）工具用于计算表面像元与其相邻像元之间的最大变化率，这一变化率通常用于表示地形的陡度。基于栅格 DEM 生成坡度栅格的操作步骤如下。

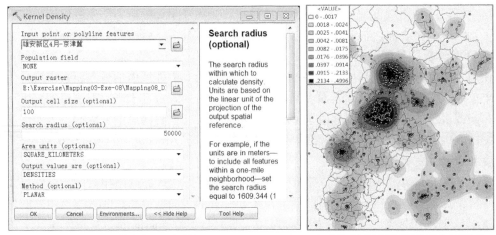

(a) 核密度工具对话框　　　　　　　　　　(b) 京津冀区域位置微博核密度分析结果

图 3-8-2　利用新浪位置微博数据创建密度表面

（1）准备好生成坡度的栅格 DEM；在 ArcToolbox 中选择【3D Analyst Tools】→【Raster Surface】→【Slope】工具，或【Spatial Analyst Tools】→【Surface】→【Slope】工具，打开"Slope"对话框。

（2）设置和定义工具运算参数。在"Input raster"参数部分选择用于生成坡度栅格的栅格表面数据源。在"Output raster"参数部分，指定输出坡度结果的栅格数据存放路径及文件名。在"Output measurement（optional）"参数部分，选择输出坡度结果表达方式："DEGREE"（度）、"PERCENT_RISE"（百分数）。如果高程单位和 XY 坐标单位不一致，可以在"Z factor（optional）"部分设定高程转换系数。

（3）所有参数设置完毕后点击"OK"按钮，完成基于栅格 DEM 的坡度计算。

【Aspect】（坡向）工具用于计算将平面拟合到各像元的坡度面方向。表面坡向通常影响表面接收的日光量。例如，北纬地区南向坡面往往比北向坡面更温暖干燥。坡向工具操作流程如下。

（1）准备好生成坡向的栅格 DEM。在 ArcToolbox 中选择【3D Analyst Tools】→【Raster Surface】→【Aspect】，或【Spatial Analyst Tools】→【Surface】→【Aspect】工具，打开"Aspect"对话框。

（2）在"Input raster"参数部分选择用于生成坡向栅格的栅格表面数据源；在"Output raster"参数部分，指定输出坡向结果的栅格数据存放路径及文件名。

（3）设置完毕点击"OK"按钮，完成基于栅格 DEM 数据的坡向计算。

实验案例：利用实验数据中的栅格 DEM 生成坡度、坡向栅格和 TIN 表面，在 ArcScene 中构建栅格 DEM 和坡度、坡向三维透视图，观察坡度和坡向与栅格表面的关系（图 3-8-3 和图 3-8-4）。

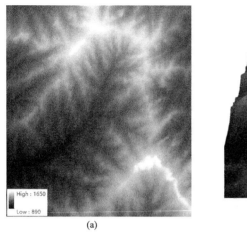 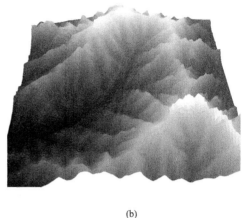

图 3-8-3　用于坡度与坡向计算的原始 DEM 栅格数据（a）及其三维透视图（b）

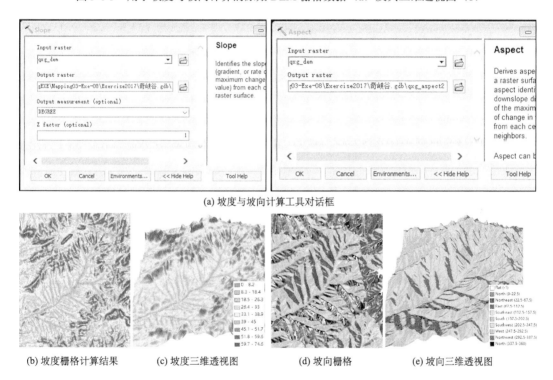

(a) 坡度与坡向计算工具对话框

(b) 坡度栅格计算结果　　(c) 坡度三维透视图　　(d) 坡向栅格　　(e) 坡向三维透视图

图 3-8-4　基于栅格 DEM 的坡度与坡向样例区域的计算结果

2. 创建曲率表面

"Curvature"（曲率）工具用于计算表面曲率（坡度的坡度，即表面二阶导数）。计算结果能够指示表面指定部分的凹凸。表面凸出部分（如山脊）通常不会被遮挡，水流将流向其他区域；表面凹入部分（如山谷）通常会被遮挡，其他区域水流将汇入。曲率工具包括两个可选变化形式：平面曲率和剖面曲率，用于反映地形对水流和侵蚀的影响。剖面曲率大小影响水流的加速和减速，进而影响表面侵蚀和沉积；平面曲率大小影响水流汇聚和分散。创建曲率栅格表面的操作流程如下。

（1）准备好创建曲率的栅格 DEM 数据源；在 ArcToolbox 中选择【3D Analyst Tools】→【Raster Surface】→【Curvature】，或【Spatial Analyst Tools】→【Surface】→【Curvature】工具，均可打开"Curvature"对话框。

（2）在"Input raster"参数部分，选择用于生成曲率表面栅格的栅格 DEM 数据源；在"Output curvature raster"参数部分，指定输出曲率计算结果的栅格数据存放路径及文件名。

（3）如果希望同时生成平面曲率和剖面曲率，应该继续定义"Output profile curve raster（optional）"和"Output plan curve raster（optional）"两个参数。

（4）"Z factor（optional）"参数的含义同坡度计算等工具。

（5）所有参数设置完毕后，点击"OK"按钮，完成基于栅格 DEM 的曲率计算。

实验案例：利用实验数据中的栅格 DEM 表面，生成该样例区曲率表面栅格数据，并同时生成平面曲率和剖面曲率，在 ArcScene 中基于前面生成的 TIN 表面，生成曲率三维透视图（图 3-8-5）。

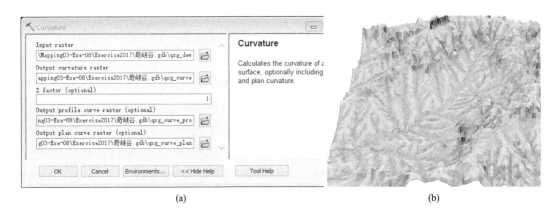

图 3-8-5　基于栅格 DEM 的曲率计算工具对话框（a）及曲率栅格的三维透视图（b）

3. 可视性计算

可视性计算工具是用于分析观察点与目标或区域表面各部分之间可见性关系的工具集合，包括通视分析、视域分析、视点分析、可见性分析等。例如，从地表哪些位置可以看到某个目标（信号塔、起火点等），或者从道路上可以看到哪些景观。

1）通视分析

通视分析可以采用"Create Line of Sight"（创建通视线，简称通视线）工具实现，用于识别两点之间（观察点到目标点）的通视状况。具体包括：从观察点位置能否看到目标位置，以及观察点和目标点连线上的中间位置是否可见（即两点之间的视线遮挡情况）。通视线工具的使用方法如下。

（1）将用于通视分析的 DEM 数据加载至当前地图文档。

（2）启用【3D Analyst】工具条，单击工具条上的"Create Line of Sight"工具，打开"Line Of Sight"参数设置对话框。

（3）根据观察点和目标点的具体特征，在对话框中设置"Observer offset"和"Target offset"（观测点或目标点相对于表面的高度偏移量）。

（4）对话框打开状态下，在 DEM 表面上用鼠标在观测点和目标点位置之间拉出一条橡皮线，系统给出观测点和目标点的通视线。

（5）通视线内涵解析：如果采用的 ArcGIS 默认视线样式风格，绿色目标点表示从观察点能看到目标点，红色则表示看不到目标点；通视线的红色部分表示从观察点不能看到该位置，绿色部分表示从观察点能看到该位置；当目标点不可见时，通视线上还会标出两点之间的障碍点（蓝色点）。

实验案例：在实验数据的栅格 DEM 上应用通视线工具，生成观察点与目标点间可见、不可见等不同类型通视线；测试观察点与目标点偏移值对通视关系的影响；生成不同类型通视线的剖面图，观察通视线上的可见性分布模式（图 3-8-6）。

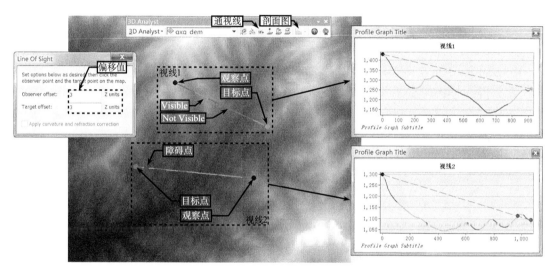

图 3-8-6 通视线工具应用案例

观察点和目标点均偏移 3 个 Z 值单位情况下绘制的两条通视线，并给出了两条线的剖面图

2）视域分析

"Viewshed"（视域）分析用于计算栅格表面任意位置相对于一个或多个观察点的可视状态，计算结果为一个栅格数据集，记录输入表面栅格中每个像元相对于观测点可见的次数（输出栅格 VALUE 值）。

视域分析工具计算时如果需要进一步的参数控制，需要在输入观察点要素类中定义特定含义的字段并赋值，具体包括：SPOT、OFFSETA、OFFSETB、AZIMUTH1、AZIMUTH2、VERT1、VERT2、RADIUS1 和 RADIUS2 等字段。工具运行时可以自动识别这些字段，并将其用于描述观测点高程值、垂直偏移、水平和垂直扫描角度、扫描距离等。例如，观察点数据中包括 OFFSETA 字段项时，该字段值将被作为每个观察点的偏移值。视域分析工具使用的主要流程如下。

（1）准备相关数据。将用于视域分析的输入表面栅格和观察点（点或线要素）添加到当前文档。

（2）在 ArcToolbox 中选择【3D Analyst Tools】→【Visibility】→【Viewshed】，打开"Viewshed"对话框。

（3）定义工具运算的必填参数项。在"Input raster"参数部分选择或打开用于视域分析的输入表面栅格；在"Input point or polyline observer features"参数部分选择或打开观察点要素类；在"Output raster"参数部分定义输出结果栅格路径及文件名。

（4）定义工具运算的可选参数项。例如，在"Z factor（optional）"参数区设定高程变换系数；在"Use earth curvature corrections（optional）"和"Refractivity coefficient（optional）"参数部分确定是否校正地球曲率和折射等。

（5）所有参数设置完毕后点击"OK"按钮，完成视域分析计算。

（6）计算结果的解析。结果栅格属性表中的"Value"字段值表示每个像元区可以看到的观察点数量，"Count"字段值表示像元数量；可以基于 Value 值进行单一值或分级渲染，以展示不同区域可见的观察点数量多少。

备注：ArcToolbox 中还提供了一个"Viewshed2"（视域分析 2）工具，该工具提供了更为灵活的参数控制方式，可以将所有数值字段用于描述观察点属性。

实验案例：利用实验数据中的栅格 DEM 表面和山峰点要素类，完成山峰的视域分析，并对视域分析结果栅格进行单一值渲染，观察样例区域内山峰可视域的分布特征（图 3-8-7）。

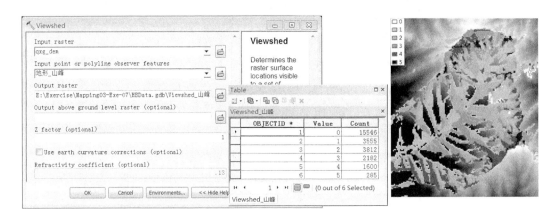

图 3-8-7　基于实验区域内山峰点要素的可视域分析

包括"Viewshed"对话框、结果栅格的属性浏览表，以及结果栅格基于 Value 值的单值渲染与原栅格叠加效果

3）视点分析

"Observer Points"（视点分析）工具用于识别可从哪些观察点看到栅格表面的任意指定像元。视点分析和视域分析均可用来输出视域栅格数据，但视点工具的输出会精确识别可从每个栅格表面位置看到哪些视点。视点分析工具的使用方法如下。

（1）按照视域分析的方法准备相关数据并添加到当前地图文档中。

（2）在 ArcToolbox 中选择【3D Analyst Tools】→【Visibility】→【Observer Points】，打开"Observer Points"对话框。

（3）按照视域分析工具的描述定义工具运算的必填和可选参数项。不同之处在于"Input point observer features"参数部分，视点分析工具只能选择点要素类，并且点的数量不超过16 个。

（4）所有参数设置完毕后点击"OK"按钮，完成视点分析计算。

（5）计算结果的解析。结果栅格属性表包括了所有观察点的可见性字段（如"OBS1"、

"OBS2"······），"1"表示观察点可见，"0"表示不可见；字段"Value"的值（与视域分析工具不同）是所有观察点可见性字段值从右到左顺序组合形成的二进制码转换为十进制的结果。

（6）可以基于每个观察点的可见性值进行单一值渲染，或者通过属性条件，查询不同观察点组合的可见性结果。

实验案例：利用实验数据中的栅格 DEM 表面和山峰点要素类，完成山峰的视点分析。观察分析结果栅格的属性表结构，与视域分析结果进行对比；利用属性条件查询不同观察点组合的可见性区域分布（图 3-8-8）。

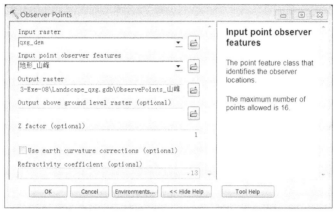

(a) 视点分析工具对话框

(b) 结果栅格属性浏览表

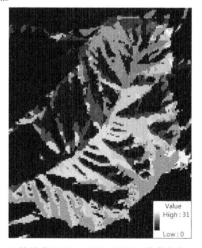

(c) 按照"OBS1 =1 AND OBS5 =1"条件查询观察点1和5同时能看到的区域

图 3-8-8　以实验区山峰点要素为观察点进行的视点分析

4）可见性分析

"Visibility"（可见性分析）工具，用于确定对一组观察点要素可见的栅格表面位置，或识别从各栅格表面位置进行观察时可见的观察点，通过工具参数控制，可以支持"FREQUENCY"和"OBSERVERS"两种可见性分析结果类型。当执行"FREQUENCY"

类型分析时，在参数控制相同的情况下结果等同于视域分析；当执行"OBSERVERS"类型分析时，在参数控制相同的情况下计算结果等同于视点分析。因此，该工具集成了视域分析和视点分析的功能，它通过使用观察点参数，可以对分析过程进行更多、更精细地控制。由于方法流程基本相同，工具各项参数内涵一致，这里不再描述工具使用方法，仅给出可见性分析工具的运行界面介绍（图 3-8-9）。

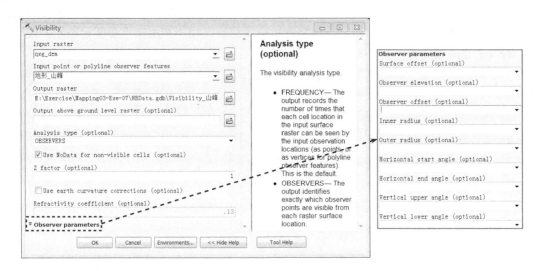

图 3-8-9　可见性分析工具运行对话框及参数设置样例

自主练习：将山峰或资源点作为观察点要素，通过定义"OffsetA"或直接在工具对话框中定义 Offset 偏移值，计算以山峰作为观察点的可视分布详细情况，包括总的可视域、不同观察点的可视域及不同观察点组合的可视域等。

4. 山体阴影计算

"Hillshade"（山体阴影）工具通过假定的光源位置和计算与相邻像元相关的每个像元的照明度值，为栅格中的每个像元确定照明度，最终获取表面的假定照明度。借助于图层的透明度设置，"山体阴影"工具可以大大增强地形表面的可视化立体效果。山体阴影工具的使用方法如下。

（1）在 ArcToolbox 中选择【3D Analyst Tools】→【Raster Surface】→【Hillshade】，打开"Hillshade"对话框。

（2）在"Input raster"参数部分的下拉列表框中选择用于生成阴影的栅格 DEM 表面。

（3）在"Output raster"参数部分的文本框中指定输出栅格路径及文件名。

（4）在"Altitude（optional）""Azimth（optional）"参数文本框中分别设置创建阴影假设的太阳高度角与方位角。

（5）在"Z factor（optional）"参数文本框部分设定高程转换系数。

（6）设置完毕点击"OK"按钮，完成基于栅格 DEM 数据的阴影渲染分析结果。默认情况下结果栅格值表达的阴影和光线效果是 0~255 的整数相关的灰度梯度。

实验案例：利用实验数据中的 DEM 栅格创建山体阴影栅格，并通过半透明叠置方式创建 DEM 立体渲染效果（图 3-8-10）。

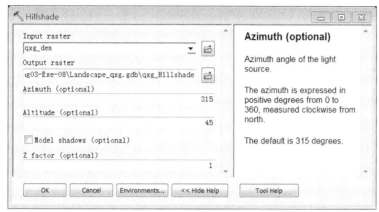

(a) "Hillshade" 运行对话框

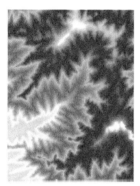  

(b) 拉伸渲染的栅格表面数据　(c) 栅格表面阴影计算结果　(d) 将拉伸渲染栅格表面进行半透明设置
　　　　　　　　　　　　　　　　　　　　　　　　后与阴影计算结果栅格的叠加显示效果

图 3-8-10　山体阴影分析实验

5. 创建等值线

在 ArcGIS 中，可以基于栅格、TIN 等表面创建等值线，用于生成等高线、等降水量线、等温线等。其中，【Contour】（等值线）工具用于从栅格表面提取等值线；【Surface Contour】（表面等值线）工具用于从 TIN、Terrain 或者 LAS Dataset 等表面提取等值线。基于栅格表面创建等值线的步骤如下。

（1）在 ArcToolbox 中选择【3D Analyst Tools】→【Raster Surface】→【Contour】，打开"Contour"对话框。

（2）在"Input raster"参数部分选择或打开用于生成等值线的栅格 DEM 表面；在"Output polyline features"参数部分，指定输出等值线结果的存储路径及要素类名。

（3）在"Contour interval"参数部分，设置生成的等值间隔；在"Base contour（optional）"参数部分，设定基准等值。

（4）所有参数设置完毕后，点击"OK"按钮完成基于栅格 DEM 的等值线创建过程。

实验案例：利用实验数据中的 DEM 栅格创建该区域的等高线，要求采用 10m 等高距，基础高程为 0（图 3-8-11）。

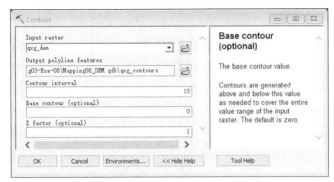 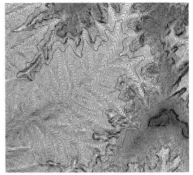

(a) "Contour" 对话框   (b) 等高线创建结果与拉伸渲染
                                                   后的栅格表面叠加效果

图 3-8-11   基于栅格高程表面创建等高线

3.8.3   创建 TIN 表面

TIN（不规则三角网）通过将一系列点组成三角形来构建一种基于矢量的数字地形表达形式，可使用基于最近点的线性插值法获取结点间位置的表面值。相对于栅格表面，TIN 表面对地形的精细控制更为灵活，高程点的值和实际位置将作为结点保留在 TIN 中，因此可以按照不规则分布的方式描述表面中具有较大差异的各个区域。另外，可将表面上形状发生明显变化位置的线（如山脊线、河流或道路等）作为隔断线加入 TIN 中，可将共用一个值的区域作为填充面加入。

TIN 表面可由表面源测量值生成。例如，可以由包含高程信息的点、线和面要素创建 TIN 表面（使用点作为高程数据的点位置；使用具有高度信息的线强化湖泊、河流、山脊和山谷等自然要素），也可以由栅格数据集或 Terrain 数据集等其他功能性表面创建 TIN。

ArcGIS 中的【Create TIN】（创建 TIN）和【Edit TIN】（编辑 TIN）工具，是基于矢量要素创建 TIN 表面的工具。【Raster to TIN】（栅格转 TIN）工具则用于将栅格表面转换为 TIN 表面。栅格转 TIN 工具的使用方法如下。

（1）准备好用于创建 TIN 的栅格表面。

（2）在 ArcToolbox 中选择【3D Analyst Tools】→【Conversion】→【From Raster】→【Raster to TIN】工具，打开 "Raster to TIN" 对话框。

（3）在 "Input Raster" 参数部分选择或打开用于创建 TIN 表面的栅格 DEM 数据；在 "Output TIN" 参数部分，指定输出 TIN 结果的存储路径及文件名。

（4）"Z Tolerance（optional）" 参数用于控制输入栅格高程和生成的 TIN 高程的最大差值；"Maximum Number of Points（optional）" 参数用于设定生成结果的最大结点数量。

（5）所有参数设置完毕后，点击 "OK" 按钮完成基于栅格 DEM 的 TIN 创建过程。

实验案例：利用实验数据中的 DEM 栅格创建该区域的 TIN 地形表面。TIN 结果的精度要求：Z Tolerance 采用 2m 阈值（图 3-8-12）。

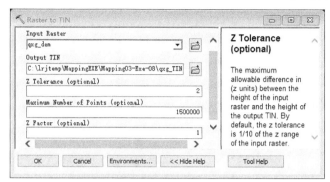

(a) "Raster to TIN" 对话框　　　　　　　　　(b) 创建的TIN表面效果

图 3-8-12　基于栅格高程表面创建 TIN 表面

3.8.4　基于 TIN 表面的分析方法

由于都是对地形表面的数字化描述，栅格表面和 TIN 表面能够实现很多相似的功能，如坡度、坡向和等值线提取等。但基于 TIN 表面可以做更多关于体积计算，以及创建对表面建模的 3D 要素类等特殊的工作。

ArcGIS 提供了一组基于 Terrain、TIN 和 LAS 数据集进行操作的表面分析工具。例如，"Polygon Volume"（面体积）工具用于计算基于某个参考多边形面与 TIN 表面构成的局部地形区域体积。下面以面体积工具为例，说明基于 TIN 表面的分析方法与流程。

（1）准备好用于计算面体积的参考多边形（应带有参考面高程属性字段）和工作区域 TIN 表面。

（2）在 ArcToolbox 中选择【3D Analyst Tools】→【Triangulated Surface】→【Polygon Volume】工具，打开 "Polygon Volume" 对话框。

（3）定义工具运行的必选参数。在 "Input Surface" 参数部分，选择或打开用于计算体积的 TIN 表面数据；在 "Input Feature Class" 参数部分，指定计算体积的参考面所在的多边形要素类；"Height Field" 参数用于指定参考面的高程。

（4）定义工具运行的可选参数。"Reference Plane（optional）" 参数用于设定体积计算方式（ABOVE 是计算参考面以上体积、BELOW 表示计算参考面以下体积）；"Volume Field（optional）" 和 "Surface Area Field（optional）" 参数分别用于指定体积和表面积计算结果存储字段。

（5）所有参数设置完毕后，点击 "OK" 按钮完成基于 TIN 和参考面多边形的体积计算过程。计算过程中将在参考面要素类中添加 "Volume Field" 和 "Surface Area Field" 参数定义的新字段，计算结果将存储于两个字段中（重复计算将覆盖旧值）。

实验案例：利用前面创建的 TIN 表面和实验数据提供的参考面多边形（包括两个同位置的重复多边形，带有不同高度值）计算体积（图 3-8-13），分别计算参考面下方和上方体积和表面积；可采用两组字段名（Volume、SArea；Volume_A、SArea_A）分别存储，避免计算时相互覆盖。

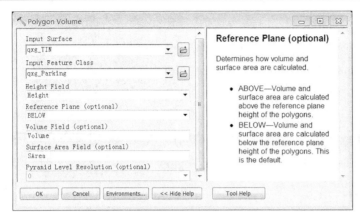

(a)【Polygon Volume】工具　　　　　　　　(b) 用于体积计算的同一区域
　　　　　　　　　　　　　　　　　　　　　　不同高度的两个参考多边形

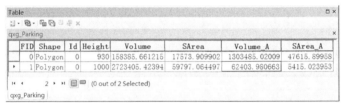

(c) 计算完成后的两个参考多边形属性表

图 3-8-13　基于 TIN 表面计算参考多边形区域相关的体积与表面积

实验 3-9　基于 GIS 的地理空间建模

空间建模是一个复杂的过程，许多特有的专业学科模型（环境模型、水文模型、大气模型、生态模型）需学科专家开展长期的实验、测试和验证后方能广泛应用。对于与地理要素相关的各类空间模型来说，模型的计算经常需要 GIS 的支持。本实验的目的不是讲解如何建立一个学科模型，而是介绍如何借助某个专业模型的数学描述和文档说明，在 GIS 中实现该空间模型。

实验目的： 帮助学生掌握从理论模型到计算模型的实现过程，并能够利用 ArcGIS 等常用 GIS 软件的空间分析功能和计算工具完成一个理论模型的实际应用计算。

相关实验： GIS 原理系列实验中的"基于栅格数据的空间分析方法""基于矢量数据的空间分析方法""数字表面模型及其应用"等。

实验环境： ArcGIS Desktop 中的 ArcMap、ArcToolbox 及 Modelbuilder 建模环境。

实验数据： 河北省某区域 30m 分辨率数字高程模型数据、30m 分辨率地表覆盖数据、土壤分类栅格数据等。

实验内容： 空间建模中的模型参数因子解析方法；地理空间模型的计算过程与结果表达；基于 Modelbuilder 进行地理空间建模。

3.9.1　地理空间建模的基本思路

基于 GIS 的空间建模可以利用矢量数据，也可以利用栅格数据，还可以综合不同类型和多源格式的空间数据。通过 GIS 软件中提供的数据处理和分析方法，可以快速实现一个空间模型。另外，为了方便模型的交互式修正和模型发布与共享，许多 GIS 软件还提供可视化的集成建模环境，如 ArcGIS 中的 Model Builder 模块。在 GIS 中实现一个空间建模应遵循以下步骤。

（1）明确模型的应用目标和内涵，理解模型的数学表达公式。

（2）解析模型公式中的相关模型参数因子（要素），并确定各个因子的空间属性。

（3）确定模型实现需要的适宜时空尺度、参数因子相关的数据源及其空间数据结构。

（4）确定各个参数因子计算所需的 GIS 统计或分析工具（功能）。

（5）依据模型公式和参数分析结果，设计模型的基本计算流程（或进一步完成模型的集成）。

（6）模型评估、测试和结果分析与评价等。

3.9.2　基于 GIS 的地理空间建模

适宜性评价模型用于描述某个区域对特定用途的适宜程度，如生物栖息地适宜性、位址适宜性、生态环境适宜性等。适宜性评价模型多采用指数模型进行建模，需要科学、准确地考虑标准分级和权重分配方案。这里以一个模拟的某动物栖息地适宜性评价模型为例，说明基于 GIS 的地理空间建模及其计算过程。

1. 模型的内涵解析

某动物栖息地适宜性评价模型：假设某种动物的栖息地环境主要受到研究区域的海拔、土壤类型、地表覆盖类型、日照条件四个环境因子影响。每个环境因子影响情况描述如下。

（1）该动物最喜欢生活的地表覆盖类型依次为草地、森林、灌木地、耕地、湿地，其他地类不适宜栖息，而且适宜栖息的地表覆盖类型均需要接近水源（10km 内），以获得足够的食物和水；距离水源越近的区域适宜性越高。

（2）该动物栖息地环境的最适宜海拔是 600~800m，随着区域地形的海拔进一步升高或降低，栖息环境的适宜性也逐渐降低。

（3）该动物的栖息地对土壤类型有一定的要求。土壤类型的适宜性由高到低为褐土、山地草甸土、草甸土、棕壤、灰色森林土、砂姜黑土、潮土、盐土、沼泽土、新积土、其他土类。

（4）该动物喜欢阳光，日照时间越长越适合该动物栖息。因为日照时间受坡向的直接影响，所以，越接近正南向阳坡的区域越适合该动物栖息。

4 个因子对物种生长适宜性的影响程度也不相同，地表覆盖类型的影响最大，其次是海拔，然后是土壤类型，最后是日照条件。因此，应该为 4 类影响因子分别分配不同的影响权重。区域内不同位置的海拔、地表覆盖和土壤类型不同，不同位置的地形坡向导致的日照条件也不一样，因此，不同位置的栖息地适宜程度也不一样，下面给出该动物栖息地适宜性评价的模拟计算公式：

$$\text{Suitability}_{(x,y,z)} = 0.4 \times \text{Landcover} + 0.3 \times \text{Elevation} + 0.2 \times \text{Soil} + 0.1 \times \text{Solar}$$

上式给出了 Landcover（地表覆盖类型）、Elevation（海拔）、Soil（土壤类型）、Solar（日照条件）4 个影响因子的权重分配方案：0.4、0.3、0.2、0.1；Suitability $_{(x,y,z)}$ 表示研究区域某位置的栖息地适宜性计算结果值。

2. 基于 GIS 的模型实现

利用上述动物栖息地适宜性评价模型的理论描述，在 ArcMap 中完成栖息地适宜性评价计算。实验数据中提供了样例区域的 DEM、地表覆盖和土壤类型栅格数据，基于栅格数据结构的指数模型进行适宜性评价，最终的适宜性指数分布区间为（0，10]。

1）模型参数因子的解析与计算

结合栖息地适宜性评价模型的说明文档及学科专家的经验，进一步确定模型各参数因子计算所需的数据源、适宜的数据表达尺度及参数值计算方法。

A. 地表覆盖类型因子的解析与计算

地表覆盖类型因子的解析与计算的基本思路：利用栅格重分类工具对地表覆盖类型栅格进行重分类；筛选水域类型栅格生成水域邻近性权重栅格；利用水域邻近性权重栅格为地表覆盖类型适宜性栅格进行加权，获得最终的地表覆盖类型因子适宜性等级栅格（图 3-9-1）。具体操作步骤如下。

（1）从研究区域的地表覆盖类型栅格中提取水域类型栅格，利用【Raster to Polygon】（栅格转多边形）工具将水域栅格转换为水域多边形要素类。

（2）利用【Euclidean Distance】（欧氏距离）工具，计算水域多边形要素类的欧氏距离栅格。

（3）利用【Reclassify】（栅格重分类）工具，将水域距离栅格按照 1km 间距由近及远划分 10 个适宜性等级区，并分别赋予 10~1 的适宜性等级值，水域内部和 10km 外的区域栅格均赋值为 NoData，重分类结果生成水域邻近性权重栅格。

（4）利用【Reclassify】工具为研究区域的地表覆盖类型栅格执行重分类计算，将草地、森林、灌木地、耕地、湿地分别赋予 10、8、6、4、2 的适宜等级值，其他地类栅格赋值为 NoData。

（5）利用【Raster Calculator】（栅格计算器）工具，将重分类后的地表覆盖类型栅格和水域邻近性权重栅格执行相乘运算，获得最终的地表覆盖类型因子值，并将值域标准化处理到（0，10]（计算公式："地表覆盖类型栅格"× "水域邻近性权重栅格"×0.1）。

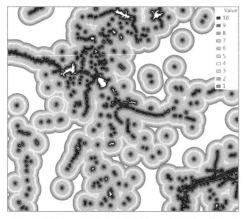

(a) 利用距离计算工具完成的水域邻近性及重分类结果

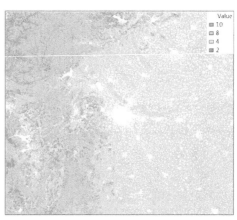

(b) 根据地表覆盖类型栅格重分类完成的地表覆盖类型适宜性栅格

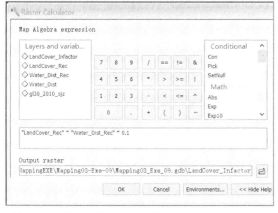

(c) 利用栅格计算器完成地表覆盖类型与水域邻近性综合

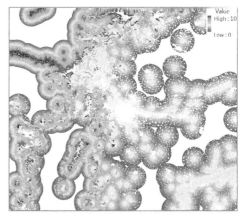

(d) 地表覆盖因子计算结果

图 3-9-1　地表覆盖类型因子的解析与计算过程

B. 海拔因子解析与计算

海拔类型因子的解析与计算主要利用【Reclassify】工具。将研究区域 DEM 栅格值按照"600~800、800~1000、400~600、1000~1200、200~400、1200~1400、0~200、1400~1600、1600~1800、1800~2000（m）"分段标准进行重分类，分别赋予 10~1 的适宜性等级值，其他不适宜区域栅格值设为 NoData[图 3-9-2（a）]。

C. 土壤类型因子解析与计算

土壤类型因子解析与计算主要利用【Reclassify】工具，将研究区土壤类型栅格进行重分类。按照"褐土、山地草甸土、草甸土、棕壤、灰色森林土、砂姜黑土、潮土、盐土、沼泽土、新积土"的顺序，依次赋予 10~1 的土壤适宜性等级，其他不适宜栖息的土壤类型区赋值 NoData（图 3-9-2）。

D. 日照条件因子解析与计算

日照条件因子解析与计算基本思路：采用坡向代替日照条件进行适宜性评价，按照越接近正南向（阳坡）适宜性越高，越接近正北向（阴坡）适宜性越低的原则划分适宜性等级区域[图 3-9-3（b）]。具体操作步骤如下。

（1）利用【Aspect】（坡向计算）工具，基于研究区域 DEM 栅格生成坡向分布图。

（2）利用【Reclassify】工具将坡向栅格进行重分类。按照以下坡向值域和适宜性等级的对应关系进行重分类：Flat（-1）|South（157.5-202.5）=10；Southeast（112.5-157.5）|Southwest（202.5-247.5）=8；East（67.5-112.5）|West（247.5-292.5）=6；Northeast（22.5-67.5）|Northwest（292.5-337.5）=4；North（337.5-360）| North（0-22.5）=2。

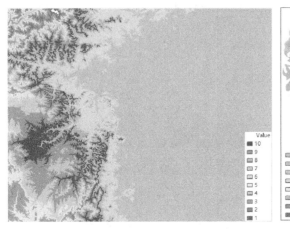

(a) 根据海拔因子内涵对DEM数据重分类的结果　　　　(b) 根据土壤类型因子内涵对土壤类型栅格重分类的结果

图 3-9-2　海拔与土壤类型因子的计算

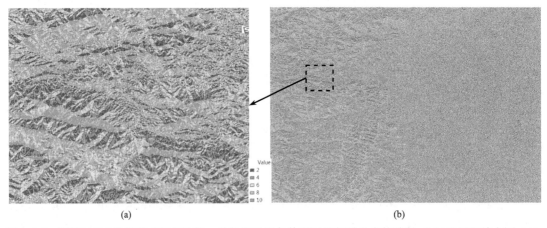

(a)　　　　　　　　　　　　　　　　(b)

图 3-9-3　利用 DEM 数据完成坡向计算，并根据日照条件因子进行重分类的结果（b）及局部放大图（a）

2）模型计算与结果表达

栖息地适宜性评价模型的各个参数因子计算完成后，根据模型方程构建计算公式完成模型计算，并对计算结果进行分级可视化表达（图 3-9-4）。具体实现方法与步骤如下。

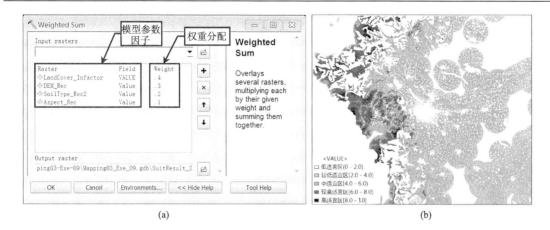

图 3-9-4　利用【Weighted Sum】工具分配各因子权重值并完成加权求和（a）及某动物栖息地适宜性
计算结果和适宜性分级（b）

（1）利用【Weighted Sum】（加权求和）工具，按照 0.4、0.3、0.2、0.1 权重分配方案，为 Landcover、Elevation、Soil、Solar 4 个影响因子赋予权重，并进行加权求和，获得初步的适宜性结果栅格。

（2）按照适宜性栅格数值高低，将研究区域划分为 5 个栖息地适宜性等级区：高适宜性[8.0，10.0]、较高适宜性[6.0，8.0)、中适宜性[4.0，6.0)、较低适宜性[2.0，4.0)、低适宜性（0，2.0)；栅格值为 0 和 NoData 的区域为不适宜区域或非模型计算关注区域。

注意：从模型描述来看，任意一个环境因子的适宜性为 0 时，应该确定该区域为不适宜的栖息地。如果因子计算过程中非适宜区域赋值为 0 而不是 NoData，加权求和方法的计算结果不能保证适宜性数值大于 0 的区域 4 个影响因子值均大于 0。这种情况下需要进一步处理：

① 计算 4 个影响因子栅格均不为 0 的区域。利用【Raster Calculator】工具构建表达式：（"Landcover" != 0）&（"Soil" != 0）&（"Elevation" != 0）&（"Solar" != 0）"，计算结果栅格中，Value 值为 1 的区域表示 4 个因子栅格值均不为 0，Value 值为 0 的区域表示至少一个影响因子的栅格值为 0。② 利用【Raster Calculator】工具构建表达式，将初步获得的适宜性计算结果栅格与第①步生成的判断栅格做乘运算，获得最终的适宜性栅格，其中任意影响因子值为 0 的区域适宜性被赋值为 0。

3.9.3　用 Modelbuilder 构建计算模型

1. Modelbuilder 建模环境介绍

ArcGIS 桌面系统中提供的 Modelbuilder（模型构建器）是一个用来创建、编辑和管理模型的应用程序。这里的模型是指将一系列地理处理工具串联在一起的工作流，它将其中一个工具的输出作为另一个工具的输入。因此，Modelbuilder 可以理解为用于构建工作流的可视化编程语言。Modelbuilder 还能通过创建模型并将其共享为工具来扩展 ArcGIS 桌面系统的功能，可用于将 ArcGIS 与其他应用程序进行集成等。

Modelbuilder 建模使用的模型元素主要包括三种类型：工具、变量和连接符。工具（地理处理工具）是模型工作流的基本组成部分，用于对地理数据或表格数据执行各类操作；ArcToolbox 中的工具被添加到模型中后，即成为模型元素。变量是模型中用于保存值或对磁盘数据进行引用的元素，涉及数据和值两种类型的变量。连接符用于将数据和值连接到工具，连接符的箭头指示了地理处理流程的执行方向。在 Modelbuilder 中设计的一个简单的模型及相关要素的说明如图 3-9-5 所示。

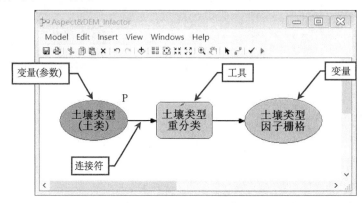

图 3-9-5　ArcGIS Desktop 中的 Modelbuilder 建模环境及其基本模型元素示例

2. 利用 Modelbuilder 建模实例

可以利用 Modelbuilder 工具将上述物种栖息地理论模型转化为基于 ArcGIS 桌面系统的计算模型。经过模型测试验证后的模型如图 3-9-6 所示。

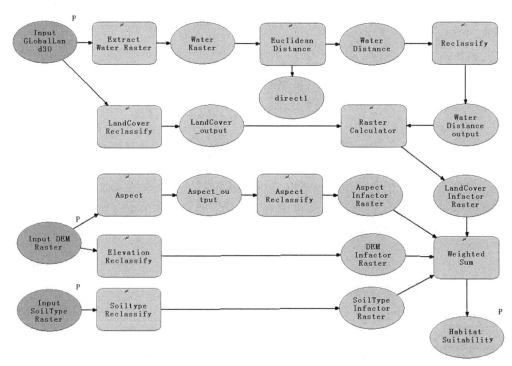

图 3-9-6　在 Modelbuilder 建模环境中，根据本实验中描述的某动物栖息地适宜性评价模型思想构建的计算模型

综合练习：以实验数据中提供的中国河北省紫荆关长城风景区为例，完成景观感知度的空间建模，并尝试利用【Modelbuilder】工具设计一个可重复运行的 Model 工具。景观感知度相关概念及其模型请参考李仁杰等（2015）发表的论文。

实验 3-10　移动与 Web GIS 应用系统观察

GIS 的发展已经进入了一个新阶段，不同于传统 WebGIS 的架构模式和应用视角，新 WebGIS 的应用不仅是基于 Web 浏览器的地图应用，更有基于云计算的空间分析与可视化。特别需要提到的是，几乎每个智能手机中都安装了专门的地图导航应用，或者许多基于位置服务与地图应用的 APP，如滴滴出行、共享单车、咕咚运动、美团等。而且，Facebook、Twitter、微信、QQ 和微博等众多社交应用也都提供基于位置的内容分享与应用功能。丰富的 WebGIS 应用和移动互联网平台中的移动位置服务，正是 GIS 发展成熟并走向普通公众的具体表现。

实验目的： 通过观察、体验各类 Web 在线地图应用服务和基于位置与地图服务的移动 APP，了解 GIS 发展的现状和应用视角；尝试理解当前移动与 WebGIS 的基本应用模式和实现原理；分析讨论 GIS 的应用价值和未来发展方向。

相关实验： GIS 原理系列实验中的"空间数据的选择、查询与统计""网络数据模型构建与网络分析"等。

实验环境： Web 浏览器、基于 Android 或 iOS 系统的手机、Pad 等移动终端。

实验内容：

（1）浏览、观察和体验 OpenStreetMap、天地图、百度地图和高德地图等 Web 地图服务系统。

（2）利用智能手机下载、安装滴滴出行、共享单车、地图导航和运动健身类位置服务 APP。

（3）测试应用各类位置服务 APP 的位置搜索、专题搜索、轨迹记录、路径规划与导航等功能。

Google、高德、百度等专业在线地图服务商提供了内容丰富的在线地图应用和开发接口，越来越多的移动 APP 开始植入位置服务，以提供更精准和个性化的应用功能。Web 和移动终端的 GIS 应用未直接使用 GIS 的专业概念，而是使用大众更为熟知的地图服务相关概念描述软件功能，但其后台的空间查询与空间分析计算则应用了 GIS 的相关理论与基本方法。

1. 移动与 Web 在线地图服务涉及的 GIS 功能

在线地图信息服务是指地图服务商根据用户提出的地理信息需求，通过自动搜索、人工查询、在线交流等方式为用户提供方便、快捷、准确的所需地图及出行交通指引资讯的在线信息服务[①]。其特点是将用户所需的本地信息、搜索结果直接在地图上呈现，并进一步提供基于地图的增值服务，如路线导航、商务预定、广告推送等。

1）地图浏览与访问

地图浏览与访问是专业在线地图服务提供的基本 GIS 功能，通过地图缩放和地图漫游实现感兴趣区域的地图访问。在线地图将根据用户放大、缩小时的视图比例，动态调整地图内容承载量。

---

① 内容来自百度百科的"在线地图"词条 https://baike.baidu.com/item/%E5%9C%A8%E7%BA%BF%E5%9C%B0%E5%9B%BE。

当前地图服务商提供的地图显示模式一般包括"地图模式"、"影像模式"和"全景模式"。地图模式适合大多数地图用户。影像模式则能够获得更为真实的地表状况，但用户受到的信息干扰也更多一些。全景模式的地图也称为 360° 全景地图、全景环视地图等，是指把三维图片模拟成真实物体的三维效果的地图，浏览者可以拖拽地图从不同的角度浏览真实物体的效果，但全景模式缺少区域的整体概念。用户可以根据自己的地图使用习惯和对浏览区域的了解情况选择合适的显示模式。

2）兴趣点搜索

POI（point of interest）是地图导航服务中的重要概念，被翻译为"兴趣点"。一条 POI 可以对应一栋房子、一个商铺、一个公交站、一个停车场等，一般是由"名称、类别、经度、纬度"四个方面的信息组成，属于典型的地理信息。

充足的 POI 是在线地图导航等服务的必备资讯，因此，导航地图 POI 多少直接影响导航的好用程度。POI 搜索的本质是 GIS 中的空间查询，地图导航服务一般提供分类查询、关键词查询、视窗查询、当前位置查询、目标物周边查询等 POI 搜索方式，以帮助用户快速捕获需要的 POI。

3）路径分析与导航

路径分析与导航是在线地图服务的核心功能之一，能够基于地图服务器上的路网地理信息实现最短路径、最佳路径等路径分析功能，为用户提供公交线路查询，实现智能路线规划，根据用户动态位置提供驾车、步行、骑行等不同出行方式下的智能导航服务等。

当前，除大众熟悉的室外地图导航服务外，室内地图位置服务（特别是地图导航）已经开始成为应用热点。室内导航的基础是高精度室内地图信息和室内准确定位技术。

4）实时路况服务

实时路况信息对于地图导航非常重要，特别是在城市交通压力较大的城市，地图用户更需要基于实时路况信息的精准行车导航服务。目前，实时路况信息的主要来源是浮动车 GPS 记录、移动用户允许使用的位置信息、道路传感器等。地图服务商综合多种来源的实时车辆位置、移动速度和方向等地理信息，根据道路匹配情况计算出实时路况。比较著名的路况信息服务的公司包括世纪高通、北大千方和九州联宇，它们给百度地图等提供路况数据。

随着位置服务应用的普及，用户以众包模式提供的位置信息已经逐渐成为实时路况服务的重要信息来源。地图服务的市场占比越高，用户量级越大，用户提供的位置信息也越多，它在数据全面性和准确度方面的优势也就越明显。同理，由于繁华路段比普通路段采集到的数据信息更全面，实时路况信息也就更加精准、时效性更强。

2. Web 在线地图服务典型案例观察

基于 Web 的在线地图服务非常多。著名的互联网公司 Google、百度、腾讯都有自己开发或购买的 Web 在线地图服务；专门从事数字地图、导航和位置服务解决方案的高德、四维图新、凯立德等，也都有自己的在线地图服务；天地图则是原国家测绘地理信息局（现并入自然资源部）直属研发机构主导的专业地图服务。另外，基于众包模式发展的 OpenStreetMap 也是非常优秀的在线地图服务。这些地图服务都提供了常见的地图访问、搜索、导航等专业服务。

1）OpenStreetMap

OpenStreetMap（简称 OSM）是一个网上地图协作计划，旨在创造一个内容自由且能让所有人编辑和使用的世界地图。因此，OSM 是一款由网络大众共同打造（手持 GPS 装置、航空摄影照片、依据地方智慧绘制的自由内容等）的免费开源、可编辑的地图服务，它利用公众集体力量和无偿的贡献来改善地图相关的地理数据，同时，它也将数据回馈给社会大众，以重新用于其他产品与服务。

OSM 的在线地图服务不仅提供基本地图内容的浏览、查询，还可以查阅地图编辑更新的历史，访问地图生成所依据的地图数据、地图笔记和公开的 GPS 轨迹等。由于 OSM 是非营利性的地图产品，POI 等信息较少。OSM 在线地图服务如图 3-10-1 所示。

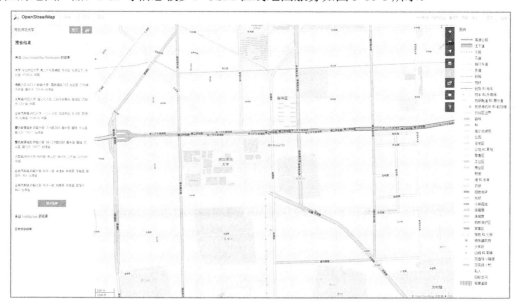

图 3-10-1 在 Web 浏览器中的 OSM 运行界面

图中显示了搜索"河北师范大学"关键词的结果

2）天地图

"天地图"是国家地理信息公共服务平台的公众版。"天地图"建设的目的在于促进地理信息资源共享和高效利用，提高测绘地理信息公共服务能力和水平，改进测绘地理信息成果服务方式，更好地满足国家信息化建设的需要，为社会公众的工作和生活提供方便。"天地图"可以按照矢量、影像、三维 3 种模式浏览访问。可访问覆盖全球的 1:100 万矢量数据和 500m 分辨率遥感影像；覆盖中国全域范围的 1:25 万公众版地图数据、导航电子地图数据、15m 和 2.5m 分辨率卫星遥感影像；覆盖 300 多个地级以上城市的 0.6m 分辨率遥感影像等，是目前中国区域内数据资源最全的地理信息服务网站。

"天地图"基本功能包括：二维、三维地理信息浏览，地名搜索、距离和面积量算、兴趣点标注、路线导航等；通过天地图可以接入已建成的省市地理信息服务门户，获得各地个性化服务。另外，天地图还提供了应用开发接口，开发者可以调用"天地图"的地理信息服务，将"天地图"的服务资源嵌入已有的应用系统，开展各类增值服务与应用。天地图在线地图服务如图 3-10-2 所示。

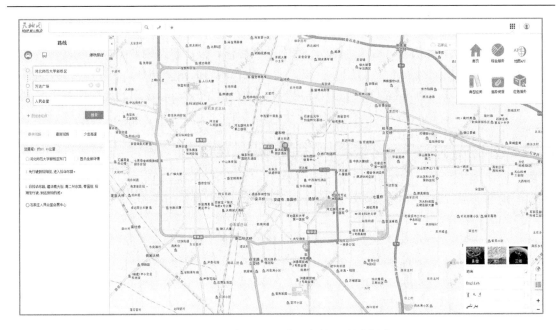

图 3-10-2　在 Web 浏览器中的天地图应用

"河北师范大学新校区—万达广场—人民会堂"驾车路线规划的计算结果

3）百度地图

百度地图[①]是为用户提供包括智能路线规划、智能导航（驾车、步行、骑行）、实时路况等出行相关服务的综合性地图门户服务平台。百度地图拥有专业的基础地理信息和丰富的POI 信息，目前的国际化地图已覆盖全球 209 个国家和地区。

百度地图可以为用户提供专业路线规划，实现驾车、步行和骑行等不同模式的导航服务，并且可以基于实时路况有效提升服务精准程度。百度为用户提供的地图包括：4K 地图、3D 地图、室内地图、全景地图，准确还原真实道路状态，直观呈现立交、高架环路等复杂道路环境，精细化表达楼层导览、室内分布、商铺详情等室内场景，全景呈现典型景观区域（图 3-10-3）。

4）高德地图

高德[②]是中国领先的数字地图内容、导航和位置服务解决方案提供商，拥有导航电子地图甲级测绘资质、测绘航空摄影甲级资质和互联网地图服务甲级测绘资质"三甲"资质，其优质的电子地图数据库成为公司的核心竞争力。高德地图拥有 2000 万条 POI 信息，提供的专业在线导航功能覆盖全国 364 个城市、全国道路里程 352 万 km。

高德地图提供了丰富的基础地理信息查询功能，包括地名信息查询、分类信息查询、公交换乘、驾车路线规划、公交线路查询、位置收藏夹等。另外，还能提供特色的 AR 虚拟实景浏览、夜间导航 HUD 抬头提示（夜间行车把手机放到挡风玻璃下，高德导航会把路线提示倒映到挡风玻璃）等。

---

① 部分内容来自百度百科的"百度地图"词条 https://baike.baidu.com/item/%E7%99%BE%E5%BA%A6%E5%9C%B0%E5%9B%BE/3702797。

② 部分内容来自百度百科的"高德地图"词条 https://baike.baidu.com/item/%E9%AB%98%E5%BE%B7%E5%9C%B0%E5%9B%BE。

(a) 在石家庄市区范围内搜索"万达广场"获得的兴趣点

(b) 某个兴趣点附近的全景地图

图 3-10-3　Web 浏览器中的百度地图

　　实验案例：浏览上述 Web 地图服务网站，体验 GIS 分析功能对地图服务的支撑作用，分析在线地图服务实现的原理和途径。

3. 基于地图位置服务的移动 APP 案例

　　许多移动应用 APP 都基于用户位置提供个性化的应用建议。特别是与出行、运动健康和位置服务相关的各类手机应用软件，都基于自己研发或第三方的地图服务为用户提供精准和个性化服务。

　　1）滴滴出行和共享单车

　　滴滴快车①和共享单车②是基于 GIS 的移动位置服务走向普通大众的代表性应用，特别是

---

　　① 部分内容来自百度百科的"滴滴出行"词条 https://baike.baidu.com/item/%E6%BB%B4%E6%BB%B4%E5%87%BA%E8%A1%8C。

　　② 部分内容来自百度百科的"共享单车"词条 https://baike.baidu.com/item/%E5%85%B1%E4%BA%AB%E5%8D%95%E8%BD%A6。

2016 年以摩拜单车和 ofo 小黄车为代表的共享单车应用，使位置服务与大众生活紧密结合起来。滴滴出行是涵盖出租车、专车、快车、顺风车、代驾及大巴等在内的一站式出行平台。共享单车服务是企业在校园、地铁站点、公交站点、居民区、商业区、公共服务区等热点需求区域投放自行车单车，并提供共享服务的一种分时租赁应用模式。

滴滴快车和共享单车最重要的位置服务功能就是基于用户位置搜索可用的车源（应用系统中注册的汽车或自行车），并基于用户和周围可用的车辆资源提供预订或预约服务，用户使用车辆资源的过程中基于行驶距离和时间计算服务费用等（图 3-10-4）。

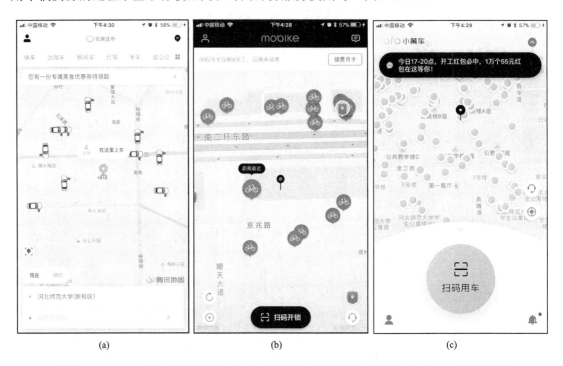

图 3-10-4　iOS 系统下滴滴出行（a）、摩拜单车（b）和 ofo 小黄车（c）APP 运行界面

图中显示了三款 APP 提供的基于用户当前位置搜索一定范围内可用车辆资源的功能

2）地图导航应用 APP

地图导航应用类的移动 APP 是最早被大众广泛应用的位置服务，特别是在服务于用户到非常住地的旅行导航和基于实时路况的城市通勤方面，更具有代表性。百度地图、高德地图都提供了用于 iOS 和 Android 等系统的移动终端导航地图 APP（图 3-10-5）。

目前，多数导航地图 APP 都提供二维平面地图、全景地图和室内地图等地图模式，拥有强大的路线查询及规划能力，支持公交、驾车、步行、地铁多种出行方式；支持实时路况、语音搜索与播报等精准智能化服务。同时，提供附近美食、酒店、购物、景点、银行等海量 POI 信息搜索和商务在线预订等地图增值服务。

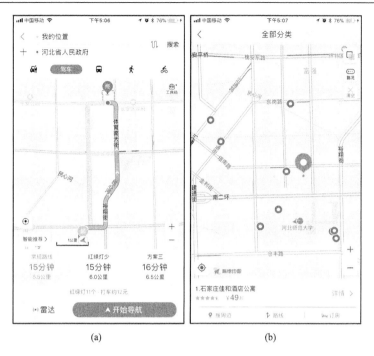

图 3-10-5　iOS 系统下百度地图基于用户位置和目的地之间的驾车导航（a）及高德地图基于用户位置的酒店类兴趣点搜索（b）

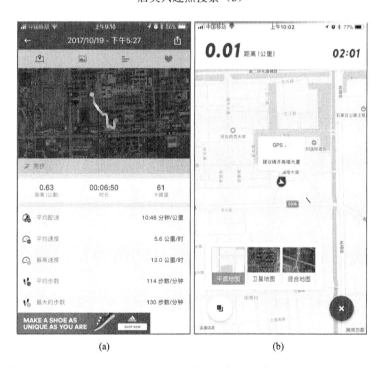

图 3-10-6　iOS 系统下 Runtastic APP 中基于影像地图的历史轨迹浏览（a）及咕咚运动 APP 用户正在进行运动轨迹记录的平面地图显示界面（b）

3）运动与健身类APP

运动与健身类移动APP除了提供运动步数、距离、时间、消耗的卡路里，实时监测的时速、配速等相关运动统计指标外，绝大多数APP还提供基于GPS的运动轨迹记录功能，以定位用户在步行、骑行、跑步、滑雪等不同运动模式下的运动轨迹，同时具有历史轨迹存储、比较分析等功能。与运动手环等智能穿戴设备绑定的APP还能够监测心率等重要的身体健康指标，并与运动模式、运动轨迹和运动距离等指标进行综合分析，鼓励用户形成良好的运动习惯和生活方式，为用户提供健康生活指导。

比较有代表性的运动与健康类APP包括Runtastic、咕咚运动、Runkeeper、益动GPS等（图3-10-6）。另外，苹果、小米、华为等推出的各种智能手环、手表等穿戴设备都提供专门的APP，其中多数包括GPS定位与轨迹记录等功能，通过强大的运动数据算法等技术手段，为用户提供简单、便捷、可靠的互联网运动服务。

实验案例：安装上述智能手机APP，体验基于位置服务的移动APP提供的定位服务、轨迹记录等地图分析功能，分析讨论位置服务相关功能的实现原理、途径和应用价值。

第四部分　地形图野外应用系列实习

实习 4-1　地图定向与位置判别

地形图是野外地理调查的重要工具，掌握地形图野外应用，对地理工作者来说十分重要。地图定向与位置判别是地形图野外应用的基础和前提。在地形图野外实习过程中，让学生掌握常用的地图定向与位置判别方法，为后续的读图、用图和填图等实习内容奠定基础。

实习目的：学习地图定向和位置判别的基本方法，进一步提高学生地形图野外应用的能力。培养学生吃苦耐劳、克服困难、独立完成工作的能力，为使用地形图开展地理野外工作打下基础。

相关实习：地形图野外应用系列实习中的"地形图野外对照读图""基于设计行进路线的野外读图""地形图野外填图"等。

实习区域与数据：河北省易县西陵镇、西陵镇地形图。

实习仪器与工具：三棱尺、笔、透明纸、罗盘、胶带、图板、手持 GPS、RTK 等。

实习内容：

（1）掌握利用罗盘、直长地物和明显地形地物进行地图定向的方法。

（2）掌握利用后方交会法、侧方交会法、透明纸法和明显地形地物点判定位置的方法。

（3）初步了解利用手持 GPS 和 RTK 判定位置的方法。

地形图定向的目标就是使地形图方向与实地一致，图上地物符号与地面上相应的地理目标方向对应；位置判别则是判定当前站立点在地形图上的位置。地图定向和位置判别是进行后续地形图对照读图的基础。

4.1.1　实习准备

将实习用地形图固定在图板上，要求地形图图面朝上，图纸平整。

将实习用针用胶带缠绕尾部，便于后方交会法、侧方交会法和透明纸法等实习过程中刺点使用。

将笔、透明纸、三棱尺、罗盘等其他用具准备齐全。

4.1.2　地图定向的基本方法

1. 利用罗盘定向

1）按磁子午线定向

按磁子午线进行地形图定向（图 4-1-1）的基本步骤如下。

（1）在地形图南北内图廓上找到 P 与 P′的磁子午线标示点，两点的连线即磁子午线。

（2）使罗盘直尺边与磁子午线重合，罗盘刻度南北方向与磁子午线南北方向一致。

（3）转动地形图，使罗盘磁针北端对准度盘"0"分划线，这时的罗盘磁针与磁子午线平行，完成地图定向。

2）按真子午线定向

按真子午线进行地形图定向（图 4-1-2）的基本步骤如下。

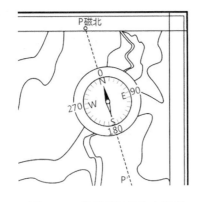 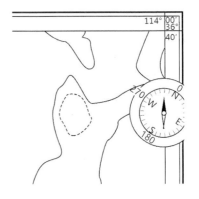

图 4-1-1   按磁子午线定向原理   图 4-1-2   按真子午线定向原理

（1）从地形图"三北"方向图上读出磁偏角度数，没有三北方向图的地形图一般会直接给出磁子午线标示，也可量出磁偏角。

（2）使罗盘直尺边与地形图上的真子午线（经线）重合，并保证罗盘刻度南北方向与真子午线南北方向一致。

（3）转动地图图板，使罗盘的磁针偏角与"三北"方向磁偏角相等，即完成地图定向。

在 1：1 万国家标准分幅地形图上，东（西）内图廓线即为经线方向。例如，从"三北"方向图上查得磁偏角为东偏 2°30′，使罗盘南北方向与经线方向一致，然后转动地形图，当偏角为东偏 2°30′时，则地形图方向与实地方向一致。

3）按坐标纵线定向

按坐标纵线进行地形图定向（图 4-1-3）的基本步骤如下。

（1）从地形图"三北"方向图上读出磁偏角度数。

（2）使罗盘的直尺边与地形图上的坐标纵线（方里网纵线）重合，这时罗盘刻度的南北方向与坐标纵线南北方向一致。

（3）转动地图，使罗盘磁针北端指向磁坐偏角相应的分割值，即完成地图定向。

2. 利用直长地物定向

当地形图使用者的站立位置在某直长地物（形状较直且长的线状地物，如道路、土垣、沟渠、高压线、围墙等）上或在一侧时，可利用该直长地物粗略标定地图的方向。利用直长地物进行地形图定向（图 4-1-4）的基本步骤如下。

（1）在地形图上找到站立点位置的这段直长地物，对照两侧地形地物，使地形图与实地地形地物点的位置关系概略相符。

（2）转动地图图板，使图上的直长地物与实地直长地物平行或延长线重合并且方向一致，这时地图的方向就粗略标定完成了。

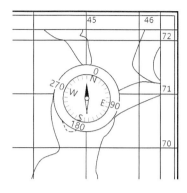 

图 4-1-3　按坐标纵线定向原理　　　　图 4-1-4　利用直长地物定向原理

3. 利用明显地形地物特征定向

当已知站立点在地形图上的位置时，可以根据地形图和实地上均有的明显地物和地形地貌特征进行地形图粗略定向，如牌楼、独立房屋、水塔、烟囱、桥等明显的地物点，山顶、鞍部、河流转弯点等明显地形地貌特征点。利用明显地形地物特征定向（图 4-1-5）的基本步骤如下。

（1）确定站立点在地形图上的位置，记为 A 点。

（2）选择地形图上和实地均有的明显地物或地形地貌特征点，记为 B 点。

（3）连接 A、B 两点，记为直线 AB。

（4）转动地图图板，使地图上的 AB 直线与实地相应两点构成的直线概略重合，并且方向一致，地图定向完成。

图 4-1-5　利用明显地形地物特征定向原理

4.1.3　位置判别（确定站立点）方法

根据前面介绍的地形图定向方法标定地图方向后，就可以利用后方交会法、侧方交会法、透明纸法、明显地形地物点或 GPS 设备等进一步确定用图者的站立点在图上的位置，这是野外使用地形图的前提和关键。

1. 后方交会法

如图 4-1-6 所示，使用后方交会法确定用图者站立点在地形图上位置的基本步骤如下。

（1）进行地形图定向，定向完成后保持地形图固定不动。

（2）找到地形图上和实地均有且目视可见的两个较远处明显地物点（如远处的山顶 A、B），要求两个地物点与站立点连线的夹角 θ 在 30°~120°。

（3）选择其中一个地物点 A，在地形图上将大头针固定在该地物点图上位置 a；将三棱尺尺边切于该地物点 a，三棱尺尺端细线绷直且与三棱尺尺边垂直；转动三棱尺，保持尺端细线和三棱尺尺边构成的平面与地形图图面相垂直，同时向实地地物点 A 瞄准；当实地地物点 A 位于尺端细线和三棱尺尺边构成的竖直平面时，沿三棱尺尺边向后画一条经过图上 a 点的方向线。

（4）用同样的方法，向第二个地物点 B 瞄准后画方向线，该方向线应该经过地物点 B 在图上的位置 b。

（5）两条方向线的交点 P 即站立点在图上的位置。

2. 侧方交会法

使用侧方交会法的前提是已知当前站立点在一直长线状地物上，该直长地物在地形图上的位置已知。如图 4-1-7 所示，使用侧方交会法确定用图者站立点在地形图上位置的基本步骤如下。

（1）进行地图定向，定向后地形图保持固定不动。

（2）在直长地物一侧，找到地形图上和实地均有且目视可见的一个较远处的明显地物点（如远处的山顶 B）。

（3）在地形图上将大头针固定在该地物点的图上位置 b，并将三棱尺尺边切于 b 点；保持三棱尺的尺端细线绷直并且与尺边构成的平面与地形图图面垂直，转动三棱尺向实地地物点 B 瞄准。

（4）当实地地物点 B 位于尺端细线和三棱尺尺边构成的竖直平面时，沿三棱尺尺边向后画方向线，该方向线与图上直长线状地物的交点 P 即站立点在图上的位置。

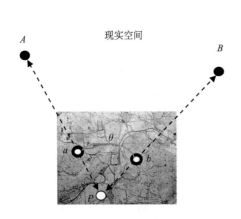

图 4-1-6　后方交会法原理示意图

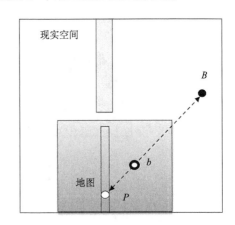

图 4-1-7　侧方交会法原理示意图

3. 透明纸法

当仅仅能够大致进行地图定向，且没有明显直长地物等作为参照时，可以采用透明纸方法确定站立点的图上位置。如图 4-1-8 所示，使用透明纸法确定用图者站立点在图上位置的步骤如下。

（1）找到地形图上和实地均有且目视可见的三个较远处明显地物点（如远处的山顶 A、B、C），要求实地三个地物点与站立点不在同一直线上。

（2）取一张透明纸固定在图板上，固定好后保持图板不动。

（3）将大头针固定在该透明纸中心位置，将三棱尺尺边切于大头针定位位置。

（4）采用后方交会法中的瞄准方法，分别向三个地物点瞄准，并沿三棱尺尺边绘制经过透明纸的方向线，三条方向线的交点记为 P 点。

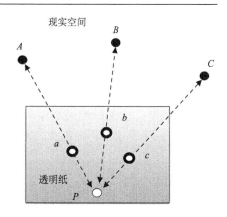

图 4-1-8　透明纸法原理示意图

（5）取下透明纸蒙在地图上，尝试不断调整透明纸的位置，使地形图上的三个明显地物点分别落在透明纸上的相应三条方向线上，这时 P 点的位置即为站立点在图上的位置。

4. 其他位置判别方法

除了上述简易方法用于位置判别外，还可以利用明显地形地物点判定位置，如根据地形图上几字形道路的拐点、线状要素交叉点、山谷和山脊的形态突变点、独立房屋、通信塔等明显地形地物，并结合站立点与上述地形地物的位置和方位关系大致判定当前站立点的图上位置。

另外，如果拥有手持 GPS、RTK 等专业测量设备，也可以通过测定当前站立点位置的精确坐标，推算出站立点在地形图上的准确位置。

4.1.4　地图定向与位置判别实习案例

1. 地图定向实习

在西陵镇实习区域内选择 3~5 处典型位置练习利用罗盘和直长地物（如道路、土埂、沟渠、高压线等）进行地形图定向。图 4-1-9 是利用罗盘按磁子午线进行定向，以及借助直长道路、沟渠进行地图定向的案例。

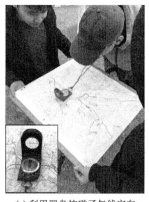

(a) 利用罗盘按磁子午线定向　　(b) 利用直长地物定向的实习场景

图 4-1-9　地图定向实习场景

　　典型地物和要素自然特征也可以辅助判定地形图方向。例如，北方聚落的房屋一般坐北朝南；庙宇主体建筑通常也是向南开门；北侧山坡，低矮的蕨类和藤本植物比阳面更加发育；树木树干的断面可见清晰年轮，向南一侧的年轮较为疏稀，向北一侧则年轮较紧密；根据本地区常年风向、树冠的朝向也可以辅助判定方向。选择两处人工建筑和自然地貌点，进行地图定向练习。图 4-1-10 是利用典型地物和自然特征辅助判定地形图方向的场景。

(a)　　　　　　　　　　　　　　　　　　　　(b)

图 4-1-10　利用典型地物朝向（a）和自然要素生长特征（b）辅助定向的实习场景

2. 位置判别实习

　　在实习行进过程中选择 3~5 处典型停留点，分别利用后方交会法、侧方交会法、透明纸法、明显的地形地物等方法确定站立点位置。同时，利用手持 GPS、RTK 等现代测量工具进行同步测量，并进行结果对比验证（图 4-1-11）。

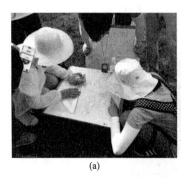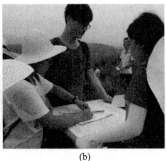

(a)　　　　　　　　　　　　　(b)　　　　　　　　　　　　　(c)

图 4-1-11　利用后方交会法（a）、透明纸法（b）和明显地形地物点（c）判定站立点位置的实习场景

实习 4-2　地形图野外对照读图

地形图野外对照读图是通过地形图上的各种地物符号，判读出实地对应的地形地貌和各类自然与社会经济要素；或者根据观察的实地地形地貌和地物分布找到地图上的对应位置与符号表达。地形图野外对照读图是野外调查与填图作业的基础，也是地学工作者进行野外科学考察工作的必备技能。

实习目的：掌握地形图野外对照读图的基本思路、方法与技巧，巩固地形图相关理论知识。掌握等高线表示地形地貌的基本原理特征，认识地形图上常见的各类地物符号，初步了解制图综合的特点。

相关实习实验：地形图野外应用系列实习中的"地图定向与位置判别""基于设计行进路线的野外读图""地形图野外填图"；空间数据管理与可视化系列实验中的"空间数据符号化与图层渲染"等。

实习区域与数据：河北省易县西陵镇、西陵镇地形图。

实习仪器与工具：罗盘、三棱尺、三角尺、画图板、橡皮、铅笔、钉子、小刀、透明纸、米格纸。

实习内容：

（1）认识和了解地形图图式规范国家标准。

（2）地形图辅助要素读图，了解地形图的基本情况。

（3）地形地貌对照读图，掌握等高线表示地形地貌的原理与特征。

（4）自然和社会经济等地理要素对照读图。

（5）地图制图综合观察实习。

1. 阅读地形图图式国家标准

地形图图式是测绘和使用地形图依据的技术文件之一，由测绘主管部门立法颁布实行。地形图图式国家标准（表 4-2-1）的内容包括：地形图上表示的各种地物符号尺寸、颜色及其代表的实地地物；地貌要素在地形图上的符号和注记表示方式；地形图注记等级、规格和颜色标准、图幅整饰规格和说明；适用这些符号的原则、要求和基本方法。

表 4-2-1　国家测绘地理信息局制定的地形图图式国家标准

标准名称及编号	标准的内容
《国家基本比例尺地图　1：500 1：1000 1：2000 地形图》（GB/T 33176—2016） 《国家基本比例尺地图　1：5000 1：10000 地形图》（GB/T 33177—2016） 《国家基本比例尺地图　1：25000 1：50000 1：100000 地形图》（GB/T 33180—2016） 《国家基本比例尺地图　1：250000 1：500000 1：1000000 地形图》（GB/T 33181—2016）	标准规定了国家基本比例尺地图1：500、1：1000、1：2000、1：5000、1：10000、1：25000、1：50000、1：100000、1：250000、1：500000、1：1000000 地形图的分类、技术要求、内容及表达、质量检验等，适用于地形图的生产、质量控制、分发和使用

续表

标准名称及编号	标准的内容
《国家基本比例尺地图图式 第 1 部分：1∶500 1∶1000 1∶2000 地形图图式》（GB/T 20257.1—2007） 《国家基本比例尺地图图式 第 2 部分：1∶5000 1∶10000 地形图图式》（GB/T 20257.2—2006） 《国家基本比例尺地图图式 第 3 部分：1∶25000 1∶50000 1∶100000 地形图图式》（GB/T 20257.3—2006） 《国家基本比例尺地图图式 第 4 部分：1∶250000 1∶500000 1∶1000000 地形图图式》（GB/T 20257.4—2007）	图式规定了 1∶500、 1∶1000 、 1∶2000、1∶5000、1∶10000 、1∶2000、1∶50000、1∶100 000、 1∶250000、1∶500000、1∶1000000 地形图上表示的各种自然和人工地物、地貌元素的符号和注记的等级、规格和颜色标准、图幅整饰规格，以及适用这些符号的原则、要求和基本方法。编制其他图种的地理底图可参照使用

注：本表资料来源于 http://www.sbsm.gov.cn/zwgk/bzgf/201612/t20161201_352916.shtml。

实验案例：利用实验数据集中提供的地形图图式规范国家标准的电子文档，学习了解地形地貌、水系、交通、境界、建筑等要素的地形图图式规范表达方法和参数细则等（图 4-2-1~图 4-2-3）。

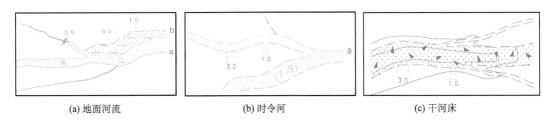

(a) 地面河流　　　　　　　　　(b) 时令河　　　　　　　　　(c) 干河床

图 4-2-1　原国家测绘地理信息局制定的地形图图式规范示例（1）

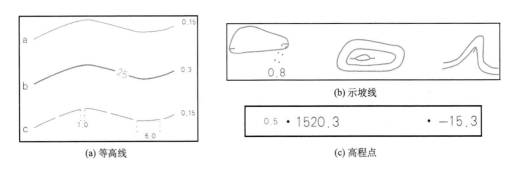

(a) 等高线　　　　　　(b) 示坡线　　　　　(c) 高程点

图 4-2-2　原国家测绘地理信息局制定的地形图图式规范示例（2）

2. 实地与地形图对照读图原则与步骤

实地与地形图对照读图就是将地图上的地形地貌和各类地物符号与实地的地形地貌与地物逐一建立起对应关系进行观察。对照读图的目的在于明确地图与实地的关系，方便进一步的读图和用图。通过查看地形图可了解实地地物的分布状况、地貌的起伏程度及它们之间的相互关系。

1）对照读图基本原则

地形图对照读图的基本原则是：先大后小，先特殊后一般。山区可先对照大而明显的山顶、山脊、谷底，然后沿明显地形线，根据等高线形状和位置关系对照山脊、山谷、鞍部等

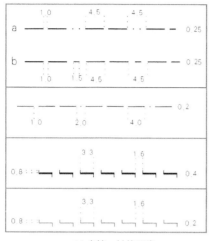
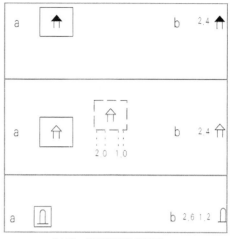

(a) 乡镇、村等界线　　　　　　　　　(b) 亭、楼等特殊建筑要素

图 4-2-3　原国家测绘地理信息局制定的地形图图式规范示例（3）

地形细部。平原地区可先对照明显且突出的交通道路、独立地物或居民地，然后根据位置关系、距离远近逐点逐片对照。

　　2）对照读图方法与步骤

　　对照读图包括四个基本步骤：地图定向与位置判别、地形图辅助要素阅读、地形图中的地理要素对照读图、对照读图的总结分析。

　　（1）地图定向与位置判别。实地与地形图对照读图的前提是地图定向（标定地图），方法步骤参见"地图定向与位置判别"实习。

　　（2）地形图辅助要素阅读。阅读地图的图名、图例、比例尺和文字说明。从图名中了解地图所表现的区域、位置。由比例尺了解地图内容的详细程度和精度。从图例中了解各种符号的形状、尺寸、颜色及注记所代表的具体内容。从文字说明中了解地图资料来源、成图时间等情况。

　　（3）地形图中的地理要素对照读图。地理要素是地图的主要构成部分，包括自然地理要素和社会经济要素。自然地理要素主要指地形、水系、海岸线、土质和植被等；社会经济要素指居民点、交通网、境界线等。地图上自然地理要素反映地表上自然地理因素，相对稳定，变化较小。社会经济要素主要反映人类活动的结果，变化较大。对照读图时，应该注意地理要素的分布规律、数量特征、相互联系及时空的动态变化。

　　A. 地形地貌读图

　　地形图上的地形采用等高线法表示。对照地形时，应根据等高线疏密特征、高程注记、水系分布来判明地形地貌。地形地貌对照读图应遵循先特殊后一般、先大后小、由近及远、由点到面综合对照的原则。

　　在山地和丘陵地对照时，可先对照大而明显的山顶、山脊、谷地，再顺着山脊、谷地的方向、距离、高程、形状及关系位置对照地形细部；在平原地区对照时则可先对照主要的道路、居民地和突出的独立物，再根据关系位置逐点分片进行对照。

　　在地形地貌读图时，通过分析等高线的疏密、延伸方向、形状的凹凸，高程极大值和极小值的地点及区域，可以分析地形地貌的空间格局与特征。

B. 自然地理要素对照读图

阅读水系要素：阅读地形图上表示的河流、湖泊、水库、池塘等水系相关要素分布特征；阅读河流的基本性质，如是常年流水的河流还是季节性河流，以及河宽、河深、流向、比降、流速等。

阅读土质、植被要素：阅读地形图上表示的区域土质条件，如山区的裸岩、冰川，平原地区的盐碱地、沼泽等；地表覆盖的植被要素，如森林、疏林、灌木、草地等。

通过阅读地形图上的水系、土质、植被等自然地理要素，以及地形地貌特征了解地形图描绘区域的自然地理空间特征。

C. 社会经济要素对照读图

阅读土地利用类型要素：如农业耕作形成的水浇地、旱地、菜地、果园等；生产生活建设用地的城镇与农村居民地、工厂企业等建筑物要素；区域内的铁路、公路、农村道路等各类不同等级的交通线基本信息。

阅读境界要素：对照地形图了解区域内的国界、省界、县界、乡村界线等各类、各级行政和权属单元的范围和归属。

阅读其他社会、经济、文化要素：对照地形图了解区域内的电力、水利、通信等基础设施，以及文化、旅游景观等要素的分布和基本特征信息。

通过阅读地形图上不同土地利用类型、境界和其他社会、经济、文化等相关要素的空间分布，了解社会经济发展空间的时空结构特征。

3. 地形图对照读图实习案例

1）地形图辅助要素读图实习

通过认真观察分析西陵镇地形图图边辅助要素，学习了解地形图图式包含的地物符号样式尺寸、颜色、图廓、注记说明、比例尺等的规范。具体实习步骤如下。

（1）阅读西陵镇地形图的图名、比例尺、地图资料来源、成图时间等图边资料，了解该地形图绘制区域的区位、地形图内容详细程度、地图精度、现势性等基本情况。

（2）阅读西陵镇地形图图例与注记。图例是地图符号集合，用以解读图上的自然地理要素和社会经济要素及其特征。注记是对地图上的图例的补充说明。在识别这些符号系统时，首先要看地形图中的图例说明，弄懂每个符号含义的性质和数量特征。其次，查看相应的地形图图式规范。受地图图幅所限，我国标准地形图图例中仅仅展示了部分符号的含义，但是地形图上所有符号及其对应的含义均可从相应的国家图式规范中查看。

2）地形地貌对照读图实习

通过将西陵镇地形图与清西陵实地进行对照，初步了解等高线表示地形地貌的原理和特征，掌握利用等高线特征识别地貌、判定地形的方法和技巧，明确实地地形和地形图地貌符号之间的相互联系（图 4-2-4 和图 4-2-5）。具体实习步骤如下。

（1）利用等高线识别地貌。等高线向一个方向延伸的高地，其最高棱线为山脊，山脊的等高线向下坡方向凸出。两个山脊之间的凹地为山谷，其等高线是以山顶为准向上凸出。两个山顶之间，两组等高线凸弯相对的是鞍部，若干个山顶与鞍部连接的凸起部分就是山脊。

（2）利用等高线判定点位高程。位于等高线上的点位，高程值等于该等高线的高程；位于两条等高线之间的点位，需要先查出两条等高线的高程，再根据该点与两条等高线的距离比例关系估算高程；位于没有高程注记的山顶点位，一般应先判定最近一条等高线的高程，再加上半个等高距作为该点估算高程值。

（3）利用等高线判定两点高差。通过步骤（2）判断出两点的各自高程，然后相减所得结果就是两点间的高差。

（4）利用等高线判定坡面形状。使用地形图时，只要注意等高线间隔的疏密情况，就能很容易地判断坡面形状。

（5）利用等高线量取坡度。先用两脚规量取图上两条（或六条）等高线间的宽度，再到坡度尺上比量，在相应垂线下边就可以读出它的坡度。

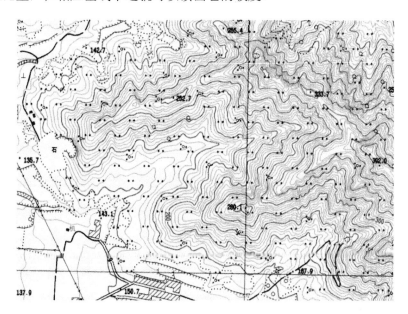

图 4-2-4　西陵镇地形图局部区域的地形地貌情况示例

图 4-2-5　西陵镇地形图的等高线与实地地貌地形对比

3）自然与社会经济要素对照读图实习

通过认真观察实习区域的地形图图例、注记等图式，并结合清西陵实地的水系、地表植被覆盖、交通网、居民地、旅游景观等自然、人文与经济要素，初步掌握地形图中社会经济要素的表达方法，了解实习区域的自然与社会经济空间结构与特征。具体实习步骤如下。

（1）在实习区域中对照地形图查看水系、植被等自然地理要素，如实习区域中包括的易水河相关水系、大量以松为主的林地等。

（2）在实地对照地形图查看与人类生产生活相关的土地利用情况，如水浇地、旱地、菜地、果园，城镇与农村居民地等，以及区域内道路交通线、电力线等（图 4-2-6）。

（3）在实地对照地形图查看实习区域的其他社会、经济与文化要素，如易县第二中学、河北农业大学实验农场等学校和实验基地，泰陵、昌陵等旅游景观的位置和空间形态等信息。

注意：由于实习所用地形图的基础地理信息测绘和成图时间限制，图上少量要素与实地现状不一致，在地形图对照读图过程中应根据周边要素综合甄别，灵活判断。后续实习中野外填图的主要目的之一就是更新实地已经发生变化的地形图内容。

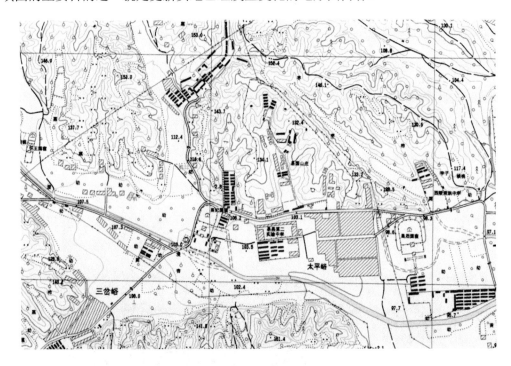

图 4-2-6　实习区域地形图上表示的土地利用、交通等社会经济要素

4）制图综合观察实习

制图综合是在考虑地图用图、比例尺、制图区域地理特点等条件下，通过地图内容的选取、化简、概括和关系协调，建立反映区域特点的地图模型的制图方法。制图综合的实质是对地图表达内容进行概括和选取。概括是对制图要素的形状、数量、质量和特征等方面的简化；选取是根据特定规则从大量制图要素中选取表示在地图上的要素。在相同幅面的地图中，比例尺不同，地图的负载量就不同。地图制图综合观察实验练习的基本步骤如下。

（1）实习地图的准备。选取同一区域 1∶1 万、1∶5 万、1∶25 万不同比例尺地形图各一幅。

（2）针对地形图上的居民点、道路、地貌要素，分别从整体到局部进行分析对照，理解地图要素制图综合的原则和规律。

（3）对比不同比例尺地图，分析地图要素选取的原则和方法。对比内容包括：选取的数量指标、质量指标等。

（4）通过西陵镇 1∶1 万比例尺地形图野外应用实习，实地观察 1∶1 万比例尺地形图上的居民点、道路、地貌等地理要素的制图综合情况和特征，体验地图概括和地图要素取舍的基本原则和方法。

实习 4-3　基于设计行进路线的野外读图

　　基于设计行进路线的野外读图（简称路线读图）实习就是通过指定某个目的地，让学生利用地形图自行选择最佳行进路线并到达目的地的实习过程。侧重对地形图相关内容的深入理解和野外读图的应用实践，为后续野外用图、填图提供帮助。

　　实习目的：路线读图实习的主要目的是自主练习、实践地形图野外应用中的地图定向、位置判别和野外对照读图等基本方法，巩固学生在课堂上所学的地形图野外应用知识，加深其对等高线表示地形地貌基本原理的理解，提高其地形图野外应用技能，培养学生吃苦耐劳、克服困难的能力和团队合作精神。

　　相关实习：地形图野外应用系列实习中的"地图定向与位置判别""地形图野外对照读图"。

　　实习区域与数据：河北省易县西陵镇、西陵镇地形图。

　　实习仪器与工具：罗盘、三棱尺、三角尺、画图板、橡皮、铅笔、钉子、透明胶、小刀、透明纸、米格纸。

　　实习内容：

　　（1）路线读图设计与规划。根据实习任务安排的出发地点和目的地，分小组研究设计行进路线，并安排行进中的实习位置和实习内容。

　　（2）各小组根据自选路线到达指定目的地。行进过程中完成地图定向、位置判别、地形对照等地形图野外应用方法训练。

　　（3）达到路线读图实习目的地后的小组讨论、总结。

1. 路线读图实习的基本原则

　　路线读图的目的是考察学生野外读图用图的综合能力，因此，目的地选择标准应考虑以下条件：选择的目的地应该拥有多条可选择的到达路线，各条路线经过的地形地貌等自然景观要素和社会经济要素类型丰富；目的地准确判断具有一定的难度。路线读图实习在选择路线时基本原则包括以下方面。

　　（1）安全原则。选取的行进路线应避开困难地形和危险区域，保证人身安全。

　　（2）避难就易原则。选取路线时，尽量选取现行道路，以节省体力。山地区域尽量选取缓坡、山脊线等通行，避免穿越密集灌木林、陡坡等区域。起点和终点之间有多个路线可供选择，直线距离最短并不一定是最佳选择。

　　（3）对照读图点适宜原则。选取的行进路线应途经较为典型的地理环境特征点，应能满足地形、交通、居民点等地理要素对照读图的练习需要。

　　（4）时间合理原则。选取的路线应该保证小组成员有充足的时间进行地图定向、位置判别和地图对照等实习，并能在规定的时间内到达目的地。

2. 路线读图实验案例

　　路线读图实习的基本要求是：以小组为单位，小组长带队在 2 个小时的时间内从实习驻地出发，按照设计的行进路线到达规定的目的地。实习主要考核学生路线选择的能力，要求学生借助地形图能够快速辨明方向、确定站立点位置，并准确对照周边地理要素和环境特征，以较快速度到达目的地。路线读图实习包括五个主要步骤。

1）路线读图实习的分组与安排

路线读图实习按照五六人为基本单位进行实习分组，设小组长 1 名，负责实习事项的安排，并确保在实习过程中与实习领队教师通信畅通，及时沟通实习情况。实习要求以小组为单位执行任务。严禁学生脱离小组单独行动。

2）路线读图的设计与规划

每个小组执一份西陵镇地形图，小组成员要熟读实习区地形图上各类地物符号，根据实习区域的环境，选择适合本小组的到达指定目标点的行进路线并标绘在地图上（图 4-3-1）。

根据路线途经的环境特征，在行进路线沿途设置 3~5 个对照读图实习点，明确每个实习点的练习内容和基本要求。

出发前熟读地图，以在大脑中构建具体的地形地貌环境，应明确目标终点的大致位置和方向。同时，准备好随身携带的地形图、罗盘、三棱尺、笔等实习用具。

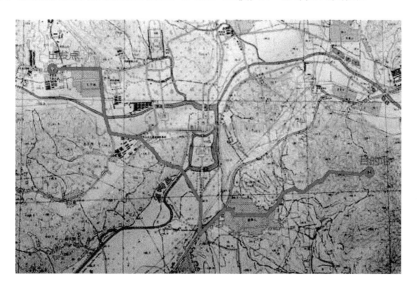

图 4-3-1　路线读图实习中的路线设计示例

3）路线读图实习过程

行进中边走边对照，随时确定在图上的位置，随时注意要通过的方位物和地形，做到"人在路上走，心在图中移"。

在遇到特殊地形，如岔路口、转弯点、居民地或地形有变化等情况时，要及时现地对照，保持正确方向。

走错路时要及时返回或迂回原路，判断正确后再前进。由于地形图成图时间较早，实地有而地形图上没有、地形图上有而实地没有的情况可能存在，此时需要认真对照和判断思考。

在行进途中，按照设定的路线读图实习点，完成包括地形图定向、位置判别、地形对照等基本地形图野外应用方法的训练。

4）到达目的地后的讨论总结

各个小组到达目的地后，认真分析总结路线读图过程中的经验教训，并派代表进行汇报，与其他小组分享实习经验和心得体会。指导教师根据各小组汇报情况进行系统总结和评价。

5）路线读图返程

实习分析总结完成后，各个小组可以按照原路返回，也可以加入其他小组选择新路线返回实习驻地。

实习 4-4　定向越野比赛

　　定向越野是利用地图和指北针辅助选择路线到达指定目的地的一项运动，集户外休闲娱乐、运动竞技和用图知识与技能训练为一体，在世界各地正吸引着越来越多的人参与。在地形图野外应用实习中引入定向越野比赛，能够很好地提升实习的效果和趣味性。

　　实习目的：通过定向越野比赛实习，检验学生对地形图基本知识的掌握程度，快速识图、用图的能力。同时，通过竞技比赛，增强实习的趣味性和学生团队合作能力。

　　相关实习：地形图野外应用系列实习中的"地图定向与位置判别""地形图野外对照读图"。

　　实习区域与数据：河北省易县西陵镇、西陵镇地形图。

　　实习工具：罗盘、定向越野比赛用图。

　　实习内容：

　　（1）运动比赛中快速标定地图和判别位置。

　　（2）各比赛小组自选最优路线，依次到达比赛检查点。

1. 定向越野比赛简介

　　在国际定联 2004 年版徒步定向（foot orienteering）赛事规则中，徒步定向或定向越野被定义为一项参赛者借助地图和指北针，在尽可能短的时间内到达若干个被同时标记在地图上和实地中的检查点的运动[①]。定向越野的参赛者可以是个人，也可以是两人以上的团队。参赛者自行选择行进路线，用最短时间通过各个检查点并完成比赛者为优胜。

　　1）定向越野参赛者技能要求

　　定向越野参赛者需要具备地形图野外应用的基本技能，包括指北针的基本使用方法、地形图读图、用图能力等。特别是地形图野外应用技能直接影响参赛选手寻找检查点的速度，最终影响完成比赛的时间。以下是定向越野中常用的技能与方法。

　　（1）快速标定地图：磁子午线标定、直长地物标定、利用明显地形点标定地图的方法，是越野比赛中常用的快速标定地图方法。

　　（2）快速确定站立点：应该迅速观察周围最大或最有特征的地物、地貌的大概方位与距离，并从图上找到它们，然后根据自己站立点与典型地貌和地物的位置关系确定位置。

　　（3）快速地形对照：在地图标定后，应先对照规模较大且特征明显的地形地物，然后对照一般地形地物要素。同时注意使用由近及远、由点及线、由线及面等基本的地形对照原则。

　　2）定向越野比赛中的路线选取原则

　　定向越野比赛的路线选取应以省时、省力、安全为标准。因此，路线选取应遵循以下基本原则。

　　（1）"有路不越野"原则。有道路可利用时尽量不越野，这样做一是有利于判断方向，

---

　　① 来自百度百科中的定向越野词条：https://baike.baidu.com/item/%E5%AE%9A%E5%90%91%E8%B6%8A%E9%87%8E/1528692。

不易迷失；二是利于提高行进速度，另外也比较安全。

（2）"择近不择远"原则。若两个检查点之间地形起伏较小且林木稀疏，可选择抄近路，节省体力。

（3）"走高不走低"原则。如果通过检查点必须越野，则尽量在山脊等高地形处行进，高处行进时通视性好，不易迷失，危险小。

（4）"遇障提前绕"原则。在行进路途中注意及时观察地图标绘要素，提前设计路线避让陡崖等险峻地形和围栏等障碍。

2. 定向越野比赛的组织与实施

比赛形式：各参赛小组借助标记好检查点的地形图和罗盘自行选择行进路线，以团队形式从出发点依次通过各检查点并领取证明卡，最后返回比赛终点，根据完成比赛的时间长短评定最终比赛成绩。

1）定向越野比赛六条基本规则

（1）定向越野比赛倡导友谊安全第一，比赛第二的理念，比赛中如有突发状况应互帮互助。

（2）定向越野比赛倡导全员参赛，根据实习学生个人状况和特点，可以将学生分为运动员组和裁判与后勤组。

（3）按照参赛报名的运动员男、女生比例随机划分比赛小组。

（4）参赛小组按照抽签顺序间隔 10min 以上依次出发参加比赛。

（5）参赛小组所有运动员都必须全程完成比赛，仅部分运动员完成比赛的小组成绩无效。

（6）参赛小组必须通过全部检查点并取得证明卡，否则成绩无效。

2）定向越野比赛六条核心纪律

（1）未到出发时间的比赛小组成员不得进入备赛区。

（2）已经完成比赛的小组不得透漏路线图。

（3）比赛中不得借助汽车、自行车和景区电瓶车等各类交通工具提高行进速度。

（4）各检查点裁判员应遵守保密规则，在参赛小组到达检查点前不暴露自己位置信息。

（5）出发点和终点计时裁判员应准确预告、发布和记录各小组比赛出发时间与完成时间。

（6）发图、收图、巡查等不同岗位的后勤组工作人员应遵守相关比赛规则约定。

3）定向越野比赛基本流程

（1）成立定向越野比赛组织委员会。组委会成员：带队教师、辅导员、实习班委。

（2）赛前动员。比赛开始前召开定向越野比赛动员会，向实习学生介绍定向越野比赛的历史背景、价值和意义，讲解比赛规则、纪律、注意事项和基本流程，鼓励学生积极参赛。

（3）绘制定向越野比赛用图。带队教师负责绘制比赛用图。在实习区域内选取比赛起点、终点和五六个具有典型特征的检查点，并以显著符号标绘在地形图上。比赛用图的数量要大于等于参赛小组数量。

（4）运动员分组。按照报名参赛运动员的男女性别比例，以抽签方式将实习学生随机划分为五六人规模的参赛小组。

（5）设置裁判与后勤组。除运动员外的实习学生全部划分到裁判与后勤组。其中，裁判组进一步分为出发点裁判、检查点裁判和终点裁判等；后勤组包括摄影摄像、服务组等。

（6）进行比赛。①各个小组按照抽签顺序依次间隔 10min 以上出发进入比赛状态；

②参赛小组于设定的出发时刻前 1min 内领取比赛用图；③比赛开始后，按照图上标示的起点、终点和检查点，快速选取行进路线；④依次寻找、通过每个检查点并领取证明卡；⑤通过所有检查点后最终到达比赛终点，结束小组赛程；⑥裁判员统计计算小组用时时长，登记成绩。

（7）汇总、判定比赛成绩。所有小组完成比赛后，裁判员汇总各小组比赛时间，统计成绩与排序。

（8）比赛总结与表彰。比赛结束后，集中进行比赛回顾与总结，表彰在比赛中取得优秀成绩的小组团队并颁发奖品。

4）定向越野比赛实习案例

河北省易县西岭镇是河北师范大学资源与环境科学学院地理科学、地理信息科学等专业的地形图野外应用实习区域，每年的野外实习中都组织学生开展定向越野比赛项目。图 4-4-1 是绘制完成的一份比赛用图样例，图 4-4-2 是比赛进行中的美好瞬间。

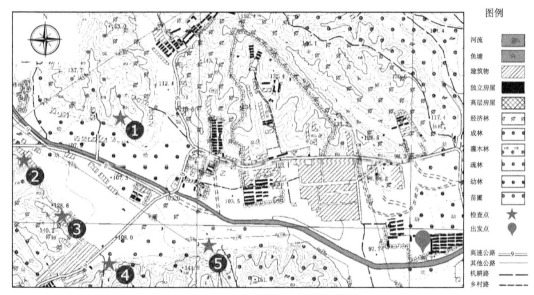

图 4-4-1　定向越野比赛用图样例

图中标示了出发点和各比赛检查点基本信息

(a)　　　　　　　　　　　　　　(b)

图 4-4-2　定向越野比赛中某小组出发前正在研究行进路线（a）及到达终点的运动员（b）

实习 4-5   简易测量与现代测量方法

简易测量与现代测量方法实习是地图制图实验的前期准备,掌握简易测量和现代地图测量方法与工具,能够提高学生野外用图能力和灵活性,为后续地图学制图和识图实验提供帮助。特别是简易测量方法,虽然测量结果不够准确,但能够快速实现粗略的测量结果,形成对测量目标的概要认识;而且,简易测量过程有助于学生更好地理解地图学测量方法的基本原理。

实习目的:掌握地图学测绘中的简易测量方法,理解测量方法的基本原理;初步了解现代测量工具的使用方法和应用领域,掌握现代测量工具的简单使用方法。

相关实习:地形图野外应用实习中的"地图定向与位置判别""地形图野外填图"等。

实习区域与数据:河北省易县西陵镇、西陵镇地形图。

实习工具:罗盘、直尺、橡皮、望远镜、铅笔、胶布、测绳、皮尺、手持 GPS、RTK、经纬仪、水准仪、全站仪等。

实习内容:

(1)直线测定法、延伸线测定法、曲线测定法、前方交会法等简易测量方法。

(2)利用水准仪、经纬仪和全站仪完成简单的水准测量与角度测量。

(3)手持 GPS 等现代测量工具的应用。

1. 简易测量方法

可以站在待测目标的位置,利用"位置判别(确定站立点)方法"测定待测目标的图上位置;也可以通过直线测定法、延伸线测定法、曲线测定法、前方交会法测定待测目标的图上位置。

1)直线测定法

依托已知明显定位点的坐标,用待测目标所在的方向与距离确定待测点的位置,一般直线长度不宜超过 100m。可以采用分段测量方法测定,即在地面上标出同一直线上的若干点,用皮尺测量每段距离,最终获得目标点的具体坐标(图 4-5-1)。

2)延伸线测定法

当待测点在图上某一已知现状地物的延伸方向线上时,可以测量延长线的距离,即可计算得到待测点的图上位置(图 4-5-2)。

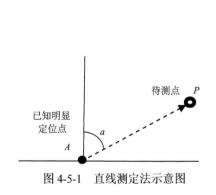

图 4-5-1   直线测定法示意图

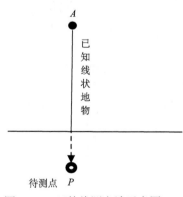

图 4-5-2   延伸线测定法示意图

3）曲线测定法

当待测物为曲线线状地物时，可将曲线分成多段，每段采用直线测定方法测定坐标，连续运用直线测定法测定曲率较大的弯曲线状地物（如道路、湖湾等）（图 4-5-3）。

4）前方交会法

当待测物距离站立点较远或不易到达时，可以利用两个以上明显地物点测定其在图上的位置，如图 4-5-4 所示。前方交会法的操作步骤如下。

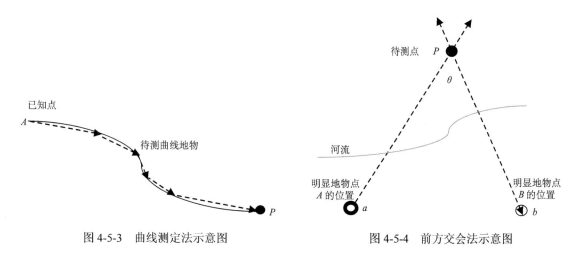

图 4-5-3　曲线测定法示意图　　　　　图 4-5-4　前方交会法示意图

（1）找到地形图上和实地均有且能目视可见待测物的两个明显地物点 A 和 B，两个地物点与待测点连线的夹角 θ 在 30°~120°。

（2）移动到其中一个地物点（如 A）上进行地图定向，定向后地形图保持固定不动。

（3）在地物点 A 上绘制瞄准方向线。在地形图上将大头针固定在该地物点的图上位置（a 点）；将三棱尺尺边切于该地物点（即切于大头针针刺位置 a 点），三棱尺的尺端细线绷直且与三棱尺尺边垂直；保持尺端细线和三棱尺尺边构成的平面与地形图图面相垂直，转动三棱尺，向待测点瞄准，当待测点位于尺端细线和三棱尺尺边构成的竖直平面时，沿三棱尺尺边向前画方向线。

（4）在另一个地物点 B 上绘制瞄准方向线。用同样方法移动到地物点 B，向待测目标瞄准后向前画第二条方向线。

（5）两个方向线的交点（如图上 P 点）即待测点在图上的位置。

5）极坐标测算法

已知待测物高度，但待测物距离站立点较远或不易到达时，可以利用极坐标法测算其在图上的位置。极坐标测算法的基本步骤如下。

（1）找到地形图上和实地均有且能目视可见待测物的地物点，并移动至该地物点进行地图定向，定向完成后保持地形图固定不动。

（2）在地形图上将大头针固定在站立点的图上位置；将三棱尺尺边切于大头针针刺位置，采用瞄准方法向待测物瞄准后，沿三棱尺边向前画方向线，此时待测物所在方向即被锁定。也可采用罗盘直接测定待测物与站立点连线的磁方位角并将其转绘到地图上，标示待测物所在方向。

（3）测量待测物和站立点的实地距离。实地距离可采用测距仪测距，也可采用相似三角形原理进行距离估算（图 4-5-5），手持填图用笔，笔尖朝上，将手臂伸直于眼前，笔尖对准待测物顶部，笔保持不动并且手指沿笔下移直至手指位置对准待测物底部位置时，量算笔尖到该位置的长度记为 h，已知待测物高度 H，手臂长 d，则待测物距地物点距离 D 为

$$D = d \times \frac{H}{h}$$

（4）在地形图上沿待测物所在方向量取，即可获得待测物的位置。

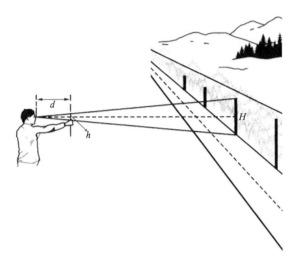

图 4-5-5　采用相似三角形原理估算距离示意图

2. 现代测量方法

简易测量方法能够在不使用测量仪器或仅使用简单工具的情况下快速获得目标位置的坐标或相对位置信息。现代测量方法则是借助于精密的现代测量仪器进行高程、角度测量，最终获得目标物准确坐标。最常用的现代测量方法包括利用水准仪进行的水准测量、利用经纬仪进行的角度测量，以及利用全站仪一体化完成高程、角度和距离等测量，进而获得目标物准确的平面坐标和高程。

1）水准测量

水准测量的目的是测出一系列点的高程，这一系列的点称为水准点。水准测量的原理是利用能提供水平视线的仪器，测定地面点间的高差，从而推算高程。水准测量使用的工具称为水准仪（图 4-5-6）。水准仪的使用包括水准仪的安置、粗平、瞄准、精平、读数五个基本步骤。

（1）安置：安置是将仪器安装在可以伸缩的三脚架上并置于两观测点之间。

（2）粗平：利用脚螺旋置圆水准气泡于圆指标圈之中，目的是使仪器视线粗略水平。

（3）瞄准：瞄准是用望远镜准确地瞄准目标，包括粗瞄和精瞄。

（4）精平：使长水准管气泡居中，目的是使望远镜视线精确水平。

（5）读数：用十字丝截读水准尺上的读数。

(a) DS2水准仪

(b) DS3水准仪

图 4-5-6   水准测量工具

实验案例： 选择一个具体的测量目标进行水准测量练习。练习水准仪的正确安置方法，了解水准仪的基本构造，认清主要部件的名称、性能和作用，练习照准和读数等水准仪基本操作步骤。

2）角度测量

角度测量包括水平角和垂直角测量。经纬仪是根据测角原理设计的水平角和竖直角测量仪器（图 4-5-7）。经纬仪使用基本步骤与注意事项如下。

（1）观测前应先检验仪器，如不符合要求就进行校正。

（2）安置仪器要稳定，脚架应踩实，应仔细对中和整平，在短边测量时要严格整平对中，同时一测回不能重新对中整平。

（3）目标应竖直，仔细对准地上标志中心，根据远近选择不同粗细的标杆，尽可能瞄准标杆底部。

（4）严格遵守各项操作规定和限差要求。照准时就消除视差，垂直角观测时，应先使竖盘指标水准管气泡居中后再读取竖盘读数。

（5）进行 M 测回时，测回间要变换度盘起始位置，减小度盘刻划不均匀误差。

（6）水平角观测时，应以十字丝交点附近的竖丝瞄准目标底部；垂直角观测时，应以十字丝交点附近的横丝照准目标的底部。

(a) J2-8经纬仪

(b) 6"经纬仪

图 4-5-7   角度测量的经纬仪

（7）读数果断准确，观测结果及时记录和计算。

（8）只有各项限差满足规定要求后，才能搬站；如有超限或错误，应立即重测。

实验案例：使用经纬仪观测水平角，熟悉经纬仪的各个部件及其整体构造，掌握经纬仪的基本操作方法与步骤。

3. 手持全球导航定位系统接收机应用

目前，手持全球导航定位系统接收机仍以 GPS 终端为主，但中国北斗系统接收终端正在快速发展。手持接收机可以快速获得当期为主的平面坐标和高程信息，随着其定位精度不断提高，应用范围越来越广。手持 GPS 接收机因其便携性和经济实用的特点而深受用户喜爱。图 4-5-8 为手持 GPS 接收机的样例。

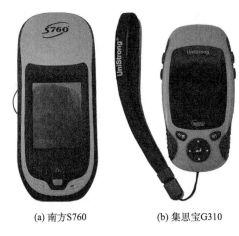

(a) 南方S760　　　　　　(b) 集思宝G310

图 4-5-8　手持 GPS

手持 GPS 接收机使用方便，无需架设基站，任何时候只要开机搜星接收到 4 颗及以上卫星即可成功定位。普通手持 GPS 接收机精度一般为亚米级，高精度手持 GPS 接收机的最高精度可达厘米级。手持 GPS 接收机操作过程中需要注意以下问题。

（1）测量前应将 GPS 接收机内已存储的航迹及航点信息删除，以便测量过程开展新记录工作。

（2）为保证测量精度，手持 GPS 接收机测量航点时，停留观测时间 20min 以上才可达到较高精度。

（3）测量时间尽量安排在卫星较多的中午时段，以获得更高的测量精度。

（4）测量时应注意及时保存数据。

（5）手持 GPS 接收机可以与卫星遥感影像结合，带图调绘测量区域范围内的新增地物。

实验案例：通过地图学野外实习，在野外填图等工作中应用手持 GPS 接收机进行部分目标点的测量工作，并与简易测量方法获得的结果进行比较。

实习 4-6　地形图野外填图

野外填图是指在已有地形图等资料基础上，采用实地考察、调查与测量等方法直接获取变化的地理要素与地理信息，并填绘于地形图或遥感影像图上的过程。本实验侧重基于地形图的野外填图实习。

实习目的： 初步掌握实地与地形图对比读图的基本方法和技巧，认识地形图上各类地物符号，了解制图综合的特点，通过野外观察实践，发现变化地理要素并用符号将其准确标绘在地图上，巩固和加深对地形图相关理论知识的了解。

相关实习： 地形图野外应用系列实习中的"地图定向与位置判别""简易测量与现代测量方法"。

实习区域与数据： 河北省易县西陵镇、西陵镇地形图。

实习工具： 罗盘、直尺、橡皮、望远镜、铅笔、胶布、测绳、皮尺、手持 GPS、RTK、经纬仪、全站仪等。

实习内容：

（1）野外填图前的调查路线与调查草图设计。

（2）地理要素调查与野外填图。

（3）基于野外调查草图整理绘制野外填图成果图。

1. 野外填图的基本流程

利用地形图进行野外填图的基本流程如下。

（1）野外填图时，首先要确定填图的区域范围和填图目的，详细分析该区域的地理特征，确定填图的内容和调绘要素的分类，并设计最优的调查路线。

（2）根据调查路线进行实地对照观察。野外调查过程中，在转弯点、岔路口、居民点及复杂地形处，应仔细对照并确定站立点位置；借助地形图对照读图方法，寻找发生变化的地理要素。

（3）变化要素的调查与测量。利用简易测量方法或现代测量工具，准确测量变化要素的空间位置和边界；测定空间边界时，重点测定边界特征点和转弯点位置；将调查测量完成的地理要素位置与空间边界标绘在草图上，并标注要素的分类等属性信息。

（4）调查草图综合与转绘。在填图过程中所使用的地形图比例尺一般要求比成果图的比例尺大 1 倍。因此，清绘、整饰成果图前，野外调查草图必须经过制图综合处理，当涉及多图幅调查草图时，还需进行转绘接边等工作。

（5）成果地图清绘和整饰。根据调查草图内容，按照规定的图式符号完成成果地图清绘和地图整饰，填写图名、图例、比例尺、制图人等地图辅助要素。

2. 野外调查草图规范

为规范野外填图工作，便于野外调查资料保存、使用，并能简明、有效地反映地形、地物类型显示等情况，需要制定制图规范，统一调查草图的绘制格式。调查草图规范包括制图比例尺、表示方法、符号设计等方面。

1）调查草图比例尺

地形图的比例尺越大，表示地形地貌和地物的情况越详细。因此，本实习中规定野外调查草图的比例尺为1：1万。制图时，比例尺可选用数字比例尺、文字比例尺、图解比例尺等表示形式。

2）调查草图要素的表示方法

调查草图要素的表示方法主要是指变化要素绘制采用的表示方法。点、线、面三种类型地理要素分别采用定位符号、线状符号和填充符号表示。

（1）定位符号。定位符号用于表示点状地理要素。符号图形中有一个点的，该点位于地物的实地中心位置；圆形、正方形、长方形等符号，定位点在其几何图形中心；宽底符号（蒙古包、烟囱、水塔等）定位点在其底线中心；底部为直角的符号（风车、路标、独立树等）定位点在其直角的顶点；几种图形组成的符号（教堂、气象站等）定位点在其下方图形的中心点或交叉点；下方没有底线的符号（窑、亭、山洞等）定位点在其下方两端点连线的中心点；不依比例尺符号表示的其他符号（桥梁、水闸、拦水坝等）定位点在其符号的中心点。

（2）线状符号。线状符号用于表示道路、河流、电力线等地理要素，符号的定位点在其符号的中轴线；依比例尺表示时，定位点在两侧线的中轴线。

（3）填充符号。填充符号用于表示土地利用、行政区划等不同类型面状要素的范围；符号边界范围内可以同时配置特定说明性符号或颜色，用于表示面状地物的类别。

3）调查草图中的符号设计

（1）点状符号。常用的点状符号包括象形符号、几何符号、字体符号、图像符号等。一般应该采用国家图式规范符号表示点状分布的地理事物。

（2）线性符号。常用的线状符号有不同宽度和颜色的实线、虚线、点划线，以及双线等。例如，黑色实线可以表示建筑物、构筑物等要素的外轮廓与地面的交线；虚线可以表示地下部分或架空部分在地面上的投影；双线用于表示较宽的公路、沟渠；黑虚线表示乡村道路；点划线表示地类范围线、地物分界线等。

（3）面状符号。常用的面状符号包括颜色填充、符号填充和网纹填充等不同的形式。面状符号表示的地物轮廓是依比例尺表示的，轮廓内加绘填充色或网纹可以用于要素分类或数量分级，如河流、湖泊等填充蓝色，加绘斜晕线表示居民地等；也可以在轮廓内配置不依比例尺符号和说明注记作为说明，如耕地、林地、果园等不同类型的土地利用符号等。

3. 野外填图实验案例

根据地形图野外实习区域基本特征确定野外填图的主题和区域范围：西陵镇核心区域（6km²）土地利用现状图。土地利用类型分为：耕地、园地、林地、草地、交通运输用地、水域、城乡工矿用地、未利用地。野外填图要求利用简易测量方法（含相对参照物）和现代测量工具开展新增要素位置测量。

常用的简易测量方法：直线测定法、延伸线测定法、曲线测定法、前方交会法等。

常用的现代测量工具：GPS、RTK、经纬仪、水准仪、全站仪等。

借助简易测量方法和现代测量工具，可以测量要素的高度、角度、距离、地理坐标，最后将待测目标物的准确位置和重要属性信息标绘在底图上。表 4-6-1 和表 4-6-2 为野外填图图式示例。

表 4-6-1　野外填图图式示例（1）

符号名称	图例示例	符号名称	图例示例
水井、机井		沟渠	a ———— 0.25 b ———— b1 ———— 0.3 0.5 3.0 1.0
烟囱		河流	
亭		坟地公墓	
桥、人行桥	(12-2)	地类界	
等高线及其注记 a.首曲线 b.计曲线 c.间曲线 25—高程	a 0.15 b 25 0.3 c 0.15	示坡线 高程点 冲沟（3.4—比高）	示坡线 ·1520.3 高程点 ·−15.3
围墙		通信线	
铜丝网		输电线	
公路		省界线	
机耕路		市级行政区界	
小路		县级行政区界	

表 4-6-2　野外填图图式示例（2）

地类名称	图例示例	地类名称	图例示例
耕地		交通用地	
园地		水域	
林地		城乡工矿用地	
草地		未利用地	

4. 基于野外调查草图的计算机地图制图实习

除了要求学生能够根据野外调查草图手工整饰、绘制成果图外，还要求结合后续的 GIS 原理和计算机地图制图等课程进行计算机地图制图的实验练习。

基于野外调查草图进行计算机地图制图实验时，采用的制图软件可以选择 ArcGIS Desktop10.2 以上版本软件包中的 ArcMap 或开源 GIS 软件包 QGIS 完成。实习的主要内容是根据实习区域的地形图，将调查草图的调查测量内容更新到规定区域的地形图中，具体包括地理要素几何形状（点、线、面）的更新、要素属性的更新、注记更新等。更新的主要方式包括添加新要素、修改原要素和删除原要素。因为本教材有专门的计算机地图制图实验系列，所以这部分实习内容不再给出具体操作步骤，学生可以参考相关实验指导完成制图任务。

主要参考文献

包瑞清. 2015. ArcGIS 下的 Python 编程. 南京: 凤凰科学技术出版社.

毕天平. 2017. ArcGIS 地理信息系统实验教程. 北京: 中国电力出版社.

陈述彭, 鲁学军, 周成虎. 1999. 地理信息系统导论. 北京: 科学出版社.

河北省国土资源厅, 河北省测绘局. 2011. 河北省地图集. 北京: 中国地图出版社.

李发源, 汤国安, 晏实江, 等. 2013. 数字高程模型实验教程. 北京: 科学出版社.

李继峰, 李仁杰. 2012. 基于景观感知敏感度的生态旅游地观光线路自动选址. 生态学报, 32(13): 3998-4006.

李仁杰, 谷枫, 郭风华, 等. 2015. 基于 DEM 的交通线文化景观感知与功能分段研究——紫荆关长城景观的
实证. 地理科学, 35(09): 1086-1094.

李仁杰, 路紫, 李继峰. 2011. 山岳型风景区观光线路景观感知敏感度计算方法——以武安国家地质公园奇
峡谷景区为例. 地理学报, 66(02): 244-256.

林珲, 施迅. 2017. 地理信息科学前沿. 北京: 高等教育出版社.

刘光, 贺小飞. 2003. 地理信息系统实习教程. 北京: 清华大学出版社.

刘明光, 2010. 中国自然地理图集 (第三版修订本). 北京: 中国地图出版社.

陆守一, 陈飞翔. 2017. 地理信息系统. 2 版. 北京: 高等教育出版社.

马晓萍, 肖国雄, 刘小强. 2009. GB《国家基本比例尺地图编绘规范》第 2 部分和第 3 部分有关问题的说明. 测
绘标准化, 25(3): 1-3.

毛赞猷, 朱良, 周占鳌, 等. 2008. 新编地图学教程. 2 版. 北京: 高等教育出版社.

牟乃夏, 刘文宝, 王海银, 等. 2012. ArcGIS 10 地理信息系统教程. 北京: 测绘出版社.

牛强. 2012. 城市规划 GIS 技术应用指南. 北京: 中国建筑工业出版社.

单杰, 贾涛, 黄长青, 等. 2017. 众源地理数据分析及应用. 北京: 科学出版社.

宋小冬, 钮心毅. 2013. 地理信息系统实习教程. 3 版. 北京: 科学出版社.

苏珊·汉森. 2009. 改变世界的十大地理思想. 北京: 商务印书馆.

汤国安. 2007. 地理信息系统教程. 北京: 高等教育出版社.

汤国安, 李发源, 刘学军. 2016. 数字高程模型教程. 3 版. 北京: 科学出版社.

汤国安, 钱柯健, 熊礼阳, 等. 2017. 地理信息系统基础实验操作 100 例. 北京: 科学出版社.

汤国安, 杨昕. 2015. ArcGIS 地理信息系统空间分析实验教程. 2 版. 北京: 科学出版社.

田永中, 徐永进, 黎明, 等. 2010. 地理信息系统基础与实验教程. 北京: 科学出版社.

王法辉. 2009. 基于 GIS 的数量方法与应用. 姜世国, 滕骏华, 译. 北京: 商务印书馆.

王守成, 郭风华, 傅学庆, 等. 2014. 基于自发地理信息的旅游地景观关注度研究. 旅游学刊, 29(2): 84-92.

邬伦, 刘瑜, 张晶, 等. 2001. 地理信息系统——原理、方法和应用. 北京: 科学出版社.

叶妍君, 李仁杰, 傅学庆, 等. 2012. 基于数字高程模型的旅游地文化景观语义感知分析——以清西陵选址文
化为例. 地球信息科学学报, 14(05): 576-583.

张超. 2000. 地理信息系统实习教程. 北京: 高等教育出版社.

张军海, 李仁杰, 傅学庆, 等. 2015. 地理信息系统原理与实践. 2 版. 北京: 科学出版社.

甄峰, 王波, 陈映雪. 2012. 基于网络社会空间的中国城市网络特征——以新浪微博为例. 地理学报, 67(8):
1031-1043.

朱长青, 史文中. 2006. 空间分析建模与原理. 北京: 科学出版社.

Gorr W L, Kurland K S. 2017. ArcGIS 10 地理信息系统实习教程. 朱秀芳, 译. 北京: 高等教育出版社.

Kang-tsung Chang. 2016. 地理信息系统导论. 8 版. 陈健飞,连莲, 译. 北京: 电子工业出版社.

Kliskey A D, Lofroth E C, Thompson W A, et al. 1999. Simulating and evaluating alternative resource-use strategies using GIS-based habitat suitability indices. Landscape and Urban Planning, 45（4）: 163-175.

Longley P A, Goodchild M F, Maguire D J, et al. 2007. 地理信息系统与科学（原书第 2 版）. 张晶, 刘瑜, 张洁, 等译. 北京: 机械工业出版社.

Sui D, Elwood S, Goodchild M. 2012. Crowdsourcing Geographic Knowledge: Volunteered Geographic Information（VGI）in Theory and Practice. Berlin: Springer.